21世纪高等学校计算机专业实用规划教材

数据结构

（Java语言版）

◎ 雷军环　吴名星 编著

清華大學出版社

北京

内 容 简 介

本书通过引入学习情境，详细、直观地介绍了数据结构及其算法。全书共9章，内容包括数据结构概述、线性表、堆栈、队列、串、二叉树、图的6种主要数据结构的逻辑结构、存储结构、基本操作及排序和查找算法。全书采用Java语言作为算法描述语言。

本书案例形象生动，层次清晰，讲解深入浅出，可作为计算机及相关专业本、专科“数据结构”课程的教材，也适合各类成人教育相关课程使用，还可以供从事计算机软件开发和应用的工程技术人员阅读、参考。

图书在版编目(CIP)数据

数据结构：Java语言版/雷军环，吴名星编著. --北京：清华大学出版社，2015（2023.7重印）
21世纪高等学校计算机专业实用规划教材
ISBN 978-7-302-41842-9

Ⅰ. ①数… Ⅱ. ①雷… ②吴… Ⅲ. ①数据结构－高等学校－教材 ②JAVA语言－程序设计－高等学校－教材 Ⅳ. ①TP311.12 ②TP312

中国版本图书馆CIP数据核字(2015)第247506号

责任编辑：魏江江　赵晓宁
封面设计：傅瑞学
责任校对：焦丽丽
责任印制：杨　艳

出版发行：清华大学出版社
网　　址：http://www.tup.com.cn，http://www.wqbook.com
地　　址：北京清华大学学研大厦A座　　**邮　　编**：100084
社 总 机：010-83470000　　**邮　　购**：010-62786544
投稿与读者服务：010-62776969，c-service@tup.tsinghua.edu.cn
质量反馈：010-62772015，zhiliang@tup.tsinghua.edu.cn
课件下载：http://www.tup.com.cn，010-83470236
印 装 者：三河市龙大印装有限公司
经　　销：全国新华书店
开　　本：185mm×260mm　　**印　张**：15　　**字　　数**：356千字
版　　次：2015年11月第1版　　**印　　次**：2023年7月第11次印刷
印　　数：11001～11600
定　　价：39.50元

产品编号：066093-03

出版说明

随着我国改革开放的进一步深化，高等教育也得到了快速发展，各地高校紧密结合地方经济建设发展需要，科学运用市场调节机制，加大了使用信息科学等现代科学技术提升、改造传统学科专业的投入力度，通过教育改革合理调整和配置了教育资源，优化了传统学科专业，积极为地方经济建设输送人才，为我国经济社会的快速、健康和可持续发展以及高等教育自身的改革发展做出了巨大贡献。但是，高等教育质量还需要进一步提高以适应经济社会发展的需要，不少高校的专业设置和结构不尽合理，教师队伍整体素质亟待提高，人才培养模式、教学内容和方法需要进一步转变，学生的实践能力和创新精神亟待加强。

教育部一直十分重视高等教育质量工作。2007 年 1 月，教育部下发了《关于实施高等学校本科教学质量与教学改革工程的意见》，计划实施“高等学校本科教学质量与教学改革工程（简称‘质量工程’）”，通过专业结构调整、课程教材建设、实践教学改革、教学团队建设等多项内容，进一步深化高等学校教学改革，提高人才培养的能力和水平，更好地满足经济社会发展对高素质人才的需要。在贯彻和落实教育部“质量工程”的过程中，各地高校发挥师资力量强、办学经验丰富、教学资源充裕等优势，对其特色专业及特色课程（群）加以规划、整理和总结，更新教学内容、改革课程体系，建设了一大批内容新、体系新、方法新、手段新的特色课程。在此基础上，经教育部相关教学指导委员会专家的指导和建议，清华大学出版社在多个领域精选各高校的特色课程，分别规划出版系列教材，以配合“质量工程”的实施，满足各高校教学质量和教学改革的需要。

本系列教材立足于计算机专业课程领域，以专业基础课为主、专业课为辅，横向满足高校多层次教学的需要。在规划过程中体现了如下一些基本原则和特点。

（1）反映计算机学科的最新发展，总结近年来计算机专业教学的最新成果。内容先进，充分吸收国外先进成果和理念。

（2）反映教学需要，促进教学发展。教材要适应多样化的教学需要，正确把握教学内容和课程体系的改革方向，融合先进的教学思想、方法和手段，体现科学性、先进性和系统性，强调对学生实践能力的培养，为学生知识、能力、素质协调发展创造条件。

（3）实施精品战略，突出重点，保证质量。规划教材把重点放在公共基础课和专业基础课的教材建设上；特别注意选择并安排一部分原来基础比较好的优秀教材或讲义修订再版，逐步形成精品教材；提倡并鼓励编写体现教学质量和教学改革成果的教材。

（4）主张一纲多本，合理配套。专业基础课和专业课教材配套，同一门课程有针对不同层次、面向不同应用的多本具有各自内容特点的教材。处理好教材统一性与多样化，基本教材与辅助教材、教学参考书，文字教材与软件教材的关系，实现教材系列资源配套。

（5）依靠专家，择优选用。在制定教材规划时要依靠各课程专家在调查研究本课程教材建设现状的基础上提出规划选题。在落实主编人选时,要引入竞争机制,通过申报、评审确定主题。书稿完成后要认真实行审稿程序,确保出书质量。

繁荣教材出版事业,提高教材质量的关键是教师。建立一支高水平教材编写梯队才能保证教材的编写质量和建设力度,希望有志于教材建设的教师能够加入到我们的编写队伍中来。

21 世纪高等学校计算机专业实用规划教材

联系人:魏江江 weijj@tup.tsinghua.edu.cn

前　言

数据结构知识是计算机科学教育的一个基本组成部分，其他许多计算机科学领域都构建在这个基础之上。对于想从事实际的软件设计、实现、测试和维护工作的读者而言，掌握基本数据结构的知识是非常必要的。该领域的知识将对一个人的编程能力产生极深的影响，它介绍在软件开发过程中如何建立一个合理高效的程序。由于"数据结构"是一门实践性较强而理论知识较为抽象的课程，目前很多学生在学完了这门课后，还是不知道如何运用所学的知识解决实际问题的情况，针对这种情况本书进行了精心的设计。本书主要特点如下所示。

1. 基于典型任务

各章都通过典型任务引出问题，通过典型任务设立学习情境。所有典型任务都是经过精心筛选和设计的与生活紧密相连、生动直观、难易适中的实际问题，可以让学生先思考如何利用以往所学的知识去解决该问题，然后再由教师分析教材上是如何运用数据结构的理论来解决同一问题的，让学生深刻体会到所学数据结构在程序中的作用和使用方法，从而真正体会到"程序＝数据结构＋算法"的真正含义。

2. 基于问题求解过程

本书除第1章外，所有其他章都是按照"问题提出→认识逻辑结构→实现逻辑结构→应用逻辑结构"这样一个完整问题求解过程来组织内容的。也就是说，对于每一个实际的问题，首先明确数据元素及数据元素之间的逻辑关系，即逻辑结构；其次要理解这些数据元素在计算机中的存储结构以及基于这种存储结构对数据元素的基本操作(即算法)，并用Java语言将数据结构和算法转换为能够直接运行的程序代码；最后使用已经实现的逻辑结构解决实际的问题。

3. Java语言描述

相比于很多数据结构的教材用C语言描述，本教材的算法采用面向对象编程语言Java进行编写，接口的定义、类的实现都严格按Java语言规范进行编写，这不仅有助于学生学会用面向对象的语言来描述数据结构的算法，更有助于学生理解数据结构理论在实际开发中的具体应用。

本书是对编者2009年出版的《数据结构(C＃语言版)》(清华大学出版社)的一次全面升级，组织思路更加清晰，代码更加优化。在本书的编写过程中，清华大学出版社的广大员工为本书的修订和出版做了大量的工作，在此向他们表示感谢。

尽管编者在写作过程中非常认真和努力，但由于编者水平有限，书中难免存在错误和不足之处，恳请广大读者批评指正。如果您对本书有什么意见、问题或想法，欢迎您通知编者，编者将不胜感激。编者E-mail：30898045@qq.com。

编　者

2015年9月

目　录

第1章 绪 论

1946年,美国军方为了解决计算大量数据的难题,发明了第一台计算机。如今,计算机的应用不再局限于科学计算,更多地用于控制、管理、数据处理等非数值计算的处理工作。计算机加工处理的对象有数值、字符、表格、图形声音、图像等各种不同类型的数据,如何在计算机中表示和存储数据成为计算机科学研究的主要内容之一。分析待处理的数据特性以及各处理数据之间存在的关系,这就是“数据结构”这门学科形成和发展的背景。

1.1 引 言

1.1.1 从问题到程序的基本过程

在计算机发展的初期,人们使用计算机的目的主要是处理数值计算问题。处理数值计算问题时,通常是先从具体问题中抽象出要运算的数据,然后设计对数据进行计算的算法,最后编写程序对数据进行运算并输出结果,一个程序通常由数据输入、数据处理和数据输出三部分组成。

例如,一个能进行加、减、乘、除运算的计算器,首先确定要操作的数据是两个数字,对数据操作的算法是加、减、乘、除运算,然后编写程序用两个变量接受两个数字,对它们实现运算,并将运算结果输出。下面是用Java语言实现的计算器。

```
public class Calculator {
public static void main(String[] args){
    Scanner sc = new Scanner(System.in);
    int x = sc.nextInt();
    int y = sc.nextInt();
    System.out.println("两个数的和是: "+ Calculator.add(x, y));
    System.out.println("两个数的差是: "+ Calculator.minus(x, y));
    System.out.println("两个数的积是: "+ Calculator.multiply(x, y));
    System.out.println("两个数的商是: "+ Calculator.divide(x, y));
    sc.close();
}
```

将输入数据存储在变量中

调用对数据运算算法的实现方法对数据进行处理,并将运算结果输出

```
public static int add(int x,int y){
    return x + y;
}
public static int minus(int x,int y){
    return x - y;
}
public static  int multiply(int x,int y){
    return x * y;
}
public static  int divide(int x,int y){
    return x/y;
}
}
```

将对两个数进行运算的算法实现定义在方法中

由于数值计算问题所涉及的计算对象是简单的数据类型,如上述计算器中的数据是整型数据,所以程序设计者的主要精力集中于程序设计的技巧上,而无须重视数据的特性及数据间相关的关系。随着计算机应用领域的扩大和软硬件的发展,非数值计算问题显得越来越重要。据统计,当今处理非数值计算性问题占用了90%以上的机器时间。

例如,某公司一个知名企业的电话号码信息表,如表1.1所示。该公司想开发一个查询知名企业服务电话号码的程序,将表中的数据存入计算机,当使用者输入任意一个企业名称,若该企业已注册其服务电话号码,则迅速找到其电话号码;否则,指出没有该企业的服务电话号码。

表1.1　知名企业服务电话号码信息表

序　号	企业名称	服务电话
1	索尼(SONY)	800-820-9000
2	惠普(HP)	800-820-2255
3	联想(Lenovo)	800-810-8888
4	海尔(Haier)	4006-999-999
⋮	⋮	⋮

这类问题涉及的处理对象不再是简单的数据类型,数据元素之间的关系无法直接用数学公式加以描述,需要发现更加合适的解决问题的方法。解决非数值问题通常经历两个阶段。

(1) 逻辑分析。该阶段主要完成两个工作:

① 分析问题的数据特性及数据之间的关系。电话号码信息表是多个企业电话号码信息的序列集合,每个企业的电话号码信息由企业名称和服务电话两项数据组成。

② 分析解决问题的逻辑算法。根据问题的要求,要实现添加和查找功能的算法,该算法根据给定的一个企业名称,从电话号码序列表中查找其对应的电话号码。

(2) 物理实现。该阶段主要完成两个工作:

① 确定数据及其关系在计算机中的存储方式。在Java中,首先创建一个类用来表示企业电话号码信息,它包含企业名称和服务电话两个属性,然后创建一个数组,数组中的每一项都是该类的实例。其中,类是对操作数据的物理实现;数组是对数据关系的物理实现。

② 编程实现逻辑算法。在数据及其关系的存储结构上,使用高级语言的语法规

范，实现逻辑分析阶设计的逻辑算法。

查找企业电话服务电话的 Java 程序代码如下。

```java
import java.util.ArrayList;
import java.util.Scanner;
class PhoneInfo {
    String companyName;
    String companyPhone;

    public PhoneInfo(String companyName, String companyPhone) {
        this.companyName = companyName;
        this.companyPhone = companyPhone;
    }
}
public class PhoneService {

    ArrayList<PhoneInfo> phonelst = new ArrayList<PhoneInfo>();

    //向动态数组中添加企业电话号码信息
    public void addPhone(PhoneInfo phoneInfo) {
        phonelst.add(phoneInfo);
    }
    //获取指定企业的电话号码信息
    public PhoneInfo getPhone(String companyName) {
        PhoneInfo phoneInfo = null;
        for (PhoneInfo x : phonelst) {
            if (x.companyName.equals(companyName)) {
                phoneInfo = x;
                break;
            }
        }
        return phoneInfo;
    }
    //主方法，对算法功能进行测试
    public static void main(String[] args) {
        PhoneService phoneService = new PhoneService();
        char contineflag = 'y';
        char seleflag;
        Scanner sc = new Scanner(System.in);
        String name, phone;
        while (contineflag == 'y') {
            System.out.println("请输入操作选项：");
            System.out.println("1.添加企业服务电话");
            System.out.println("2.查询企业服务电话");
            seleflag = sc.nextLine().toCharArray()[0];
            switch (seleflag) {
            //添加企业服务电话信息
            case '1':
                System.out.print("请输入企业名称：");
```

定义一个动态数组，保存企业服务电话号码信息表

```
                name = sc.nextLine();
                System.out.print("请输入企业电话：");
                phone = sc.nextLine();
                phoneService.addPhone(new PhoneInfo(name, phone));
                break;
            //查询企业服务电话信息
            case '2':
                System.out.print("请输入查询企业名称：");
                name = sc.nextLine();
                System.out.println(name + "公司的服务电话是："
                    + phoneService.getPhone(name).companyPhone);
                break;
            default:
                contineflag = 'n';
                break;
            }
        }
        sc.close();
    }
}
```

通过对上面电话号码问题的分析，总结出用计算机求解问题的基本步骤，如图 1.1 表示。

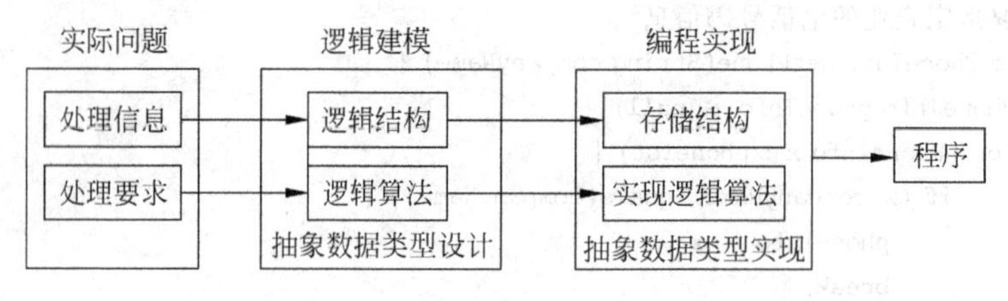

图 1.1　用数据结构求解问题的基本步骤

① 逻辑建模。将实际问题中要处理的信息表示为用数据及其关系表示的逻辑结构。分析对数据可能进行的处理，确定处理数据的方法，即设计逻辑算法。

② 编程实现。确定逻辑结构的在计算机中的表示方法，即存储结构。选择一种高级语言在计算机中表示逻辑算法，即编程实现逻辑算法。

所有的计算机系统软件和应用软件都要用到数据结构知识求解问题，逻辑建模完成了抽象数据类型的设计，编程实现用代码实现了抽象数据类型。

1.1.2　什么是数据结构

通过从问题到程序的过程分析，可以知道计算机的程序是对信息进行加工处理。在大多数情况下，这些信息并不是没有组织，信息(数据)之间往往具有重要的结构关系，这就是数据结构的内容。数据的结构，直接影响算法的选择和效率。

综上所述，数据结构是一门研究非数值计算的程序设计问题中计算机的操作对象及其关系和操作等的学科。它包括三个组成成分：数据的逻辑结构、数据的存储结构和数据的运算结构。一个数据结构是由数据元素依据某种逻辑联系组织起来的，对数据元素间逻辑关系的描述称为数据的逻辑结构；数据必须在计算机内存储，数据的存储结构是数据的逻辑结构的实现形式,是其在计算机内的表示,一个数据的逻辑结构可以有多种存储结构,且各种存储结构影响数据处理的效率;此外,讨论一个数据结构必须同时讨论在该数据结构上执行的运算才有意义。

在许多类型的程序的设计中,数据结构的选择是设计的一个基本要素。许多大型系统的构造经验表明,系统实现的困难程度和系统构造的质量都依赖于是否选择了最优的数据结构。通常,确定了数据结构后,算法就容易得到了;有时,事情也会反过来,根据特定算法来选择数据结构与之适应。不论哪种情况,选择合适的数据结构都是非常重要的。

1.2 数据结构基本概念

在系统地学习数据结构知识之前,先对一些基本概念和术语赋予确切的定义。

1.2.1 数据

数据是对客观事物的符号表示,在计算机科学中是指所有能输入到计算机中并被计算机程序处理的符号的总称,它是计算机程序加工的"原料"。正所谓"巧妇难为无米之炊",强大的程序要"有米下锅"才可以完成强大的功能,否则就是无用的程序,这个"米"就是数据。

例如,一个学生的学习成绩,一个编译程序或文字处理程序的处理字符串,这些都是数据。对计算机科学而言,数据的含义极为广泛,如图像、声音等都可以通过编码而归之于数据的范畴。数据是程序中最基本和最重要的处理对象,数据结构研究的是数据的组织及在计算机中存储和处理方式的学科。

1.2.2 数据元素

数据元素是组成数据的、有一定意义的基本单位,在计算机中通常作为整体处理,也被称为记录。

图 1.2 所示的是学生成绩数据,一个学生的成绩数据用一个数据元素表示。在知名企业服务电话号码信息表中,一个企业的服务电话信息也用一个数据元素表示。

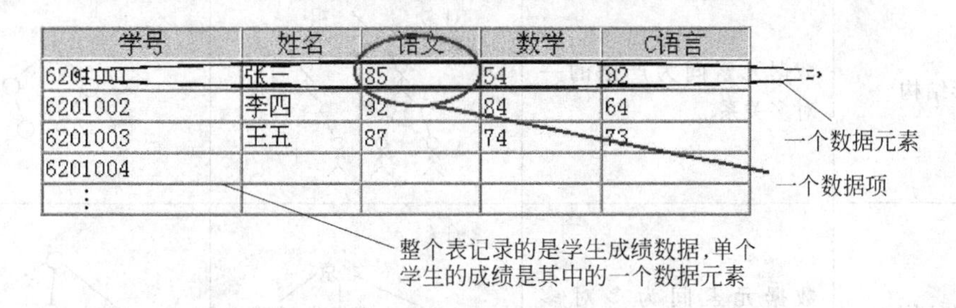

图 1.2 数据元素和数据项

1.2.3 数据项

数据项是组成数据元素的基本单位,一个数据元素可以由若干个数据项组成。

在图 1.2 中,一个学生成绩数据元素由学号、姓名、语文、数学、C 语言 5 个数据项组成。

在知名企业服务电话号码信息表中,一个企业服务电话信息是由企业名称和服务电话两个数据项组成。

注意:数据元素是组成数据的基本单位,数据项是组成数据元素的基本单位,数据项是不可再分割的最小数据单位。在真正解决问题时,数据元素才是真正进行访问和处理的基本单位。例如,在讨论知名企业服务电话号码查询程序时,讨论的是企业服务电话号码表中一行数据即一个数据元素的信息,而不会针对其中单独的数据项企业名称或服务电话去分析,分析的是某企业的电话是多少,会同时涉及企业名称和服务电话两个数据项的信息。

1.3 逻辑结构与存储结构

根据视角不同,把数据的结构分为逻辑结构和存储结构。

1.3.1 数据的逻辑结构

数据的逻辑结构是从逻辑的角度(即数据间的联系和组织方式)来观察数据、分析数据,与数据的存储位置无关。根据数据元素之间关系的不同特性,通常有下列 4 类基本结构,如表 1.2 所示。

表 1.2 数据元素之间关系的类型

关系名称	特征	示例	示意图
集合	结构中的数据元素之间除了“同属于一个集合”的关系外,别无其他关系,元素间为松散的关系	同属色彩集合 蓝色 红色 黄色	
线性结构	数据元素间存在严格的一对一关系	如学生信息表中的各元素	
树形结构	数据元素间为严格的一对多关系	一对多 祖 父 子	
图形结构	数据元素间为多对多关系	多对多 北京 合肥 —— 连云港 —— 上海 南京 公路交通图	

如图 1.2 所示的学生成绩表为学生成绩数据的逻辑结构,这个表中的任何一个数据元素,只有一个直接前趋和一个直接后继(前趋后继就是前相邻后相邻的意思),整个表只有一

个开始结点和一个终端结点,知道了这些关系就能明白这个表的逻辑结构为线性结构。同样,知名企业服务电话号码信息表中的数据也为线性结构。

1.3.2 数据的存储结构

数据的存储结构是数据的逻辑结构在计算机中的实现形式,也称为物理结构。它包括数据元素的表示和关系的表示。

在计算机中数据元素是用一个由若干位组合起来形成的一个位串来表示。例如,32 位表示一个整数,16 位表示一个字符,通常这个位串称为元素或结点。元素或结点可看成是数据元素在计算机中的映象。通常在一个程序中定义数据元素的数据类型时,就确定了数据元素如何在内存中存放。数据类型可以是系统提供的数据类型,也可以是自定义的数据类型。如知名企业电话号码信息表中的数据元素类型为自定义类型 PhoneInfo。

数据元素之间关系在计算机中有顺序存储和链式存储两种不同的表示方法,由此得到顺序存储结构和链式存储结构两种不同的存储结构。

1. 顺序存储结构

顺序存储结构是把数据元素存放在地址连续的存储单元里,借助元素在存储器中的相对位置来表示数据元素之间逻辑关系,常用数组来实现。

例如,把 5 个整数{108,66,199,217,200}存放在 1000 开始的一段连续的存储单元中,如图 1.3 所示。

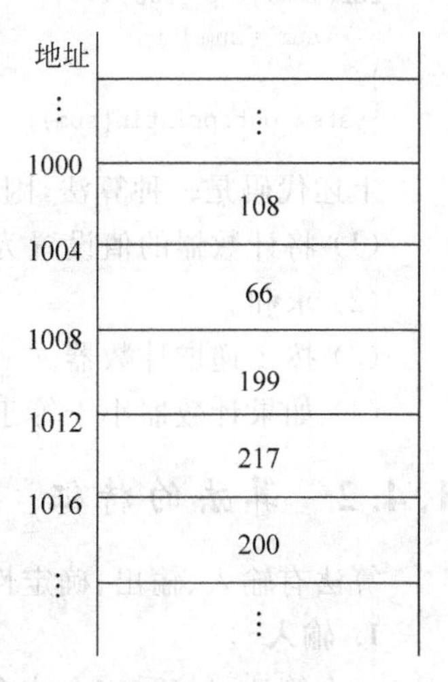

图 1.3 顺序存储结构

顺序存储结构是一种最基本的存储表示方法,通常借助于程序设计语言中的数组来实现。

2. 链式存储结构

链式存储结构则借助于引用或指针来表示数据元素之间的逻辑关系,被存放的元素被随机地存放在内存中再用指针将它们链接在一起。

将上面的 5 个数用链式存储结构来存储,如图 1.4 所示。

在用链式存储结构存放时,数据元素在计算机中映射的结点由两部分组成,一是数据元素本身数据的表示;二是引用。通过引用将各数据元素按一定的方式连接起来,以表示数据元素之间的关系。在图 1.4 中,第一个元素 108 和第二个元素的地址存储在地址为 1000 开始的内存单元中,第二个元素 66 和第三个元素 199 的地址存放在 1020 开始的地址单元中,依此类推。每个元素在存储数据的同时还存储了下一个元素的地址,这样便将数据元素用指针链接起来。一个数据元素如何链接另一个数据元素则由数据元素之间的逻辑关系决定。

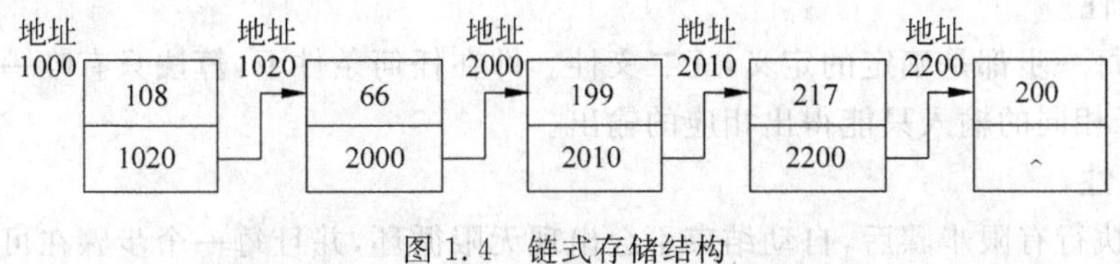

图 1.4 链式存储结构

1.4 认识算法

为了使用计算机解决给出的问题,如前面的查找知名企业服务电话号码问题,需要为其编写程序。程序由两个部分组成,即数据结构和算法:

程序=数据结构+算法

上述程序的概念是定义在逻辑层的,在具体编程时,数据结构用存储结构实现,算法用代码实现。许多不同的算法可用于解决相同的问题。类似地,各类数据结构可用于表示计算机中相同的问题,为了以高效的方式解决问题,需要选择提供最大效率的算法和数据结构的组合。

1.4.1 算法的定义

算法是对特定问题求解步骤的一种描述,是指令的有限序列,其中每一条指令表示一个或多个操作。

例如,求 1+2+3+…+100 的和,最通用的写法是:

```
int i,sum = 0;
for(i = 1;i <= 100;i++){
    sum = sum + i;
}
System.out.println(sum);
```

上述代码是一种算法,因为它用有限的步骤产生了想要的结果。代码求解步骤为:

(1) 将计数器的值设置为1。

(2) 求和。

(3) 按1递增计数器。

(4) 如果计数器小于等于100,则转到步骤(2)。

1.4.2 算法的特征

算法有输入、输出、确定性、有穷性和可行性5个基本的特征。

1. 输入

一个算法可接受零个或多个输入。尽管对于绝大多数算法来说,输入参数是必需的,但对于个别情况,如打印"hello world!"这样的代码,不需要任何输入参数,因此算法的输入可以是零个。

2. 输出

一个算法有至少一个或多个输出。算法是一定需要输出的,不输出,程序编写就没有意义。输出的形式可以是打印输出,也可以是返回一个或多个值。

3. 确定性

算法的每一步都是确定的定义,无二义性。即在任何条件下,算法只有唯一的一条执行路径,即对于相同的输入只能得出相应的输出。

4. 有穷性

算法在执行有限步骤后,自动结束不会出现无限循环,并且每一个步骤在可接受的时间内完成。现实中经常会写出死循环的代码,这就是不满足有穷性的要求。

5. 可行性

算法中的每一步骤都可以通过已经实现的基本运算的有限次数执行得以实现。可行性意味着算法可以转换为程序上机运行,并得到正确的结果。

1.4.3 算法性能分析与度量

对于一个特定的实际问题,可以找出很多解决问题的算法。例如,用高斯算法求 1+2+3+…+100 的和,(1+100)+(2+99)+(3+98)+…+(50+51)一共有 50 个 101,所以 50×101 就是 1 加到 100 的和。用程序实现如下:

```
int sum = 0,n = 100;
sum = (1 + n) * n/2;
System.out.println(sum);
```

编程人员要想办法从中选一个效率高的算法。这就需要有一个机制来评价算法。通常对一个算法的评价可以从算法执行的时间与算法的所占用的内存空间两个方面来进行。内存通常可以扩展,因为可增加计算机的内存量,但是时间是不可以扩展的,因此通常考虑时间要比考虑内存空间的情况多。本课程的要求也仅限于确定算法的时间效率。

算法的执行时间可通过依据该算法编制的程序在计算机上运行时所消耗的时间来度量。而这种机器的消耗时间与下列因素有关:

(1) 书写算法的程序设计语言。

(2) 编译产生的机器语言代码的质量。

(3) 机器执行指令的速度。

(4) 问题的规模。

这 4 个因素中,前三个都与具体的机器有关,度量一个算法的效率应当抛开具体的机器,仅考虑算法本身的效率高低。因此,算法的效率只与问题的规模有关,或者说,算法的效率是问题规模的函数。

为了便于比较同一个问题的不同算法,通常以算法中的基本操作重复执行的频度作为度量的标准。

```
int i,sum = 0,n = 100;                         /*执行1次*/
    for(i = 1;i <= n;i++){                     /*执行n+1次*/
      sum = sum + i;                           /*执行n次*/
}
  System.out.println(sum);                     /*执行1次*/
```

时间复杂度为 $T=1+n+1+n+1=2n+3$。

再看下面程序:

```
int sum = 0,n = 100;                           /*执行1次*/
sum = (1 + n) * n/2;                           /*执行1次*/
System.out.println(sum);                       /*执行1次*/
```

时间复杂度为 $T=1+1+1=3$。

在第一种算法中，T 是元素数 n 的线性函数，T 直接与 n 成正比。在第二种算法中，T 与 n 值无关，因此随着 n 值越来越大，第一种算法所花的时间比第二种算法花得越来越多。

一个算法的时间复杂度反映了程序运行从开始到结束所需要的时间，通常使用 O 表示，$T(n)=O(f(n))$。

其中，$f(n)$ 是算法中基本操作重复执行的次数随问题规模 n 增长的增长率函数。$T(n)$ 是算法的时间复杂度，它表示随问题规模 n 的增长，算法的运行时间的增长率和 $f(n)$ 的增长率相同。常见的时间复杂度有

$$O(1)<O(\log_2 n)<O(n)<O(n^2)<O(n^3)<O(2^n)$$

其中，$O(1)$ 是常量级时间复杂度，时间效率最优；然后，依次是对数级、线性级、平方级、立方级、指数级等，指数级的时间复杂度是最差的。

1.5 抽象数据类型

一个抽象数据类型(abstract data type，ADT)是一个数据结构和定义在该数据结构上的操作。抽象数据类型的定义仅取决于一组逻辑特性，而与其在计算机内部如何表示和实现无关，开发者们通过抽象数据类型的操作方法来访问抽象数据类型中的数据结构，而不管这个数据结构内部各种操作是如何实现的。抽象数据类型通常采用以下格式定义：

```
ADT 抽象数据类型名 {
    数据对象: <数据对象的定义>
    数据关系: <数据关系的定义>
    基本操作: <基本操作的定义>
}
```

当谈论 ADT 的时候，经常会说到线性表、堆栈和队列等。本教材在描述抽象数据类型定义时，数据对象和数据关系用文字描述，基本操作用接口描述。

在实现抽象数据类型时，为抽象数据数据类型创建实现类，主要任务有：

(1) 创建抽象数据类型实现类为泛型类，实现在同一份代码上对多种不同类型的数据元素的操作。

(2) 在实现类中用顺序存储结构或链式存储结构表示数据元素之间的关系。

(3) 在实现类中实现抽象数据类型定义中的接口方法。

(4) 应用实现类解决实际应用的问题。

本章小结

(1) 数据是对客观事物的符号表示，数据元素是数据的基本单位，是计算机进行输入输出操作的最小单位。

(2) 数据结构是相互之间存在一种或多种特定关系的数据元素的集合。可用公式表示为“数据结构＝数据元素＋关系(结构)”。

(3) 有 4 类基本数据结构：

① 集合：结构中的数据元素除了存在“同属于一个集合”的关系外，不存在任何其他关系。

② 线性结构：结构中的数据元素存在着一对一的关系。

③ 树形结构：结构中的数据元素存在着一对多的关系。

④ 图状结构：该结构中的数据元素存在着多对多的关系。

(4) 算法是对特定问题求解步骤的一种描述，是指令的有限序列，其中每一条指令表示一个或多个操作，算法具用 5 个重要的特征：

① 有穷性：算法必须在有限的步骤之后结束。

② 确定性：算法的每一步都是确定的定义，无二义性。即在任何条件下，算法只有唯一的一条执行路径，即对于相同的输入只能得出相同的输出。

③ 输入：一个算法可接受零个或多个输入。

④ 输出：一个算法有至少一个或多个输出。

⑤ 可行性：算法由可实现的基本指令组成。

(5) 通常对一个算法的评价可以从算法执行的时间与算法的所占用的内存空间两个方面来进行。

(6) 一个算法的时间复杂度反映了程序运行从开始到结束所需要的时间，通常用 O 表示，$T(n)=O(f(n))$。其中，$f(n)$ 是算法中基本操作重复执行的次数随问题规模 n 增长的增长率函数。

综合练习

1. 简述下列术语。

数据元素　数据项　数据结构　数据类型　数据逻辑结构　数据存储结构　算法

2. 数据结构课程的主要目的是什么？

3. 分别画出线性结构、树形结构和图形结构的逻辑示意图。

4. 算法的特性是什么？评价算法的标准是什么？

5. 什么是算法的时间复杂度？怎样表示算法的时间复杂度？

6. 分析下面语句段执行的时间复杂度。

(1)
```
for (int i = 0; i < n; ++i)
{
  ++p;
}
```

(2)
```
for (int i < 0; i < n; ++i)
{
  for (int j = 0; j < m; ++j)
  {
    ++p;
  }
}
```

```
(3) i = 1;
    while(i <= n)
    {
      i * = 3;
    }

(4) int i = 1;
    int k = 0;
    do
    {
      k = k + 10 * i;
      ++i;
    } while(i!= n);
```

第2章　线　性　表

学习情境：用线性表解决约瑟夫环的编程

问题描述：据说著名犹太历史学家 Josephus 有过以下的故事：在罗马人占领乔塔帕特后，39 个犹太人与 Josephus 及他的朋友躲到一个洞中，39 个犹太人决定宁愿死也不要被敌人抓到，于是决定了一个自杀方式，41 个人排成一个圆圈，由第 1 个人开始报数，每报数 3 时，该人就必须自杀，然后再由下一个重新报数，直到所有人都自杀身亡为止。然而 Josephus 和他的朋友并不想遵从，他将朋友与自己安排在第 16 个与第 31 个位置，最终逃过了这场死亡游戏。

为了让游戏更加刺激，假设编号为 1,2,3,…, n 的 n 个人按顺时针方向围坐一圈，每人持有一个随机生成的密码 m(为 1～5 之间的随机整数)。约瑟夫环如图 2.1 所示。从指定编号为 1 的人开始，按顺时针方向自 1 开始顺序报数，报到指定数 m 时停止报数，报 m 的人出列，并将他的密码作为新的 m 值，从他在顺时针方向的下一个人开始，重新从 1 报数，依此类推，直至所有的人全部出列为止。

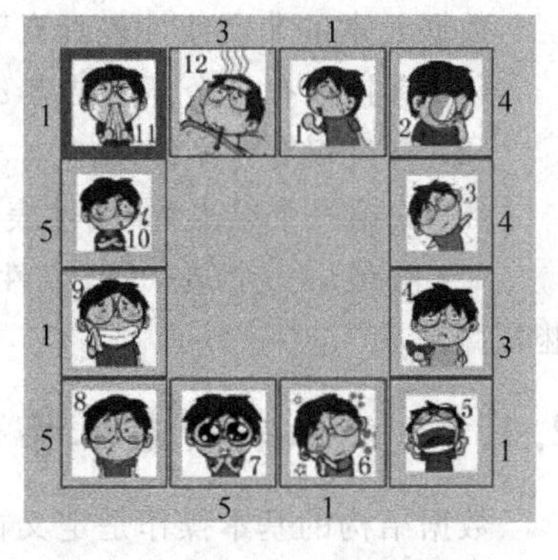

图 2.1　约瑟夫环

请设计一个程序求出出列的顺序。图 2.1 的约瑟夫环出列的顺序为(1,1)→(2,4)→(6,1)→(7,5)→(12,3)→(5,1) →(8,5)→(4,3)→(11,1)→(3,4)→(10,5)→(9,1)。

2.1　认识线性表

在约瑟夫环的编程问题中，环中每个人的信息为一条记录，这条记录也称为数据元素。每个记录是一个结点，每个结点由编号和密码二个数据项组成。对于整个环来说，在任意时刻，相对于那个出列的人来说，按顺时针方向数第一个人可视为开始结点(它的前面无记录)，最后一个人视为终止结点(它的后面无记录)，在图 2.1 中，第一个出列的人的密码为 1，他出列后，编号为 2 的人为约瑟夫环的起点，编号为 12 的为约瑟夫环的终点，其他结点则各有一个也只有一个直接前趋和直接后继(它的前面和后面均有且只有一个记录)，具有这种特点逻辑结构称为线性表。

2.1.1 线性表的逻辑结构

1. 线性表的定义

线性表(linear list)是由 $n(n\geqslant 0)$ 个相同类型的数据元素(结点)$a_1, a_2, \cdots a_n$ 组成的有限序列。一个有 n 个数据元素的线性表常常表示为$(a_1, a_2, \cdots a_n)$

其中：

- n：数据元素的个数,也称表的长度。
- 空表：$n=0$,记为()。

数据元素类型多种多样,但同一线性表中的元素必定具有相同特性,即属同一数据对象。图 2.2 中所有数据元素都为数字,图 2.3 中所有数据元素都为图片。

图 2.2 数字线性表　　图 2.3 图片线性表

2. 线性表的特点

数据元素的非空线性表具有下面的特点：

(1) 有且仅有一个开始结点 a_1,它没有直接前趋,而仅有一个直接后继 a_2。

(2) 有且仅有一个终端结点 a_n,它没有直接后继,而仅有一个直接前趋 a_{n-1}。

(3) 除第一个结点外,线性表中的其他结点 $a_i(2\leqslant i\leqslant n)$都有且仅有一个直接前趋 a_{i-1}。

(4) 除最后一个结点外,线性中的其他结点 $a_i(1\leqslant i\leqslant n-1)$都有且仅有一个直接后继 a_{i+1}。

2.1.2 线性表的基本操作

数据结构的基本操作是定义在逻辑结构层次上的,而这些操作的具体实现是建立在存储结构层次上的。在逻辑结构上定义的运算,只给出这些操作的功能是“做什么”,至于“如何做”等实现细节只有在确定了线性表的存储结构之后才能完成。

线性表有以下几种基本操作。

(1) 初始化线性表：创建一个空的线性表。

(2) 添加元素：将新的数据元素添加在线性表的末尾。

(3) 插入元素：在线性表中指定的索引位置上插入一个新的数据元素。

(4) 删除元素：删除线性表中指定索引位置的数据元素。

(5) 定位元素：返回指定数据元素在线性表中首次出现的索引位置。

(6) 取表元素：返回线性表指定索引位置的数据元素。

(7) 替换元素：替换线性表指定索引位置的元素为新的数据元素,并返回该元素。

(8) 求表长度：返回线性表中所有数据元素的个数。

(9) 清空线性表：清除线性表中的所有元素。

(10) 判断线性表是否为空：如线性表不包含任何数据元素则返回 true,否则返回 false。

注：*索引位置从 0 开始编号。*

2.1.3 线性表的抽象数据类型

根据对线性表的逻辑结构及基本操作的认识,得到线性表的抽象数据类型。

ADT 线性表(linearlist)

数据元素:可以是任意类型,只要同属一个数据对象即可。

数据关系:数据元素之间呈线性关系,假设线性表中有 n 个元素(a_1, a_2, a_3, …, a_n),则对每一个元素 a_i($i=1,2,\cdots,n-1$)都存在关系(a_i, a_{i+1}),并且 a_1 无前趋,a_n 无后继。

数据操作:将对线性表的基本操作定义在接口 ILinarList 中,代码如下:

```
public interface ILinarList<E>{
  boolean add(E item);                    //添加元素
  boolean add(int i, E item);             //插入元素
  E remove(int i);                        //删除元素
  int indexOf(E item);                    //定位元素
  E get(int i);                           //取表元素
  int size();                             //求线性表长度
  void clear();                           //清空线性表
  boolean isEmpty();                      //判断线性表是否为空
  }
```

上述代码中,将对线性表的基本操作定义在接口 ILinarList 中,当存储结构确定后通过实现接口来完成这些基本操作的具体实现,确保了算法定义和算法实现的分离。同时,为了保证这些基本操作对任何类型的数据都适用,线性表数据元素的类型使用泛型。在实际创建线性表时,元素的类型可以用实际的数据类型来代替,比如用简单的整型或者用户自定义的更复杂的类型来代替。在 Java 中,线性表的初始化是通过线性表实现类的构造函数创建,对于不同的实现类,构造函数是不同的,该操作不应定义在接口中,以后所有数据结构相同。

2.2 线性表的实现

如何将逻辑结构为线性表的约瑟夫环存储到计算机中呢?用一片连续的内存单元来存放还是用链表随机存放呢?这是存储结构的问题。数据结构在计算机中的表示称为存储结构。存储结构有顺序存储结构和链式存储结构。

2.2.1 用顺序表实现线性表

1. 顺序表的存储结构

顺序存储结构用一组地址连续的存储单元依次存储线性表的数据元素。把线性表的数据元素按逻辑顺序依次存放在一组地址连续的存储单元里。用这种方法存储的线性表简称顺序表。

在顺序表的存储结构中,假设每个数据元素在存储器中占用 k 个存储单元,索引号为 0 的数据元素的内存地址为 $\mathrm{Loc}(a_1)$,则数据元素 a_i 的索引号为 $i-1$,其内存地址为:

$$\mathrm{LOC}(a_i) = \mathrm{LOC}(a_1) + (i-1) * k$$

顺序表的存储结构示意图如图 2.4 所示。

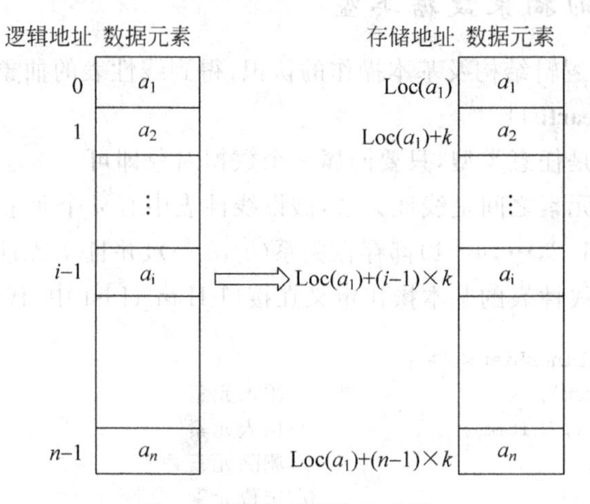

图 2.4　顺序表存储示意图

为了更清楚理解线性表在内存中顺序存储方式，以数据元素为整数的线性表在内存中存储的示意图来理解顺序存储结构。如图 2.5 所示，其中包含 9 个数据元素的线性表，数据元素连续地存储在起始地址为 2000:0001 的位置上，每个数据元素占 2 个字节。

存储地址	数据元素																线性表
2000:0001	0	0	0	0	0	0	0	0	0	0	0	0	0	0	0	1	1
2000:0003	0	0	0	0	0	0	0	0	0	0	0	0	0	0	1	0	2
2000:0005	0	0	0	0	0	0	0	0	0	0	0	0	0	0	1	1	3
2000:0007	0	0	0	0	0	0	0	0	0	0	0	0	0	1	0	0	4
2000:0009	0	0	0	0	0	0	0	0	0	0	0	0	0	1	0	1	5
2000:0011	0	0	0	0	0	0	0	0	0	0	0	0	0	1	1	0	6
2000:0013	0	0	0	0	0	0	0	0	0	0	0	0	0	1	1	1	7
2000:0015	0	0	0	0	0	0	0	0	0	0	0	0	1	0	0	0	8
2000:0017	0	0	0	0	0	0	0	0	0	0	0	0	1	0	0	1	9

图 2.5　数据元素为整数的线性表在内存中顺序存储的示意图

顺序表的存储结构可以用编程语言的一维数组来表示。数组的元素类型使用泛型，以实现不同数据类型的线性表间代码的重用；因为用数组存储顺序表，须预先为顺序表分配最大存储空间，用字段 maxsize 来表示顺序表的最大长度；由于经常需要在顺序表中插入或删除数据元素，顺序表的实际表长是可变的，用 size 字段表示顺序表的实际长度。

2. 顺序表的基本操作

1) 初始化顺序表

初始化顺序表就是创建一个用于存放线性表的空的顺序表，创建过程如下：

(1) 初始化 maxsize 为实际值。

(2) 为数组申请可以存储 maxsize 个数据元素的存储空间，数据元素的类型由实际应用而定。

(3) 初始化 size 为 0。

2) 插入元素 boolean add(int i, E item)

插入数据元素是指假设线性表中已有 size(0≤size≤maxsize－1)个数据元素,在索引位置 i(0≤i≤size)处插入一个新的数据元素。创建过程如下:

(1) 若没有指定插入位置,则将数据元素插入到顺序表最末的位置;指定插入索引位置 i,如图 2.6 所示。若插入索引位置 i<0 或 i>size,则无法插入,否则转入步骤(2)。

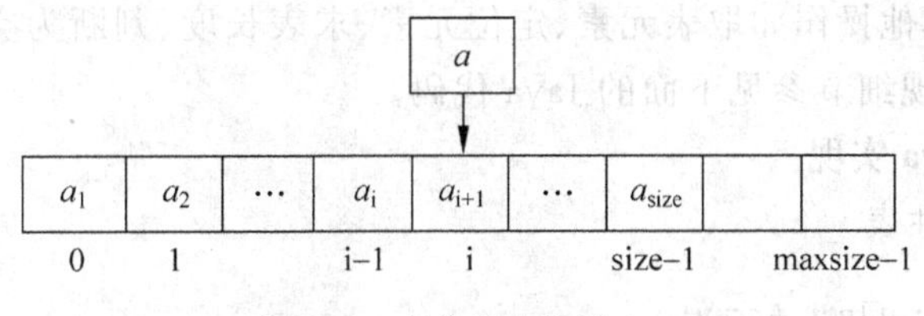

图 2.6 在位置 i 处插入 a

(2) 将索引位置为 i～size－1 存储位置上的元素(共 size－i 个数据元素)依次后移后,将新的数据元素置于 i 位置上,如图 2.7 所示。

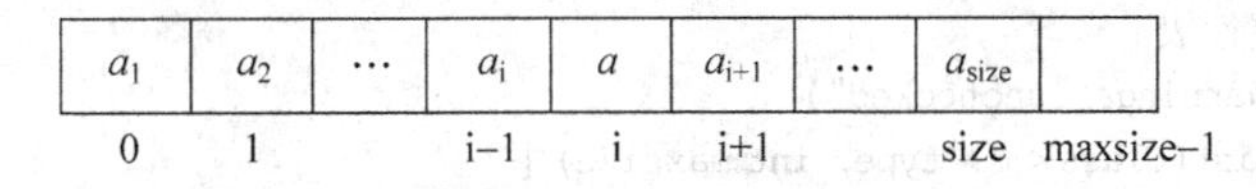

图 2.7 在位置 i 处插入 a 后的状态

(3) 使顺序表长度 size 加 1,如图 2.8 所示。

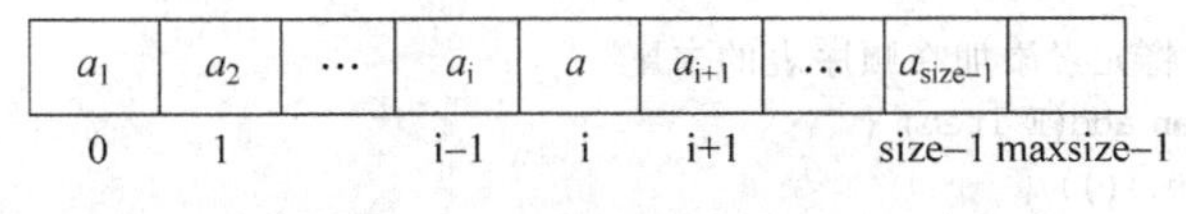

图 2.8 顺序表长度加 1

3) 删除操作 remove(int i)

假设线性表中已有 size(1≤size≤maxsize)个数据元素,删除指定索引位置 i 的数据元素。具体算法如下:

(1) 如果顺序表为空,或者不符合 0≤i≤size－1,则提示没有要删除的元素;否则转入步骤(2)。删除前的顺序表如图 2.9 所示。

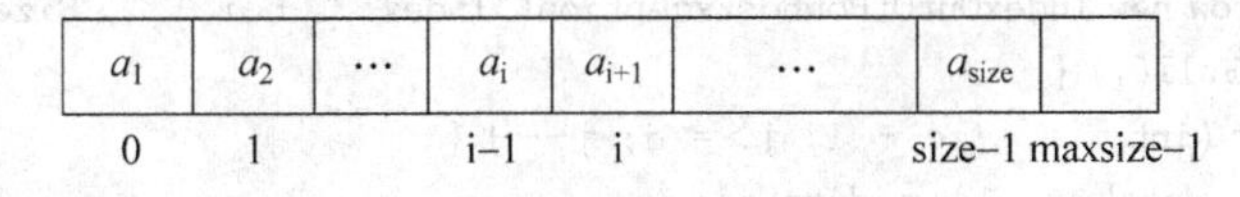

图 2.9 删除前的顺序表

(2) 将第 i＋1 到第 size－1 索引位置上数据元素(共 size－1－i 个数据元素)依次前移,如图 2.10 所示。

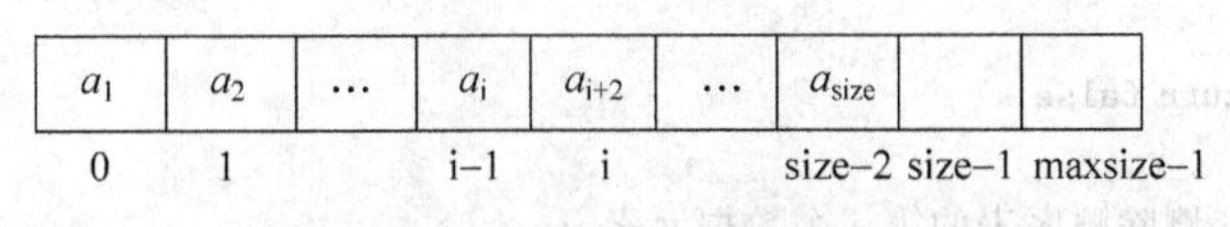

图 2.10 删除后的顺序表

(3) 使顺序表的表长度 size 减 1,如图 2.11 所示。

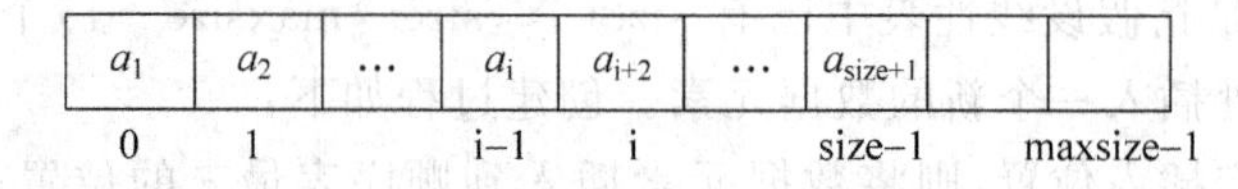

图 2.11 顺序表的长度 size 减 1

有关线性表的其他操作如取表元素、定位元素、求表长度、判断为空等操作在顺序表中的实现比较简单,实现细节参见下面的 Java 代码。

3. 顺序表的 Java 实现

1) 编程实现线性表

```
import java.lang.reflect.Array;
public class SeqList<E> implements ILinarList<E> {
    private int maxsize;                    // 顺序表的最大容量
    private E[] data;                       // 存储顺序表中数据元素的数组
    private int size;                       // 顺序表的实际长度
    // 初始化线性表
    @SuppressWarnings("unchecked")
    public SeqList(Class<E> type, int maxsize) {
        this.maxsize = maxsize;
        data = (E[]) Array.newInstance(type, maxsize);
        size = 0;
    }
    // 添加元素,将元素添加在顺序表的末尾
    public boolean add(E item) {
        if (!isFull()) {
            data[size++] = item;
            return true;
        } else
            return false;
    }
    // 插入元素,将元素添加在顺序表指定的索引位置 i 处
    public boolean add(int i, E item) {
        if (i < 0 || i > size)
            throw new IndexOutOfBoundsException("Index: " + i + ", Size: " + size);
        if (!isFull()) {
            for (int j = size - 1; j >= i; j--) {
                data[j + 1] = data[j];
            }
            data[i] = item;
            size++;
            return true;
        } else
            return false;
    }
    // 删除元素,删除顺序表的第 i 个数据元素
    public E remove(int i) {
        rangeCheck(i);
        if (!isEmpty()) {
```

```
            E oldValue = data[i];
            for (int j = i; j < size - 1; j++) {
                data[j] = data[j + 1];
            }
            data[ -- size] = null;        // 清除最后一个元素
            return oldValue;
        } else
            return null;
    }
    // 定位元素,返回对象 item 在顺序表中首先出现的索引位置,不存在 item,则返回 - 1
    public int indexOf(E item) {
        if (item == null) {
            for (int i = 0; i < size; i++)
                if (data[i] == null)
                    return i;
        } else {
            for (int i = 0; i < size; i++)
                if (item.equals(data[i]))
                    return i;
        }
        return - 1;
    }
    // 取表元素,返回顺序表中指定索引位置 i 处的数据元素
    public E get(int i) {
        rangeCheck(i);
        return data[i];
    }
    // 求顺序表长度
    public int size() {
        return size;
    }
    // 清空顺序表
    public void clear() {
        for (int i = 0; i < size; i++)
            data[i] = null;
        size = 0;
    }
    // 判断顺序表是否为空
    public boolean isEmpty() {
        return size == 0;
    }
    // 判断给定的索引位置 i 是否在指定的范围,如果不在,抛出索引越界异常
    private void rangeCheck(int i) {
        if (i < 0 || i >= size)
            throw new IndexOutOfBoundsException("Index: " + i + ", Size: " + size);
    }
    // 判断顺序表是否为满
    public boolean isFull() {
        if (size == maxsize) {
            return true;
        } else {
```

```
                return false;
            }
        }
    }
```

2）测试线性表

```
public class TestList {
    public static void main(String[ ] args) {
        ILinarList<Integer> list = new SeqList<Integer>(Integer.class, 50);
        int[ ] data = { 23, 45, 3, 7, 6, 945 };
        Scanner sc = new Scanner(System.in);
        System.out.println("-----------------------------------");
        System.out.println("操作选项菜单");
        System.out.println("1.添加元素");
        System.out.println("2.插入元素");
        System.out.println("3.删除元素");
        System.out.println("4.定位元素");
        System.out.println("5.取表元素");
        System.out.println("6.显示线性表");
        System.out.println("0.退出");
        System.out.println("-----------------------------------");
        char ch;
        do {
            System.out.print("请输入操作选项:");
            ch = sc.next().charAt(0);
            switch (ch) {
            case '1':
                for (int i = 0; i < data.length; i++) {
                    list.add(data[i]);
                }
                System.out.println("添加操作成功!");
                break;
            case '2':
                System.out.println("请输入要插入的位置:");
                                                //位置是从 1 开始的
                int loc = sc.nextInt();
                System.out.println("请输入要插入该位置的值:");
                int num = sc.nextInt();
                list.add(loc - 1, num);
                System.out.println("插入操作成功!");
                break;
            case '3':
                System.out.print("请输入要删除元素的位置:");
                 loc = sc.nextInt();
                 list.remove(loc - 1);
                System.out.println("删除操作成功");
                break;
            case '4':
                System.out.print("请输入要查找元素:");
                num = sc.nextInt();
```

```java
                System.out.println(num + "在列表中的位置为:" + (list.indexOf(num) + 1));
                break;
            case '5':
                System.out.print("请输入要查找元素的位置:");
                loc = sc.nextInt();
                System.out.println(loc + "位置上的元素爲:" + list.get(loc - 1));
                break;
            case '6':
                System.out.print("线性表中的元素有:");
                for(int i = 0;i < list.size();i++){
                    System.out.print(list.get(i) + " ");
                }
                System.out.println();
                break;
            }

        } while (ch != '0');
        sc.close();
    }
}
```

2.2.2 用单链表实现线性表

前面研究了线性表的顺序存储结构,它的特点是逻辑上相邻的两个元素在物理位置上也相邻,因此随机存取表中任一元素,它的存储位置可用一个简单、直观的公式来表示。然而,这个特点也铸成了顺序存储结构的三个弱点:其一,在进行插入或删除操作时,需移动大量元素;其二,在给长度变化较大的线性表预先分配空间时,必须按最大空间分配,使存储空间不能得到充分利用;其三,表的容量难以扩充。为了解决这样的问题,可使用另一种存储结构——链式存储结构,用链式存储结构存储的线性表叫链表(linked list)。链表不要求逻辑上相邻的元素在物理位置上也相邻,因此它没有顺序存储结构所具有的弱点。按照指针域的组织以及各个结点之间的联系形式,链表又可以分为单链表、双链表、循环链表等多种类型。首先学习单链表。

1. 单链表的存储结构

链表是用一组任意的存储单元来存储线性表中的数据元素(这组存储单元可以是连续的,也可以是不连续的)。那么,怎么表示两个数据元素逻辑上的相邻关系呢?即如何表示数据元素之间的线性关系呢?为此,在存储数据元素时,除了存储数据元素本身的信息外,还要存储与它相邻数据元素的存储地址信息。这两部分信息组成该数据元素的存储映像(image),称为结点(node)。把存储据元素本身信息的域叫结点的数据域(data domain),把存储与它相邻数据元素的存储地址信息的域叫结点的引用域(reference domain)。线性表通过每个结点的引用域形成了一根"链条",这就是"链表"名称的由来。如果结点的引用域只存储该结点直接后继结点的存储地址,则该链表叫单链表(singly linked list)。把该引用域叫 next。单链表结点的结构如图 2.12 所示,图中 data 表示结点的数据域。

假设有一线性表$\{a_1,a_2,a_3,a_4,a_5,a_6\}$,用单链表存储的内存示意图如图 2.13 所示,从图中可以看出,逻辑相邻的两元素如 a_1,a_2 的存储空间是不连续的,通过在 a_1 的引用域存放

a_2的存储位置 2000:1060 表示了 a_1和 a_2的逻辑上的邻接。

data	next

图 2.12　单链表的结点结构

	数据域	引用域
2000:1000	头指针	2000:1030
2000:1010	a_3	2000:1040
2000:1020	a_6	null
2000:1030	a_1	2000:1060
2000:1040	a_4	2000:1050
2000:1050	a_5	2000:1020
2000:1060	a_2	2000:1010

图 2.13　单链表的内存示意图

图 2.14 为图 2.13 的带头结点单链表的结点示意图。

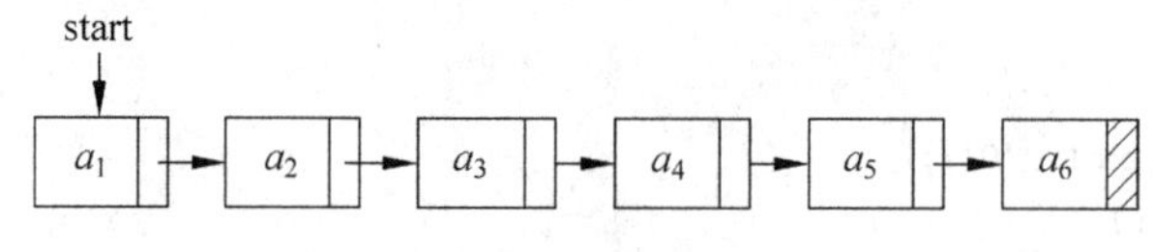

图 2.14　带头结点单链表的结点示意图

单链表是最简单的链表,其中每个结点指向列表中的下一个结点,最后一个结点不指向任何其他结点,它指向 null,指向 null 的结点代表链表结束。

2. 单链表的基本操作

1) 初始化单链表

初始化单链表就是创建一个空的单链表,创建过程如下:

(1) 声明一个为单链表结点类型的 start 变量,用来指向单链表的第一个结点。

(2) 在单链表的构造函数中将 start 变量的值赋为 null。

2) 插入元素 add(int i, E item)

在单链表中添加一个新的结点通常分为下面的三种情况:

(1) 在单链表开头插入一个新的结点。

① 为新结点分配内存并为数据字段分配值,如图 2.15 所示。

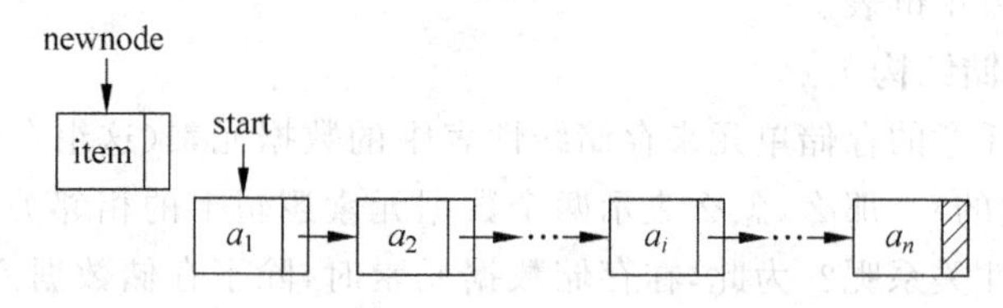

图 2.15　带头结点单链表的结点示意图

② 使新结点的 next 字段指向链表中的第一个结点,如图 2.16 所示。

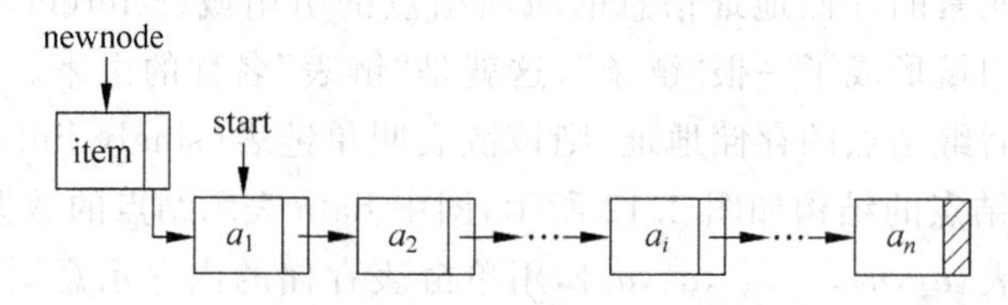

图 2.16　新结点的 next 字段指向链表中的第一个结点

③ 使 start 指向新结点，如图 2.17 所示。

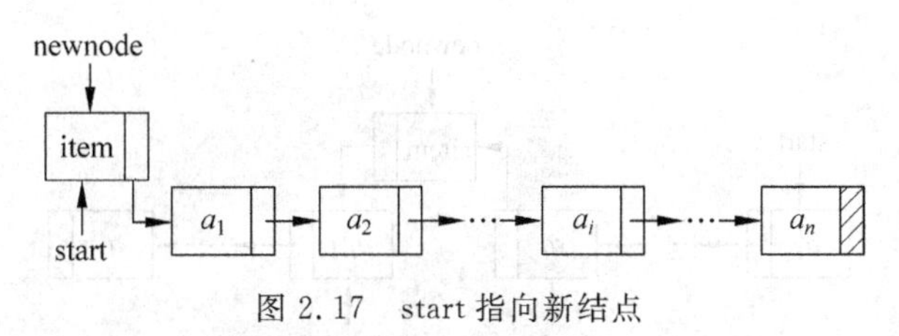

图 2.17　start 指向新结点

(2) 在单链表的两个结点之间插入结点

① 为新结点分配内存并为数据字段分配值，如图 2.18 所示。

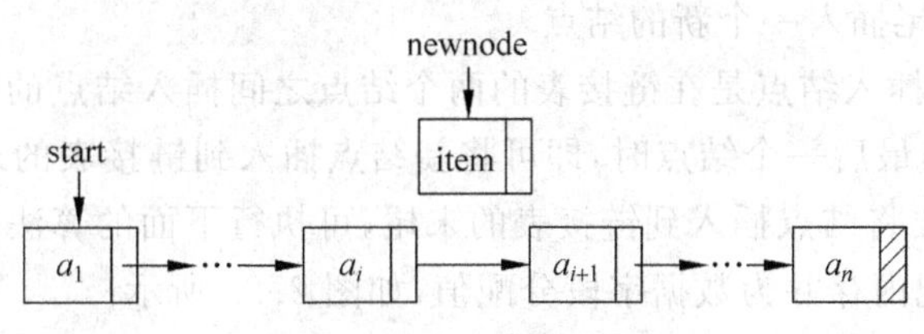

图 2.18　为新结点分配内存并为数据字段分配值

② 用前一个结点 previous 和当前结点 current 指针变量确定插入新结点的位置，如图 2.19 所示，执行以下步骤：

a. 使 previous 指向 null。

b. 使 current 指向第一个结点。

c. 比较当前结点 current 和要删除结点的索引号 i，直到相等或当前结点变成为 null 为止，否则重复步骤 d 和 e。

d. 使 previous 指向 current。

e. 使 current 指向序列中的下一个结点。

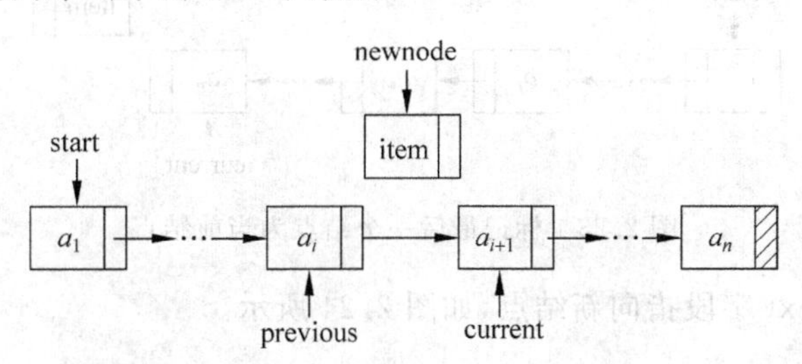

图 2.19　标注前一个结点和当前结点

③ 新结点的 next 字段指向当前结点，如图 2.20 所示。

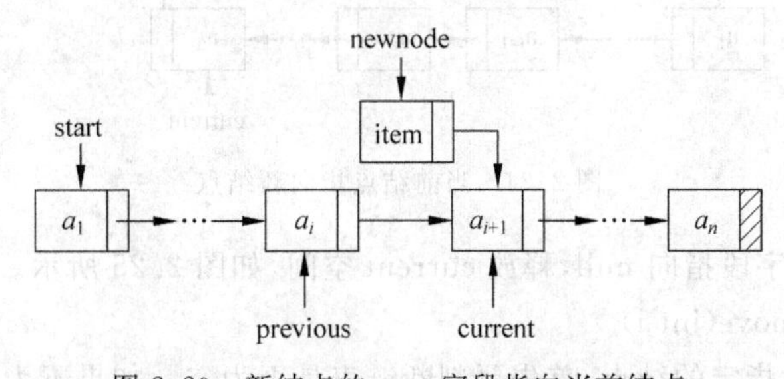

图 2.20　新结点的 next 字段指向当前结点

④ 前一个结点的 next 字段指向新结点，如图 2.21 所示。

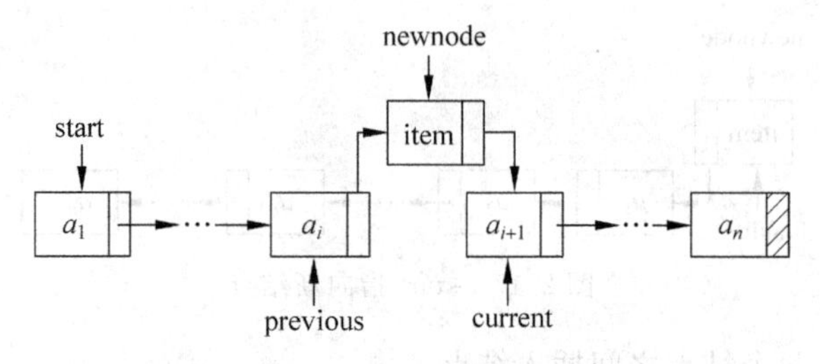

图 2.21　前一个结点的 next 字段指向新结点

(3) 在单链表末尾插入一个新的结点

在单链表的末尾插入结点是在链接表的两个结点之间插入结点的特殊情况，当 current 为 null，previous 指向最后一个结点时，即可将新结点插入到链接表的末尾。如果在某些情况下，非常明确就是要将结点插入到链接表的末尾，可执行下面的算法步骤。

① 为新结点分配内存并为数据字段分配值，如图 2.22 所示。

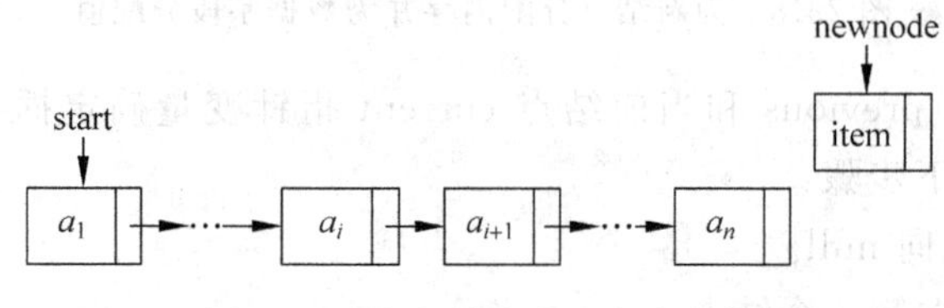

图 2.22　为新结点分配内存和值

② 找到链表中的最后一个结点，将它标记为 current，如图 2.23 所示。

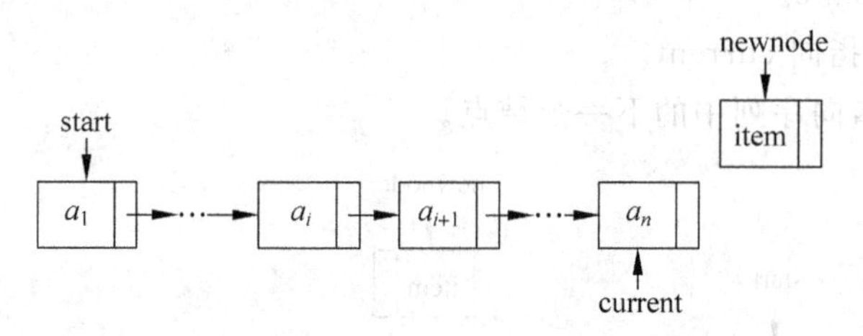

图 2.23　标记最后一个结点为当前结点

③ current 的 next 字段指向新结点，如图 2.24 所示。

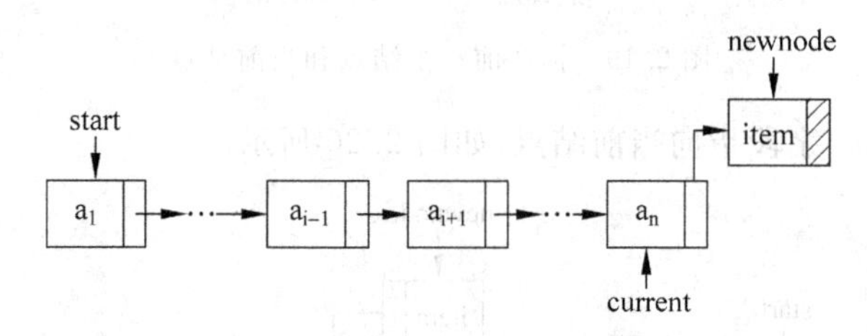

图 2.24　当前结点指向新结点

④ 新结点 next 字段指向 null，释放 current 空间，如图 2.25 所示。

3) 删除操作 remove(int i)

从单链表中删除指定的结点，首先要判断链表是否为空。如果不为空的话，首先要搜索

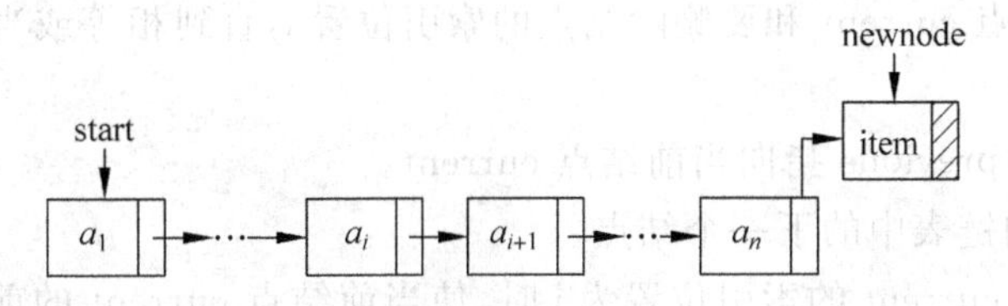

图 2.25　新结点的 next 字段设为 null

指定的结点，如果找到指定的结点则将其删除并返回该结点，否则返回 null。当找到删除的结点后，在单链接表中删除指定的结点，通常分为下面的三种情况：

(1) 从单链表的开头删除结点。

① 将链表中的第一个结点标记为当前结点，如图 2.26 所示。

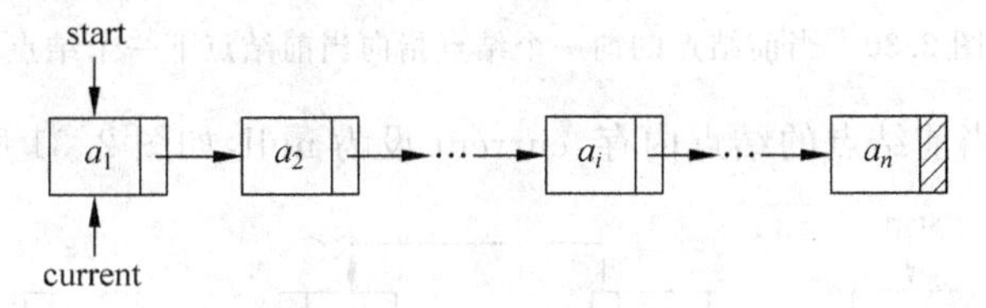

图 2.26　标记第一个结点为当前结点

② 使用 start 指向单链表中的下一个结点，如图 2.27 所示。

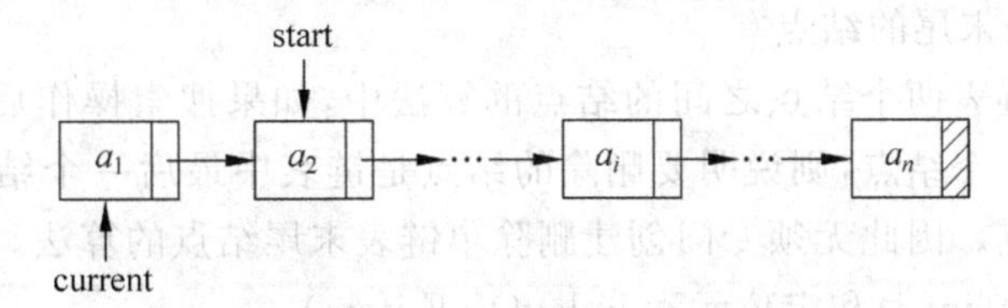

图 2.27　start 指向下个结点

③ 释放标记为当前结点的内存，如图 2.28 所示。

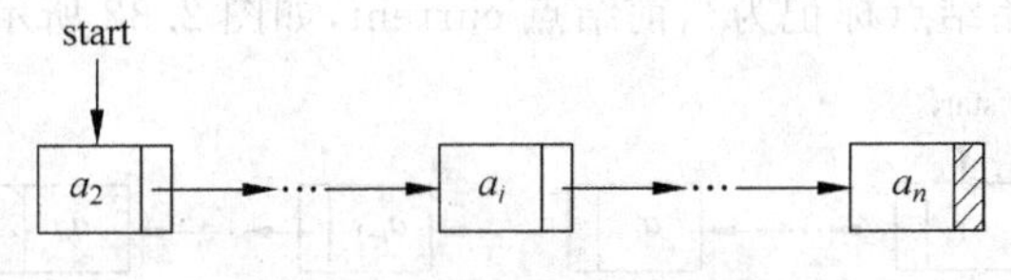

图 2.28　释放当前结点的内存

(2) 删除单链表两个结点之间的结点。

① 定位要删除的结点，如图 2.29 所示。具体步骤如下：

a. 将前一个结点 previous 设置为 start。

b. 将当前结点 current 设置为 start。

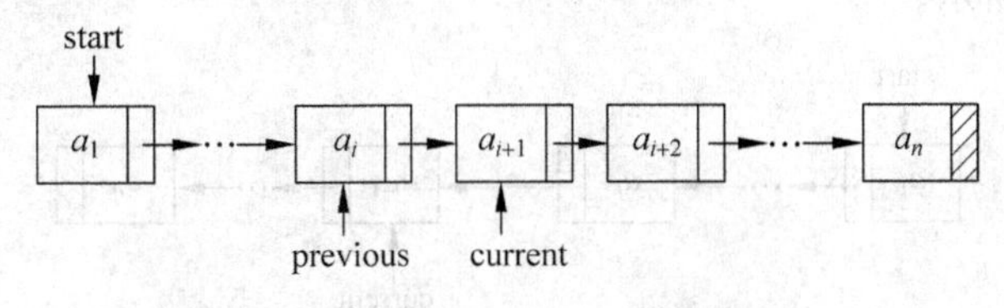

图 2.29　定位要删除的结点

c. 比较当前结点 current 和要删除结点的索引位置 i,直到相等或当前结点变成为 null 为止,否则重复 d 和 e。

d. 前一个结点 previous 指向当前结点 current。

e. current 指向链表中的下一个结点。

② 当当前结点 current 的索引位置为 i 时,使当前结点 current 的前一个结点 previous 指向当前结点 current 的下一个结点,,如图 2.30 所示。

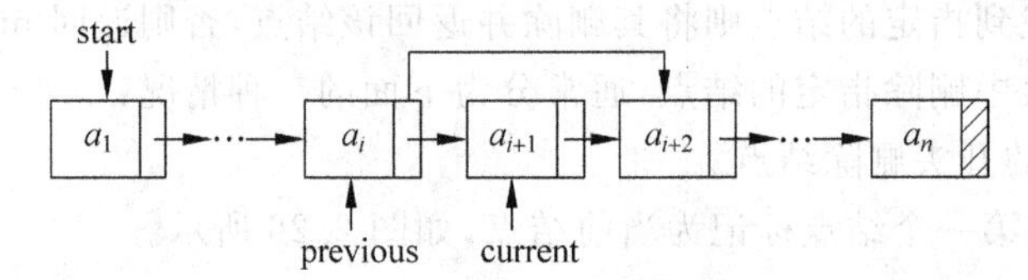

图 2.30　当前结点的前一个结点指向当前结点下一个结点

③ 释放标记为当前结点的结点内存,current 设为 null,如图 2.31 所示。

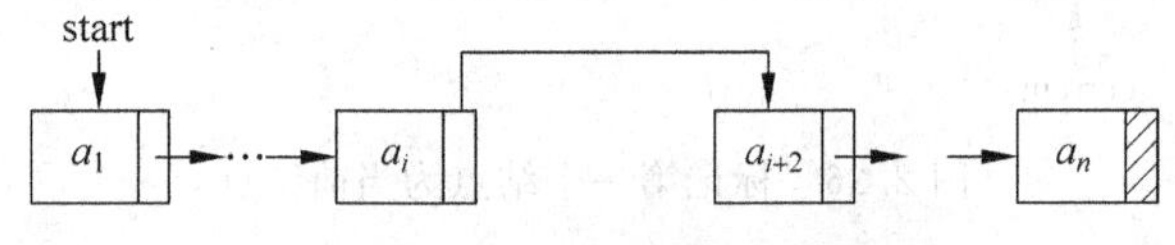

图 2.31　释放删除结点内存

(3) 删除单链表末尾的结点

在上述删除单链表两个结点之间的结点的算法中,如果搜索操作后,当前结点 current 指向单链表中最后一个结点,则说明要删除的结点是链表中最后一个结点。该算法也能删除单链表末尾的结点。因此无须专门创建删除单链表末尾结点的算法。

4) 取表元素 get(int i)和定位元素 indexOf(E item)

取表元素和定位元素是指根据给定的索引值或结点值,搜索对应该索引值或结点值的结点。具体过程如下:

① 将单链表的起始结点标记为当前结点 current,如图 2.32 所示。

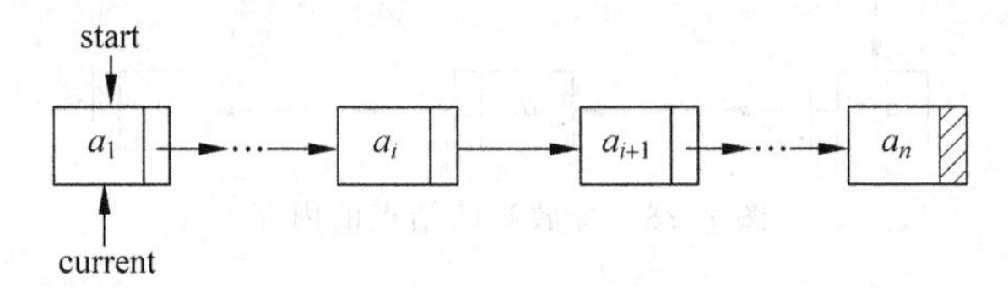

图 2.32　标记起始结点为当前结点

② 如果单链表不为空链表,比较要查找结点的索引位置 i 或结点值是否与 current 所指向结点的索引位置或值相等,如果不等,current 指向下一个结点,找到该结点时,返回 current,如图 2.33 所示。

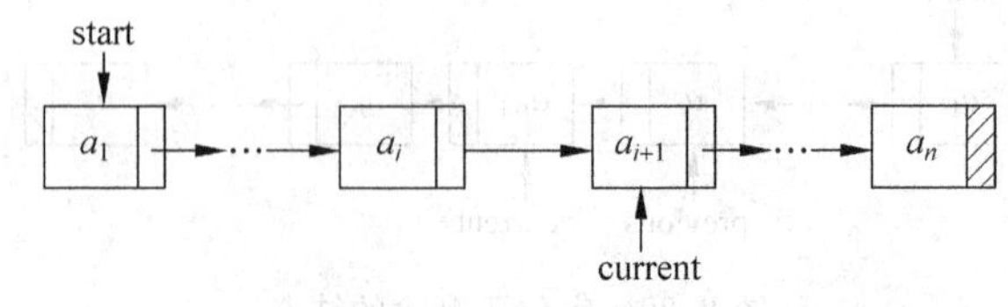

图 2.33　查找结点

③ 当 current 为 null 时，表示没有找到指定的结点，如图 2.34 所示。

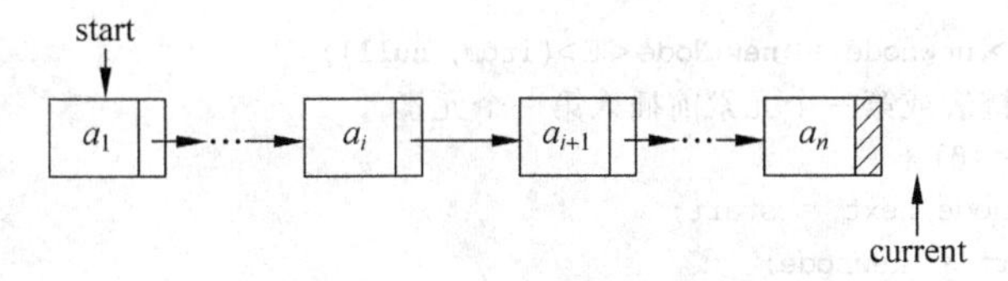

图 2.34　当前结点为 null

有关线性表的其他操作如求表长度、判断为空等在单链表中的实现比较简单，参见下面的单链表实现代码。

3. 单链表的 Java 实现

1）编程实现单链表

```
public class SLinkList<E> implements ILinarList<E> {
    private Node<E> start;                    // 单链表的头引用
    int size;                                 // 单链表的长度
    private static class Node<E> {
        E item;
        Node<E> next;
        Node(E item, Node<E> next) {
            this.item = item;
            this.next = next;
        }
    }
    // 初始化线性表
    public SLinkList() {
        start = null;
    }
    // 添加元素，将元素添加在单链表的末尾
    public boolean add(E item) {
        if (start == null) {
            start = new Node<E>(item, null);
        } else {
            Node<E> current = start;
            while (current.next != null) {
                current = current.next;
            }
            current.next = new Node<E>(item, null);
        }
        size++;
        return true;
    }
    // 在单链表的第 i 索引位置前插入一个数据元素
    public boolean add(int i, E item) {
        Node<E> current;
        Node<E> previous;
        if (i < 0 || i > size) {
```

```
            return false;
        }
        Node<E> newnode = new Node<E>(item, null);
        // 在空链表或第一个元素前插入第一个元素
        if (i == 0) {
            newnode.next = start;
            start = newnode;
            size++;
        } else {
            // 单链表的两个元素间插入一个元素
            current = start;
            previous = null;
            int j = 0;
            while (current != null && j < i) {
                previous = current;
                current = current.next;
                j++;
            }
            if (j == i) {
                previous.next = newnode;
                newnode.next = current;
                size++;
            }
        }
        return true;
    }
    // 删除单链表中的索引位置为 i 的数据元素
    public E remove(int i) {
        E oldValue = null;
        if (isEmpty() || i < 0 || i > size - 1) {
            oldValue = null;
        }
        Node<E> current = start;
        if (i == 0) {
            oldValue = current.item;
            start = current.next;
            size--;
        } else {
            Node<E> previous = null;
            int j = 1;
            while (current.next != null && j <= i) {
                previous = current;
                current = current.next;
                j++;
            }
            previous.next = current.next;
            oldValue = current.item;
            current = null;
            size--;
        }
        return oldValue;
```

```
}
// 在单链表中查找数据元素 item 数据位置
public int indexOf(E item) {
    int i = 0;
    if (item == null) {
        for (Node<E> current = start; current != null; current = current.next) {
            if (current.item == null)
                return i;
            i++;
        }
    } else {
        for (Node<E> current = start; current != null; current = current.next) {
            if (item.equals(current.item))
                return i;
            i++;
        }
    }
    return -1;
}
// 获得单链表的第 i 索引位置的数据元素
public E get(int i) {
    E item = null;
    if (isEmpty() || i < 0 || i > size - 1) {
        item = null;
    }
    Node<E> current = start;
    int j = 0;
    while (current.next != null && j < i) {
        current = current.next;
        j++;
    }
    if (j == i) {
        item = current.item;
    }
    return item;
}
//求单链表长度
public int size() {
    return size;
}
//清空单链表
public void clear() {
    for (Node<E> current = start; current != null;) {
        Node<E> next = current.next;
        current.item = null;
        current.next = null;
        current = next;
    }
    start = null;
    size = 0;
}
```

```
    //判断单链表是否为空
    public boolean isEmpty() {
        return size == 0;
    }
}
```


2) 测试单链表

将测试顺序表中的代码：

```
ILinarList<Integer> list = new SeqList<Integer>(Integer.class, 50);
```

替换为：

```
ILinarList<Integer> list = new SLinkList<Integer>();
```

即可进行单链表的测试了。

2.2.3 用双向链表实现线性表

前面介绍的单链表允许从一个结点直接访问它的后继结点，所以找直接后继结点的时间复杂度是 $O(1)$。但是，要找某个结点的直接前驱结点，只能从表的头引用开始遍历各结点。也就是说，找直接前驱结点的时间复杂度是 $O(n)$，n 是单链表的长度。如果希望找直接前驱结点和直接后继结点的时间复杂度都是 $O(1)$，可以使用双向链表。

1. 双向链表的存储结构

双向链表在结点中设两个引用域，一个保存直接前驱结点的地址 prev，一个直接后继结点的地址 next，这样的链表就是双向链表(doubly linked list)。

双向链表的结点示意图如图 2.35 所示。

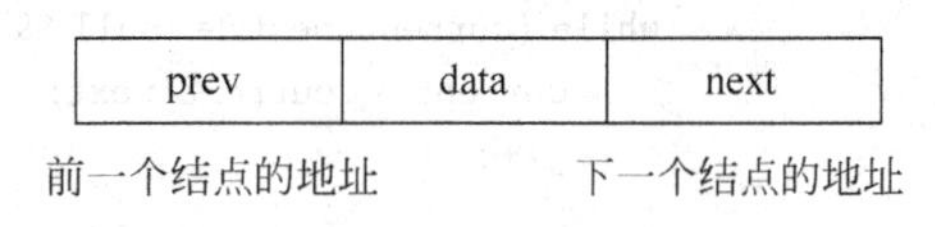

图 2.35 双向链表的结点示意图

双向链表结点的定义与单链表的结点的定义很相似，只是双向链表多了一个字段 prev。

2. 双向链表的基本操作

在双向链表中，有些操作如求长度、取元素、定位)的算法中仅涉及后继指针，此时双向链表的算法和单链表的算法均相同。但对前插和删除操作，双向链表需同时修改后继和前驱两个指针，相比单链表要复杂一些。

1) 初始化双向链表

初始化双向链表就是创建一个空的双向链表，创建过程如下表所示：

(1) 声明一个为双向链表结点类型的 start 变量。

(2) 在构造函数中，将 start 变量的值赋为 null。

2) 插入操作 add(int i, E item)

插入操作是将一个新的结点添加到一个现有的或新的双向链表中。具体实现过程如下：

(1) 为新结点分配内存，为新结点的数据字段赋值，如图 2.36 所示。

(2) 如果双向链表为空，则执行以下步骤在链表中插入结点，如图 2.37 所示。

① 使新结点的 next 字段指向 null。

② 使新结点的 prev 字段指向 null。

③ 使 start 指向该新结点。

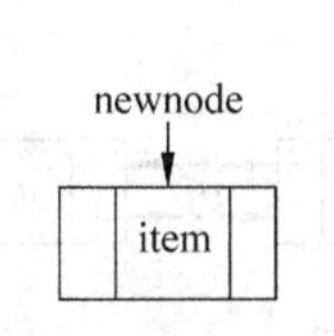

图 2.36　创建一个新结点

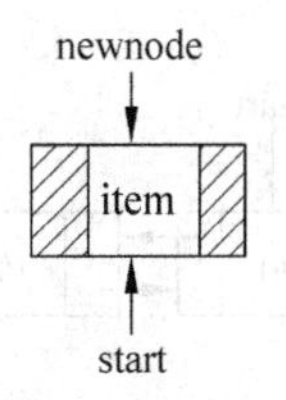

图 2.37　在空链表中插入新结点

(3) 如果将结点插入到链表的开头，执行以下步骤：

① 新结点的 next 字段指向链表中的第一个结点。

② start 的 prev 字段指定该新结点。

③ 新结点的 prev 字段指向 null。

④ 使 start 指定该新结点。

(4) 将新结点插入到现有的两个结点之间，首先根据索引号 i 确定要在哪个结点前插入新结点，将该结点标记为当前结点 current，它的前一个结点标记为 previous，然后执行以下步骤：

① 新结点的 next 指向当前结点，如图 2.38 所示。

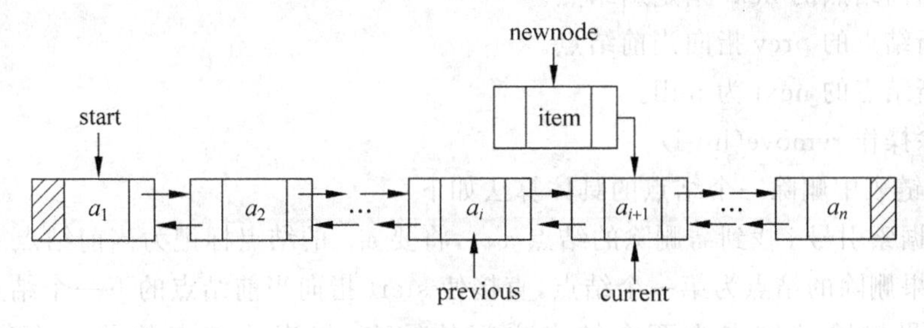

图 2.38　新结点的 next 指向当前结点

② 新结点的 prev 指向前一个结点，如图 2.39 所示。

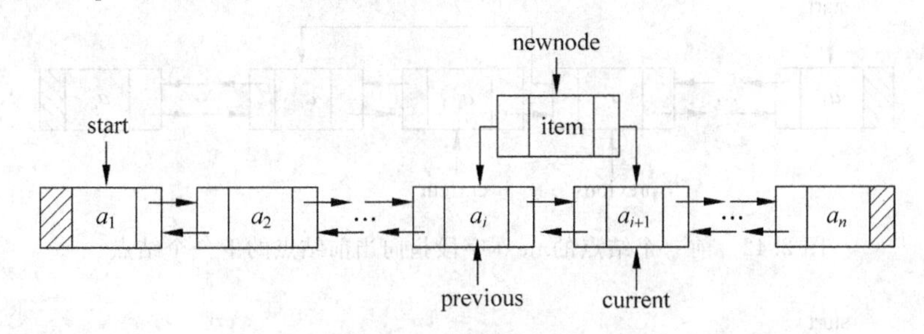

图 2.39　新结点的 prev 指向前一个结点

③ 当前结点的 prev 指向新结点，如图 2.40 所示。

④ 前一个结点的 next 指向新结点，如图 2.41 所示。

(5) 将新结点插入到列表的末尾，当移动 current 指针到最后一个结点时，执行下面的步骤：

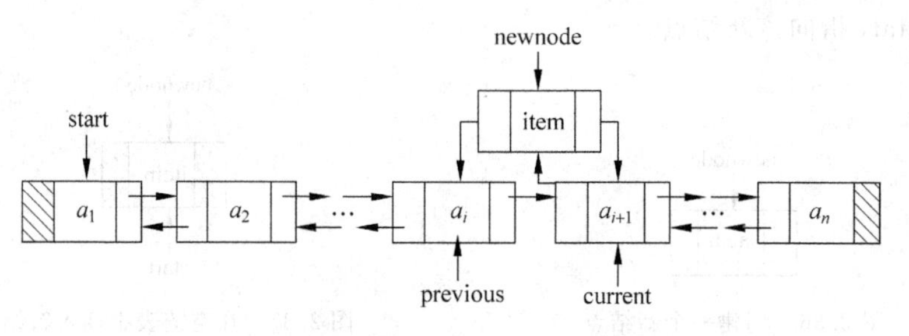

图 2.40　当前结点的 prev 指向新结点

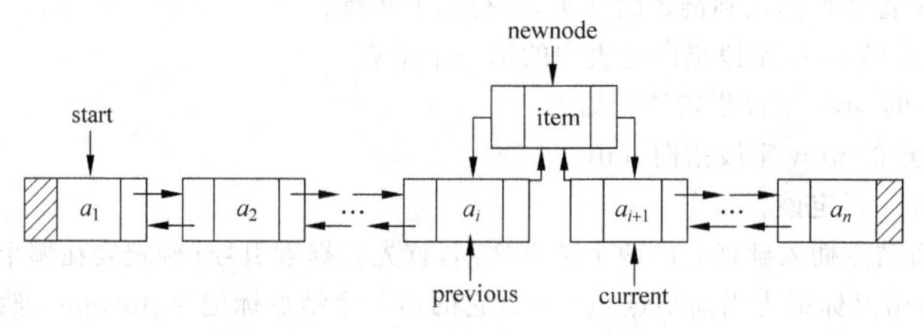

图 2.41　前一个结点的 next 指向新结点

① 使当前结点的 next 指定新结点。

② 使新结点的 prev 指向当前结点。

③ 使新结点的 next 为 null。

3）删除操作 remove(int i)

在双向链表中删除一个结点的具体算法如下：

(1) 根据索引号 i 找到需删除的结点 a_{i+1}，将要 a_{i+1} 的结点标记为当前结点 current。

(2) 如果删除的结点为第一个结点，直接使 start 指向当前结点的下一个结点。

(3) 如果删除的结点为两个结点之间的结点，将当前结点的前一个结点标记为 previous。执行步骤如图 2.42～2.44。

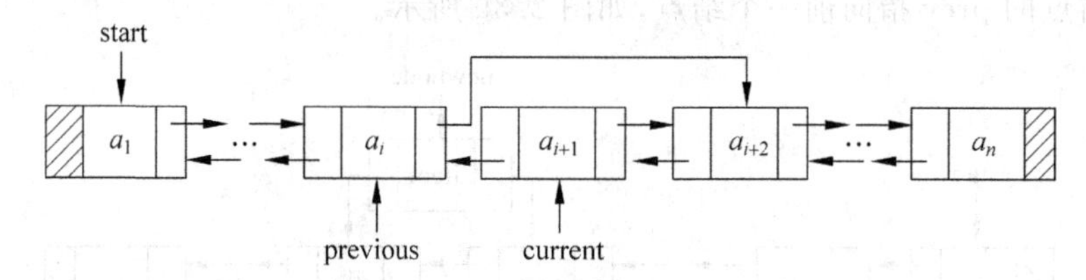

图 2.42　前一个结点的 next 字段指向当前结点的下一个结点

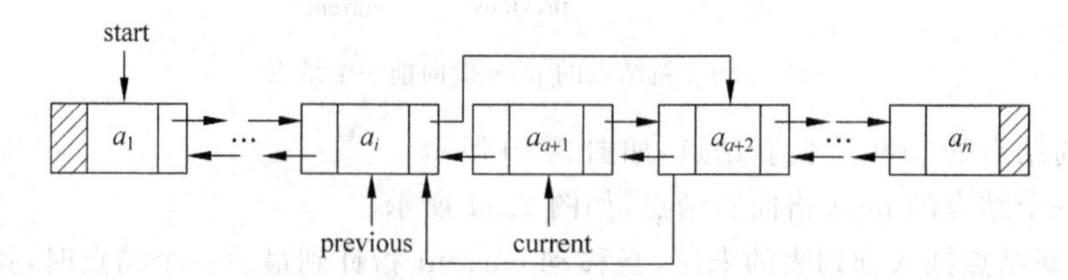

图 2.43　当前结点的后一个结点的 prev 字段指向前一个结点

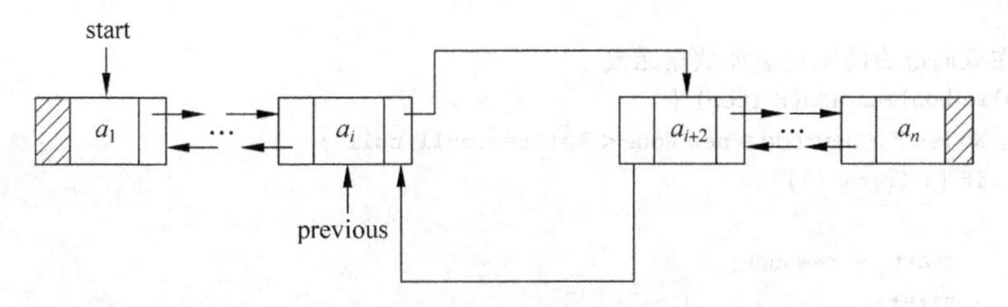

图 2.44　释放标记为当前结点的结点内存

(4) 如果删除的为最后一个结点,只要执行图 2.42 和图 2.44 的步骤。

4) 遍历双向链表的所有结点

双向链表能够以正向和反向遍历列表。

(1) 以正向遍历列表的算法是:

① 将链表中的第一个结点标记为 current。

② 如果 current 为 null 遍历终止,否则重复步骤③和步骤④。

③ 显示标记为 current 的结点信息。

④ 使 current 指向下一个结点。

(2) 反向遍历双向链表的算法是:

① 将链表中的最后一个结点标记为 current。

② 如果 current 为 null 遍历终止,否则重复步骤③和步骤④。

③ 显示标记为 current 的结点信息。

④ 使 current 指向前一个结点。

有关线性表的其他操作如求表长度、判断为空等操作在双向链表中的实现与单链表表一样,参见下面的双向链表 Java 代码。

3. 双向链表的 Java 实现

1) 编程实现双向链表

```
public class DLinkList<E> implements ILinarList<E> {
    private Node<E> start;                    // 双向链表的头引用
    int size;                                 // 单链表的长度
    private static class Node<E> {
        E item;
        Node<E> next;
        Node<E> prev;
        Node(E element,Node<E> prev, Node<E> next) {
            this.item = element;
            this.next = next;
            this.prev = prev;
        }
    }
    //初始化双向链表
    public DLinkList()
    {
      start = null;
```

```
    }
    //在双向链表的末尾追加数据元素
    public boolean add(E item) {
        Node<E> newnode = new Node<E>(item,null,null);
        if (isEmpty ())
        {
          start = newnode;
          size++;
          return true;
        }
        Node<E> current = start;
        while (current.next != null)
        {
          current = current.next;
        }
        current.next = newnode;
        newnode.prev = current;
        newnode.next = null;
        size++;
        return true;
    }
    // 在双向链表的第 i 索引位置前插入一个数据元素
    public boolean add(int i, E item) {
        Node<E> current;
        Node<E> previous;
        if (i < 0 || i > size)
                throw new IndexOutOfBoundsException("Index: " + i + ", Size: " + size);
        Node<E> newnode = new Node<E>(item,null,null);
        //在空链表或第一个元素前插入第一个元素
        if (i == 0)
        {
          newnode.next = start;
          start = newnode;
          size++;
          return true;
        }
        //双向链表的两个元素间插入一个元素
        current = start;
        previous = null;
        int j = 0;
        while (current!= null && j < i)
        {
          previous = current;
          current = current.next;
          j++;
        }
        if (j == i)
        {
          newnode.next = current;
          newnode.prev = previous;
          if(current!= null)
```

```
            current.prev = newnode;
            previous.next = newnode;
            size++;
        }
        return true;
    }
    //删除双向链表中索引位置为 i 的数据元素
    public E remove(int i) {
        E oldValue = null;
        if (isEmpty() || i < 0 || i > size - 1) {
            oldValue = null;
        }
        Node<E> current = start;
        if (i == 0) {
            oldValue = current.item;
            start = current.next;
            size--;
        } else {
            Node<E> previous = null;
            int j = 1;
            while (current.next != null && j <= i) {
                previous = current;
                current = current.next;
                j++;
            }
            previous.next = current.next;
             if(current.next != null)
                current.next.prev = previous;
            oldValue = current.item;
            current = null;
             previous = null;
            size--;
        }
        return oldValue;
    }
    //在双向链表中查找值为 item 的数据元素
    public int indexOf(E item) {
        int index = 0;
        if (item == null) {
            for (Node<E> current = start; current != null; current = current.next) {
                if (current.item == null)
                    return index;
                index++;
            }
        } else {
            for (Node<E> current = start; current != null; current = current.next) {
                if (item.equals(current.item))
                    return index;
                index++;
            }
        }
```

```
        return - 1;
    }

    // 获得双向链表的第 i 个索引位置的数据元素
    public E get(int i) {
        E item = null;
        if (isEmpty() || i < 0 || i > size - 1) {
            item = null;
        }

        Node<E> current = start;
        int j = 0;
        while (current.next != null && j < i) {
            current = current.next;
            j++;
        }
        if (j == i) {
            item = current.item;
        }
        return item;
    }


    //双向链表长度
    public int size() {
        return size;
    }
    //清空双向链表
    public void clear() {
        for (Node<E> x = start; x != null;) {
            Node<E> next = x.next;
            x.item = null;
            x.next = null;
            x = next;
        }
        start = null;
        size = 0;
    }
    //判断双向链表是否为空
    public boolean isEmpty() {
        return size == 0;
    }
}
```

2）测试双向链表

将测试顺序表中的代码：

```
ILinarList<Integer> list = new SeqList<Integer>(Integer.class, 50);
        ILinarList<Integer> list = new SLinkList<Integer>();
```

替换为：

```
ILinarList<Integer> list = new DLinkList<Integer>();
```

即可进行双向链表的测试了。

2.2.4 用循环链表表示线性表

1. 循环链表的存储结构

循环单链表是单链表的另一种形式,不同的是循环单链表中最后一个结点的指针不再是空的,而是指向头结点,整个链表形成一个环,这样从链表中任一结点出发都可找到表中其他结点。图 2.45 为带头结点的循环单链表示意图。

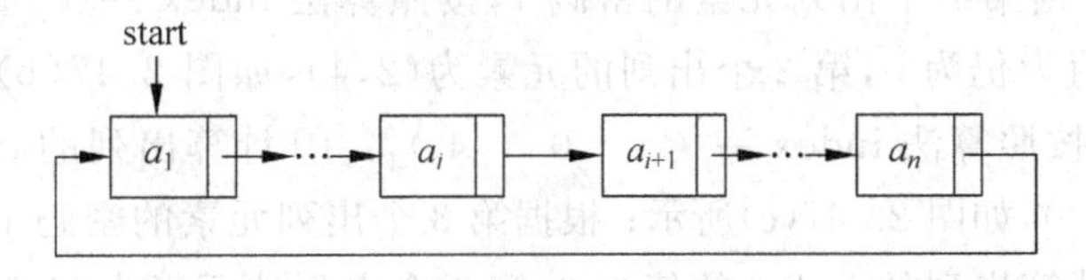

图 2.45 为带头指针的循环单链表示意图

对循环单链表来说,有时侯,将头指针改为尾指针会使操作更简单,图 2.46 是带尾指针的循环单链表示意图。

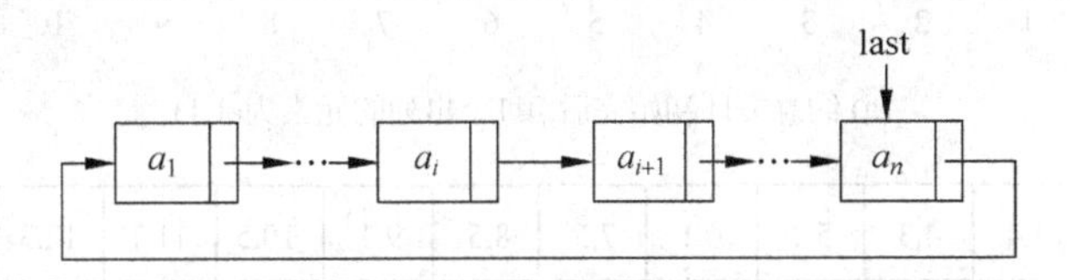

图 2.46 为带尾指针的循环单链表示意图

可以看出:用循环链表表示线性表的逻辑关系与单链表的表示方法一样,不同的是最后一个元素的 next 的值不能为 null,而是存储链表中第一个元素的地址。

2. 循环链表的基本操作

带头结点循环单链表的操作实现算法和带头结点单链表的实现算法类似,只是判断链表结束的条件并不是判断结点的引用域是否为空,而是判断结点的引用域是否为头引用。

2.3 线性表的应用

线性表是一种常见的数据结构,在实际中有着广泛的应用,它的典型应用有多项式的表达与计算约瑟夫环问题、信息管理如学生信息、图书信息的管理等,线性表通常还以栈、队列、字符串、数组等特殊线性表的形式来使用的,本节用线性表解决约瑟夫环问题。

2.3.1 用顺序表实现约瑟夫环

1. 设计思路

约瑟夫环的逻辑结构为线性表,线性表中的数据元素由编号和密码两个字段组成,游戏关键的问题是确定数据元素出列的位置,其主要设计思路是:

(1) 创建一个数据元素类 JosephusNode,包含两个字段编号 no 和密码 pwd。

(2) 创建一个游戏类 Josephus,建立一个具有 n 个数据元素的顺序表,数据元素的类型为 JosephusNode,使用循环对这 n 个数据元素字段进行初始化,编号 no 为循环变量的自增值,密码由随机函数 Math. random()产生,其值为 1—5。

(3) 创建出环游戏方法 startgame( ),取出第 1 个数据元素(索引位置 index=0),按照 index = (——index + node. pwd)% circle. size()确定从顺序表中删除数据元素的索引位置并将其删除,直到顺序表为空。

根据图 2.1 所示的约瑟夫环,初始化顺序表,因顺序表起始元素的密码为 1,按照算法 index = (——0 + 1)% 12 计算出列的 index 的值为 0,第 1 个出列的元素为(1,1),如图 2.47(a)所示;根据第 1 个出列元素的密码 1,按照算法 index = (——0 + 1)% 11 计算出列的 index 的值为仍为 0,第 2 个出列的元素为(2,4),如图 2.47(b)所示;根据第 2 个出列元素的密码 4,按照算法 index = (——0 + 4)% 10 计算出列的 index 的值为 3,第 3 个出列的元素为(6,1),如图 2. 47(c)所示;根据第 3 个出列元素的密码 1,按照算法 index = (——3 + 1)% 9 计算出列的 index 的值为 3,第 4 个出列的元素为(7,5),如图 2. 47(d)所示,依此类推。

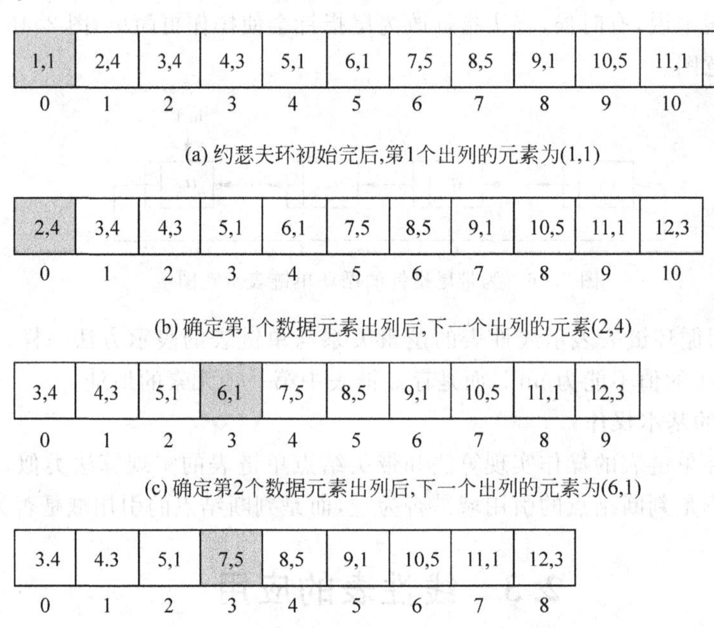

(a) 约瑟夫环初始完后,第1个出列的元素为(1,1)

(b) 确定第1个数据元素出列后,下一个出列的元素(2,4)

(c) 确定第2个数据元素出列后,下一个出列的元素为(6,1)

(d) 确定第3个数据元素出列后,下一个出列的元素为(7,5)

图 2.47 实现约瑟夫环

2. 编码实现

1) 编写数据元素类 JosephusNode

```
public class JosephusNode {
    int no;
    int pwd;
    public JosephusNode(int no, int pwd){
        this.no = no;
        this.pwd = pwd;
```

```
    }
}
```

2）编写游戏类 Josephus

```
public class Josephus {
    ILinarList<JosephusNode> circle;    // 约瑟夫环
    int size;                           // 约瑟夫环初始大小

    public Josephus(int[][] data) {
        size = data.length;
        circle = new SeqList<JosephusNode>(JosephusNode.class, size);
        for (int i = 0; i < size; i++) {
            circle.add(new JosephusNode(data[i][0], data[i][1]));
        }
    }
    // 初始化约瑟夫环
    public Josephus(int size) {
        circle = new SeqList<JosephusNode>(JosephusNode.class, size);
        // circle = new SLinkList<JosephusNode>();
        // circle = new DLinkList<JosephusNode>(); * /
        this.size = size;
        int pwd;
        for (int i = 1; i <= size; i++) {
            // 为每个人生成 1 - 5 的密码
            pwd = (int) (Math.random() * 5) + 1;
            circle.add(new JosephusNode(i, pwd));
        }
    }
    // 输出约瑟夫环
    public void printcircle() {
        for (int i = 0; i < size; i++) {
            System.out.print("(" + circle.get(i).no + "," + circle.get(i).pwd
                    + ") ");
        }
    }
    // 出环游戏
    public void startgame() {
        int index = 0;
        JosephusNode node = circle.get(0);
        for (int i = 1; i <= size; i++) {
            index = (-- index + node.pwd) % circle.size();
            System.out.println("index:" + index + " size:" + circle.size());
            node = circle.remove(index);
        System.out.println("(" + node.no + "," + node.pwd + ") 出列");
        }
    }
}
```

3）测试约瑟夫环

```
public class TestJosephus {
```

```
    public static void main(String[ ] args){
    Josephus jsf;
    System.out.println("--给定初始密码的约瑟夫环--");
    int[][] data = {{1,1},{2,4},{3,4},{4,3},{5,1},{6,1},{7,5},{8,5},{9,1},{10,5},{11,1},
{12,3}};
    jsf = new Josephus(data);
    System.out.println("显示约瑟夫环:");
    jsf.printcircle();
    System.out.println("\n");
    System.out.println("显示出列顺序");
    jsf.startgame();
    System.out.println("--随机生成密码的约瑟夫环--");
    jsf = new Josephus(12);
    System.out.println("显示约瑟夫环:");
    jsf.printcircle();
    System.out.println("\n");
    System.out.println("显示出列顺序");
    jsf.startgame();

    }
}
```

2.3.2 用单链表实现约瑟夫环

在约瑟夫环类 Josephus 类中的属性 circle 为接口类型 ILinarList,可用任何实现了 ILinarList 接口的类实例化,SLinkList 类实现了该接口,因此属性 circle 可引用 SLinkList 类的实例对象。在 Josephus 类中用顺序表实现约瑟夫环时构造函数中的代码如下:

```
public Josephus(int size){
    circle = new SeqList<JosephusNode>(JosephusNode.class, size);
    this.size = size;
    int pwd;
    for(int i = 1; i <= size;i++) {
      //为每个人生成1-5的密码
     pwd = (int)(Math.random() * 5) + 1 ;
     circle.add(new JosephusNode(i,pwd));
    }
}
```

将上面代码中矩形框中的代码换为:

```
circle = new SLinkList<JosephusNode>();
```

就完成了用单链表实现约瑟夫环。用同样的方式可以用双向链表实现约瑟夫环。

2.3.3 用 Java 类实现约瑟夫环

在 J2SDK1.4.2 中,位于 java.util 包中的 ArrayList 具有顺序表的功能。LinkedList 是一个双向链表结构,可用作单链表或双向链表。

ArrayList 类和 LinkedList 类都实现了对线性表最基本的操作,常用的成员方法如下。

(1) public boolean add(E e):将指定的元素添加到此列表的尾部。

(2) public void add(int i,E element):将指定的元素插入此列表中的指定位置。

(3) public E remove(int i):移除此列表中指定位置上的元素。向左移动所有后续元素(将其索引减 1)。

(4) public int indexOf(Object o):返回此列表中首次出现的指定元素的索引,或如果此列表不包含元素,则返回-1。

(5) public Eget(int i):返回此列表中指定位置上的元素。

(6) public int size():返回列表中的元素数。

(7) public void clear():移除此列表中的所有元素。

(8) public boolean isEmpty():如果列表中没有元素,则返回 true。

在实际应用中,可用 ArrayList 类和 LinkedList 类实现线性表。用 ArrayList 类和 LinkedList 类对约瑟夫环类 Josephus 进行修改,步骤如下。

(1) 在文件的开头导入包。

```
import java.util. * ;
```

(2) 修改类 Josephus 中属性 circle 的声明类型。

```
List<JosephusNode> circle;
```

(3) 修改类 Josephus 中属性 circle 的实例类型。

```
circle = new ArrayList<JosephusNode>();
```

或

```
circle = new LinkedList<JosephusNode>();
```

(4) 编译运行程序,观察运行结果。

2.3.4 独立实践

1. 问题描述

对某电文(字符串)进行加密,形成密码文(字符串)。假设原文为 $C_1C_2C_3\cdots C_n$,加密后产生的密文为 $S_1S_2S_3\cdots S_n$。首先读入一个正整数 key(key. >1)作为加密钥匙,并将密文字符位置按顺时针方向连成一个环。加密时从 S_1 位置起顺时针方向计数,当数到第 key 个字符位置时,将原文中的字符 C_1 放入该密文字符位置,同时从密文环中除去该字符位置。接着,从密文环中下一个字符位置起继续计数,当再次数到第 key 个字符位置时,将原文中的 C_2 放入其中并从密文环中除去该字符位置,依此类推,直至 n 个原文字符全部放入密文环中。由此产生的 $S_1S_2S_3\cdots\cdots S_n$ 即为原文的密文。

2. 基本要求

(1) 动态输入原文的内容;

(2) 动态输入 key 的值,对于每一个 key,在屏幕上产生原文内容及密文内容。

2.4 度量不同存储结构的算法效率

到现在为止,已经分别用顺序表、单链表、双向链表和循环链表实现了约瑟夫环的编程问题,但在实际的开发中,只要选择一种解决方案就可以了。为了以高效的方式解决问题,需要选择提供最大效率的算法和数据结构的组合。

为了比较同一算法在不同存储结构的执行效率,本教材将以算法中的基本操作重复执行的频度作为度量的标准,并选择主要耗费时间的操作进行分析。求表长度 size()、清空操作 clear()、判断线性表是否为空 isEmpty()都是非常简单的算法,对于4种类型的存储结构来说,时间复杂度都为 $O(1)$。

2.4.1 分析顺序表的算法效率

1. 插入操作 add(int i, E item)

当在顺序表中的某个位置上插入一个数据元素时,其时间主要耗费在移动元素上,而移动元素的个数取决于插入元素的位置。假设线性表的长度为 n,p_i是在第 i 个索引位置(($0 \leqslant i \leqslant n$))插入一个元素的概率,则在顺序表中插入一个元素所需移动元素的平均次数为:

$$E = \sum_{i=0}^{n} p_i(n-i)$$

假设在顺序表的任何索引位置上插入元素的概率是相等的,即

$$P_i = \frac{1}{n+1}$$

则有

$$E = \frac{1}{n+1}\sum_{i=0}^{n}(n-i) = \frac{n}{2}$$

因此顺序表插入操作的时间复杂度为 $O(n)$。

2. 删除操作 remove(int i)

当在顺序表中的某个位置上删除一个数据元素时,其时间主要耗费在移动元素上,而移动元素的个数取决于删除元素的位置。假设线性表的长度为 n,p_i是删除第 i 个元素的概率,则在顺序表中删除一个元素所需移动元素的平均次数为:

$$E = \sum_{i=0}^{n-1} p_i(n-i-1)$$

假设在顺序表的任何位置上删除元素的概率是相等的,即

$$P_i = \frac{1}{n}$$

则有

$$E = \frac{1}{n}\sum_{i=0}^{n-1}(n-i-1) = \frac{n-1}{2}$$

因此顺序表删除操作的时间复杂度也是 $O(n)$。

3. 取表元素 get(int i)

在取表元素中,主要是对一个给定的 i,进行2次比较,判定其是否是 $0 \leqslant i \leqslant n-1$ 范围

内，所以时间复杂度为 $O(1)$。

4. 定位元素 indexOf(E item)

顺序表中的按值查找的主要运算是比较，比较的次数与给定值在表中的位置和表长有关。当给定值与第一个数据元素相等时，比较次数为1；而当给定值与最后一个元素相等时，比较次数为 n。假设 p_i 是比较 i 次的概率，则在长度为 n 的顺序表中定位一个元素的的平均次数为

$$E = \sum_{i=1}^{n} p_i$$

假设在顺序表的任何位置上定位元素的概率是相等的，即

$$P_i = \frac{1}{n}$$

则有

$$E = \frac{1}{n}\sum_{i=1}^{n} = \frac{n+1}{2}$$

因此在顺序表中定位元素的时间复杂度为 $O(n)$。

2.4.2 分析单链表的算法效率

1. 插入操作 add(int i, E item)

在单链表的第 i 个位置插入结点的时间主要消耗在查找操作上。单链表的查找需要从头引用开始，一个结点一个结点遍历。假设单链表的长度为 n，在单链表的开头插入结点时，遍历的次数最少，为1次；在单链表的末尾插入结点时，遍历的次数最多，为 $n+1$ 次。则在长度为 n 的单链表中插入一个元素时需遍历结点的平均次数为

$$E = \frac{1}{n+1}\sum_{i=0}^{n}(i+1) = \frac{n+2}{2}$$

因此，在单链表中执行插入操作的时间复杂度为 $O(n)$。

2. 删除操作 remove(int i)

当在单链表中的某个位置上删除一个数据元素时，其时间主要也是消耗在查找操作上。假设单链表的长度为 n，删除单链表的第1个元素时，遍历的次数最少，为1次；删除单链表最后一个结点时，遍历的次数最多，为 n 次。则在长度为 n 的单链表中删除一个元素需要遍历元素的平均次数为

$$E = \frac{1}{n}\sum_{i=0}^{n-1}(i+1) = \frac{n+1}{2}$$

因此，在单链表中执行删除操作的时间复杂度也是 $O(n)$。

3. 取表元素 get(int i)

单链表中的按索引位置查找的主要是遍历操作，遍历的次数与给定的索引和表长有关。当给定值为0时，遍历次数为1；当给索引号为 $n-1$ 时，遍历次数为 n。所以，平均遍历次数为 $(n+1)/2$，时间复杂度为 $O(n)$。

4. 定位元素 indexOf(E item)

单链表中的按值查找的主要运算是比较，比较的次数与给定值在表中的位置和表长有

关。当给定值与第一个结点的值相等时,比较次数为 1;当给定值与最后一个结点的值相等时,比较次数为 n。所以,平均比较次数为 $(n+1)/2$,时间复杂度为 $O(n)$。

从上面的分析可以看出,由于顺序表中的存储单元是连续的,所以查找比较方便,效率很高,但插入和删除数据元素都需要移动大量的数据元素,所以效率很低。而链表由于其存储空间不要求是连续的,所以插入和删除数据元素的效率很高,但查找需要从头引用开始遍历链表,所以效率很低。因此,线性表采用何种存储结构取决于实际问题,如果只是进行查找等操作而不经常插入和删除线性表中的数据元素,则采用顺序表实现线性表;反之,采用链式表实现线性表。

本章小结

(1) 线性表是一种最简单的数据结构,数据元素存在着一对一的关系。其存储方法采用顺序存储和链式存储。

(2) 顺序表用一组地址连续的存储单元依次存储线性表的数据元素。

(3) 单链表中,每个结点包含结点的信息和链表中下一个结点的地址。单链表只可以按一个方向遍历。

(4) 将单链表中最后一个结点指回到列表中的第一个结点,可以将单链表变成循环链表。

(5) 在双向链表中,每个结点需要存储结点的信息、下一个结点的地址、前一个结点的地址。双向链表能够以正向和逆向遍历整个列表。

(6) 链表中删除和插入操作比顺序表快,但是元素的访问速度比顺序表要慢。

综合练习

1. 选择题

(1) 线性表是(　　)。

A. 一个有限序列,可以为空　　B. 一个有限序列,不能为空

C. 一个无限序列,可以为空　　D. 一个无序序列,不能为空

(2) 用链表表示线性表的优点是(　　)。

A. 便于随机存取

B. 花费的存储空间较顺序存储少

C. 便于插入和删除

D. 数据元素的物理顺序与逻辑顺序相同

(3) 对顺序存储的线性表,设其长度为 n,在任何位置上插入或删除操作都是等概率的。插入一个元素时平均要移动表中的(　　)个元素。

A. $n/2$　　B. $(n+1)/2$　　C. $(n-1)/2$　　D. n

(4) 循环链表的主要优点是(　　)。

A. 不再需要头指针了

B. 已知某个结点的位置后,能够容易找到他的直接前趋

C. 在进行插入、删除运算时，能更好的保证链表不断开

D. 从表中的任意结点出发都能扫描到整个链表

(5) 若某线性表中最常用的操作是在最后一个元素之后插入一个元素和删除第一个元素，则采用(　　)存储方式最节省运算时间。

A. 单链表　　B. 仅有头指针的单循环链表

C. 双链表　　D. 仅有尾指针的单循环链表

(6) 给定有 n 个结点的向量，建立一个有序单链表的时间复杂度是(　　)。

A. $O(1)$　　B. $O(n)$　　C. $O(n^2)$　　D. $O(n\log_2 n)$

2. 问答题

(1) 比较链表与顺序表的优缺点。

(2) 比较循环链表和单链表的优缺点。

3. 编程题

(1) 分别以不同存储结构实现线性表的就地逆置。线性表的就地逆置就是在原表的存储空间内将线性表$(a_1, a_2, a_3, \cdots, a_n)$逆置为$(a_n, a_{n-1}, \cdots, a_2, a_1)$。

(2) 有一个学生成绩表，以升序的方式存储着 n 位学生的成绩，如表 2-1 所示。

表 2.1　学生成绩表

学　号	姓　名	考试成绩
071133106	吴宾	76
071133104	张立	78
071133105	徐海	86
071133101	李勇	89
071133102	刘震	90
071133103	王敏	99
⋮	⋮	⋮

现需要编写一个学生成绩管理系统，实现如下的功能：

① 对学生成绩表，不论是插入还是删除学生成绩，都要保证成绩按升序排列。

② 可以按给定的姓名或学号查询指定学生的信息。

③ 可以按升序或降序显示所有学生的成绩。

第3章　栈

学习情境：用栈实现迷宫路径搜索问题的求解

问题描述：迷宫(maze)是一个矩形区域，它有一个入口和一个出口，入口位于迷宫的左上角，出口位于迷宫的右下角，在迷宫的内部包含不能穿越的墙或障碍物，如图3.1所示。迷宫路径搜索问题是寻找一条从入口到出口的路径，该路径是由一组位置构成的，每个位置上都没有障碍，且每个位置(第一个除外)都是前一个位置的东、南、西或北的邻居，如图3.2所示。

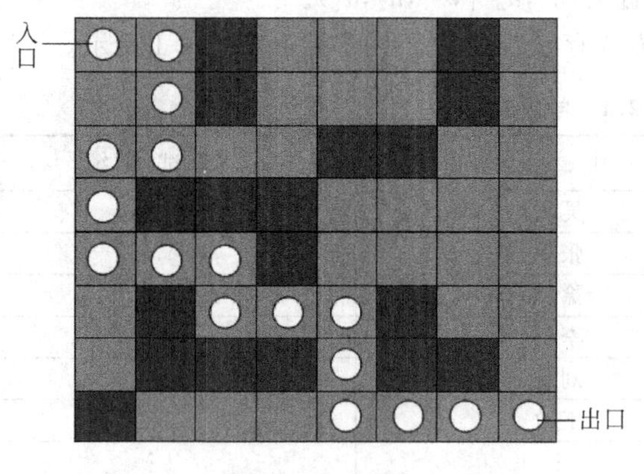

图3.1　迷宫图

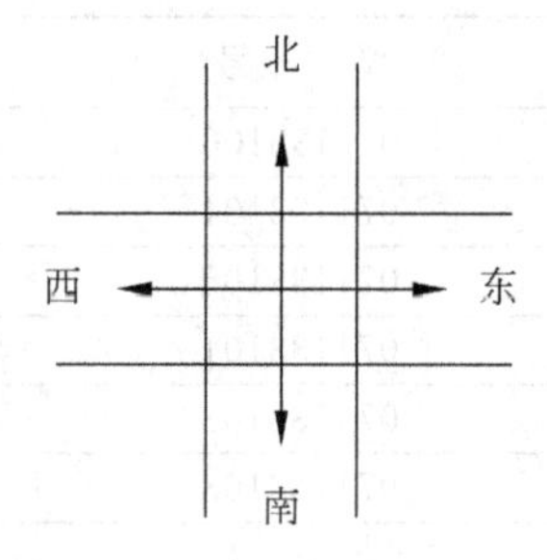

图3.2　迷宫各个位置的4种移动方向

探索迷宫路径的基本思路是，从迷宫的入口出发，沿正东方向顺时针对当前位置相邻的东、南、西、北4个位置依次进行判断，搜索可通行的位置。如果有，移动到这个新的相邻位置上，如果新位置是迷宫出口，那么已经找到了一条路径，搜索工作结束，否则从这个新位置开始继续搜索通往出口的路径；若当前位置四周均无通路，则将当前位置从路径中删除出去，顺着当前位置的上一个位置的下一方向继续走，直到到达出口(找到一条通路)或退回到入口(迷宫没有出路)时结束。

编写程序搜索迷宫通路，如果找到通路，显示“找到可到达路径”，并显示路径的位置信息，如路径没有找到，提示“没有可到达路径”。

3.1　认　识　栈

为了实现迷宫问题，需要寻找一种数据结构来保存依次已探索过的“可通”位置及沿该位置走过的方向，当最新位置的四周均无通路时就需要删除最新加入的位置，顺着上一个位置的下一方向继续走，直到到达出口（找到一条通路）或退回到入口（迷宫没有出口）时结束。若到达出口，此时从入口到出口的一条通路就保存在这种数据结构中，依次弹出并输出即可。保存在该数据结构中的位置路径具有线性表的特点，而且只允许在线性表的一端进行插入或删除操作，具有这种特点的线性表称为栈，栈是一种受限制的线性表。

3.1.1 栈的逻辑结构

1. 栈的定义

栈(stack)是一种特殊的线性表，是一种只允许在表的一端进行插入或删除操作的线性表。表中允许进行插入和删除操作的一端称为栈顶，最下面的那一端称为栈底。栈顶是动态的，它由一个称为栈顶指针的位置指示器指示。当栈中没有数据元素时，为空栈。栈的插入操作称为进栈或入栈，栈的删除操作称为出栈或退栈。

若给定一个栈 $S=(a_1, a_2, a_3, \cdots, a_n)$，如图 3.3 所示。其中，$a_1$ 为栈底元素，a_n 为栈顶元素，元素 a_i 位于元素 a_{i-1} 之上。栈中元素按 $a_1, a_2, a_3, \cdots, a_n$ 的次序进栈，如果从这个栈中取出所有的元素，则出栈次序为 $a_n, a_{n-1}, \cdots, a_1$。

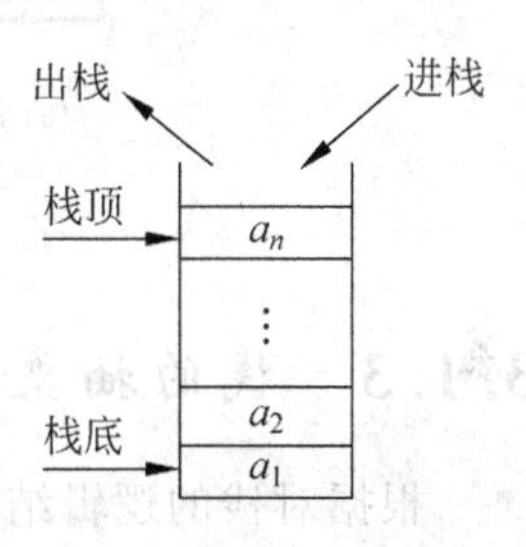

图 3.3 栈结构示意图

例如，一个数列(23,45,3,7,3,945)，先对其进行进栈操作，则进栈顺序为(23,45,3,7,3,945)，再对其进行出栈操作，则出栈顺序为(945,3,7,3,45,23)。进栈出栈就像只有一个口的长筒，先把数据一个个放入筒内，而拿出的时候只有先拿走上边的，才能拿走下边的。

2. 栈的特征

栈的主要特点是“后进先出”，即后进栈的元素先处理。因此栈又称为后进先出(last in first out, LIFO)表。

在图 3.3 中，栈中元素按 $a_1, a_2, a_3, \cdots, a_n$ 的次序进栈，而出栈次序为 $a_n, a_{n-1}, \cdots, a_1$。平常生活中洗碗也是一个“后进先出”的栈例子，可以把洗净的一摞碗看作一个栈。在通常情况下，最先洗净的碗总是放在最底下，后洗净的碗总是摞在最顶上。在使用时，却是从顶上拿取，也就是说，后洗的先取用，后摞上的先取用。如果把洗净的碗“摞上”称为进栈，把“取碗”称为出栈，那么上例的特点是后进栈的先出栈。然而，摞起来的碗实际上是一个线性表，只不过“进栈”和“出栈”(或者说，元素的插入和删除)是在线性表的一端进行而已。

3.1.2 栈的基本操作

栈的基本操作有以下几种。

(1) 初始化栈：也就是产生一个新的空栈，如图 3.4 所示。

(2) 入栈：在栈顶添加一个数据元素，如图 3.5 所示。

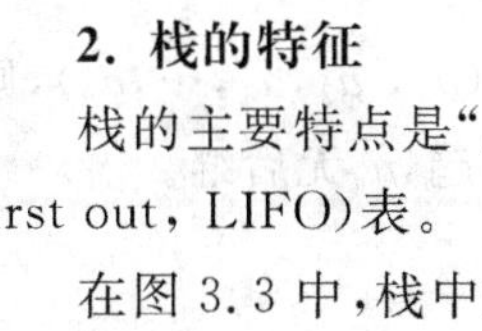

(3) 出栈：删除栈顶数据元素，如图 3.6 所示。

(4) 读栈顶元素：获取栈中当前栈顶的数据元素，栈中数据元素不变。

(5) 求栈长度：获取栈中的数据元素个数。

(6) 判断栈空：判断栈中是否有数据元素。

图 3.4 创建一个空栈

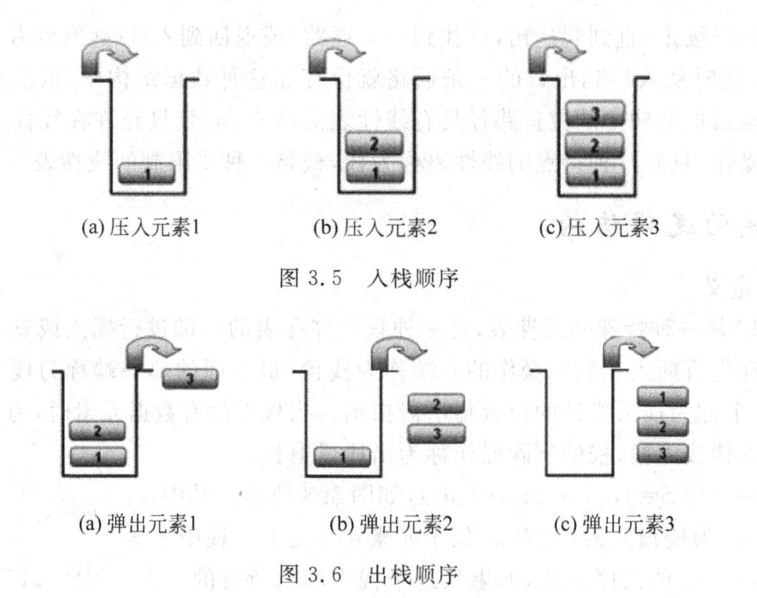

图 3.5　入栈顺序

图 3.6　出栈顺序

3.1.3　栈的抽象数据类型

根据对栈的逻辑结构及基本操作的认识,得到栈的抽象数据类型。

ADT 栈

(1) 数据元素:可以是任意类型,只要同属一种数据类型即可。

(2) 数据结构:数据元素之间呈线性关系,假设栈中有 n 个元素(a_1, a_2, a_3, …, a_n),则对每一个元素 a_i(i=1,2,…,n−1)都存在关系(a_i, a_{i+1}),并且 a_1 无前趋,a_n 无后继。

(3) 数据操作:将对栈的操作定义在接口 IStack 中,代码如下。

```
public interface IStack<E>{
    E push(E item);              //入栈
    E pop();                     //出栈
    E peek();                    //取栈顶元素
    int size();                  //返回栈中元素的个数
    boolean empty();             //判断栈是否为空
}
```

3.2　栈的实现

栈是一种特殊的线性表,所以线性表的两种存储结构顺序存储结构和链式存储结构也同样适用于栈。

3.2.1　用顺序栈实现栈

1. 顺序栈的存储结构

用一片连续的存储空间来存储栈中的数据元素,这样的栈称为顺序栈(sequence stack)。类似于顺序表,用一维数组来存放顺序栈中的数据元素。栈顶指示器 top 设在数组下标为 0 的端，top 随着插入和删除而变化，当栈为空时，top＝－1。顺序栈的栈顶指示器 top 与栈中数据元素的关系如图 3.7 所示。

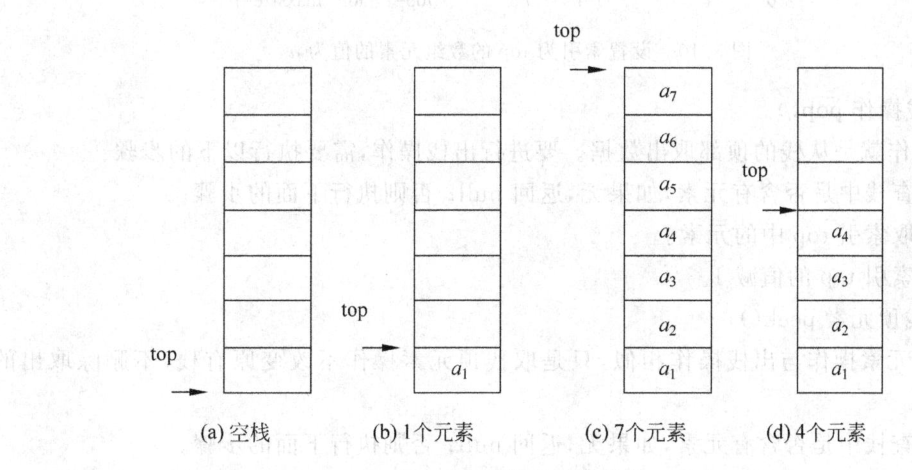

图 3.7　栈的动态示意图

2. 顺序栈的基本操作

1）初始化顺栈

初始化顺序栈就是创建一个空栈，即调用 SeqStack<E>的构造函数，在构造函数中执行下面的步骤：

(1) 初始化 maxsize 为实际值。

(2) 为数组申请可以存储 maxsize 个数据元素的存储空间，数据元素的类型由实际应用而定。

(3) 初始化 top 的值为－1。

2）入栈操作 push(E item)

假设顺序栈顶端元素的索引保存在变量 top 中，栈中已有 top＋1(0≤(top＋1)≤maxsize－1)个数据元素，push 操作是将一个给定的数据元素保存在栈的最顶端，执行过程如图 3.8 和图 3.9 所示。

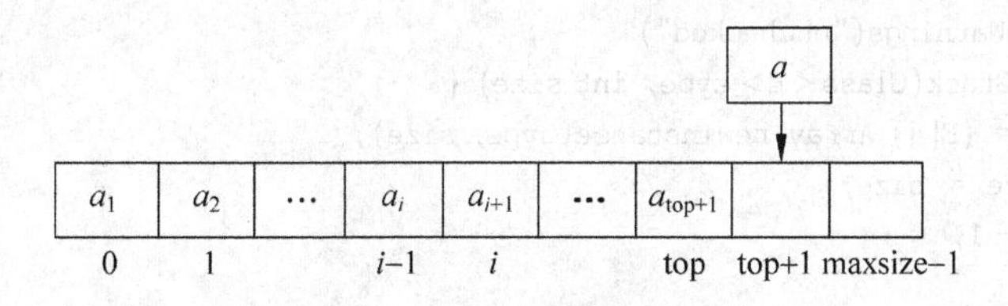

图 3.8　元素 a 即将入栈

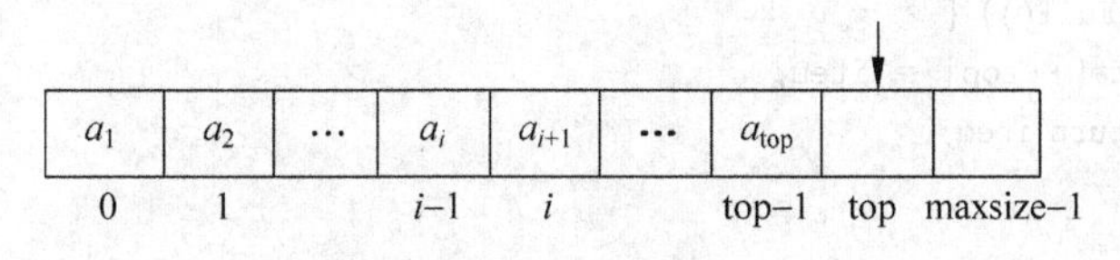

图 3.9　top 的值加 1

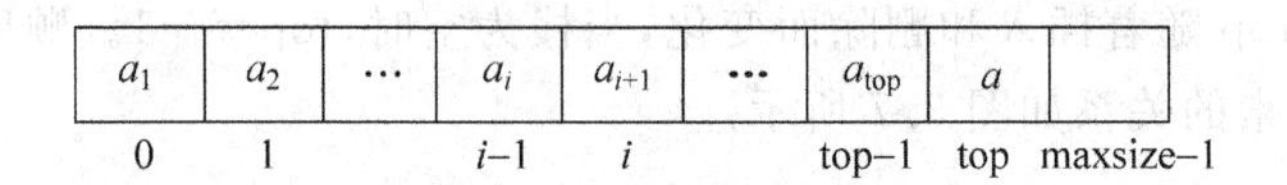

图 3.10 设置索引为 top 的数组元素的值为 a

3）出栈操作 pop()

出栈操作就是从栈的顶部取出数据。要进行出栈操作，需要执行以下的步骤：

(1) 检查栈中是否含有元素，如果无，返回 null；否则执行下面的步骤。

(2) 获取索引 top 中的元素。

(3) 将索引 top 的值减 1。

4）取栈顶元素 peek()

取栈顶元素操作与出栈操作相似，只是取栈顶元素操作不改变原有栈，不删除取出的元素。

(1) 检查栈中是否含有元素，如果无，返回 null；否则执行下面的步骤。

(2) 获取索引 top 中的元素。

3. 顺序栈的 Java 实现

1）编程实现顺序栈

定义一个泛型类，类名为 SeqStack<E>，它是一个用顺序存储结构实现了栈的抽象数据类型的类。在顺序栈中，栈的存储结构用 Java 语言中的一维数组来表示。数组的元素类型使用泛型，以实现不同数据类型的顺序栈间代码的重用；因为用数组存储顺序栈，需预先为顺序栈分配最大存储空间，用属性 maxsize 来表示顺序栈的最大长度容量；由于栈顶元素经常变动，需要设置一个变量 top 表示栈顶，top 的范围是 0～maxsize－1，如果顺序栈为空，top＝－1。该类实现了接口 IStack 中定义的所有操作。

```
import java.lang.reflect.Array;
public class SeqStack<E> implements IStack<E> {
    private int maxsize;                // 顺序栈的容量
    private E[] data;                   // 数组,用于存储顺序栈中的数据元素
    private int top;                    // 指示顺序栈的栈顶
    // 初始化栈
    @SuppressWarnings("unchecked")
    public SeqStack(Class<E> type, int size) {
        data = (E[]) Array.newInstance(type, size);
        maxsize = size;
        top =-1;
    }
    // 入栈操作
    public E push(E item) {
        if (!IsFull()) {
            data[++top] = item;
            return item;
        }
        else
            return null;
    }
```

```
        // 出栈操作
        public E pop() {
            E item = null;
            if (!empty()) {
            item = data[top--];
            }
            return item;
        }
        // 获取栈顶数据元素
        public E peek() {
            E item = null;
            if (!empty()) {
                item = data[top];
            }
            return item;
    //求栈的长度
    public int size() {
            return top + 1;
        }
        // 判断顺序栈是否为空
        public boolean empty() {
            if (top ==-1) {
                return true;
            } else {
                return false;
            }
        // 判断顺序栈是否为满
        public boolean isFull() {
            if (top == maxsize - 1) {
                return true;
            } else {
                return false;
            }
        }
    }
```

2) 测试顺序栈

```
    public class TestStack {
        public static void main(String[] args) {
            int[] data = {23,45,3,7,6,945};
            IStack<Integer> stack = new
        SeqStack<Integer>(Integer.class,data.length);
            //入栈操作
            System.out.println("******* 入栈操作 *******");
             for(int i = 0; i<data.length;i++){
                 stack.push(data[i]);
                 System.out.println(data[i] + " 入栈");
                }
```

```
        int size = stack.size();
        //出栈操作
        System.out.println(" ******* 出栈操作 ******* ");
        for(int i = 0; i < size;i++){
            System.out.println(stack.pop() + " 出栈 ");
        }
    }
}
```

3.2.2 用链栈实现栈

1. 链栈的存储结构

用链式存储结构存储的栈称为链栈(linked stack)。链栈通常用单链表来表示,如图 3.11 所示,它的实现是单链表的简化。所以,链栈结点的结构与单链表结点的结构一样,由数据域 data 和引用域 next 两部分组成,如图 3.12 所示。由于链栈的操作只是在一端进行,为了操作方便,把栈顶设在链表的头部,并且不需要头结点。

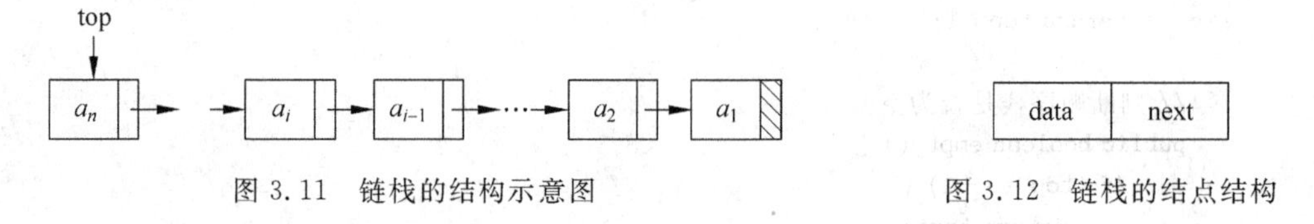

图 3.11 链栈的结构示意图　　图 3.12 链栈的结点结构

2. 链栈的基本操作

1) 初始化链栈

初始化链栈就是创建一个空链栈,即调用 LinkStack<T>的构造函数,在构造函数中执行下面的步骤:

(1) 设置栈顶指示器 top 为 null。

(2) 设置栈的元素个数 size 为 0。

2) 入栈操作 push(E item)

入栈操作是将一个给定的项保存在栈的最顶端,在链栈中,就是在单链表的起始处插入一个结点。操作步骤如图 3.13～图 3.15 所示。

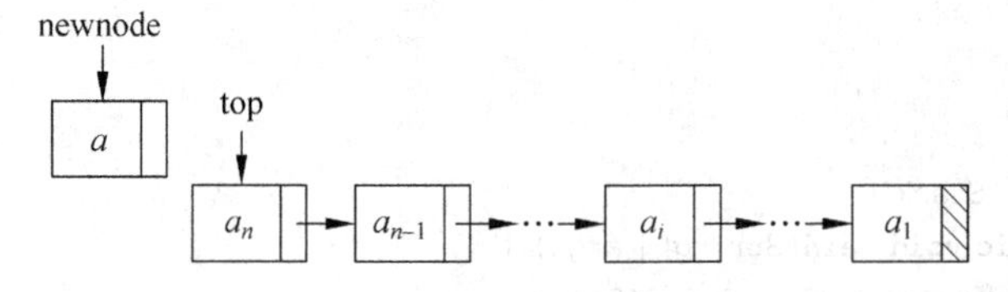

图 3.13 创建一个新结点,为新结点分配内存并为数据字段分配值

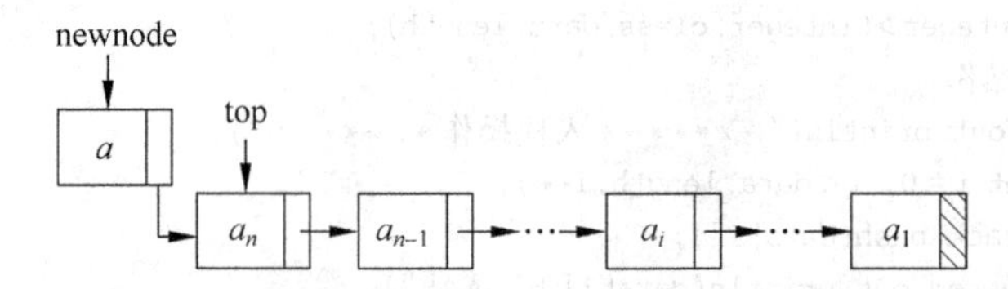

图 3.14 如果栈不为空,将新结点的 next 指向栈顶指示器 top 所指向的结点

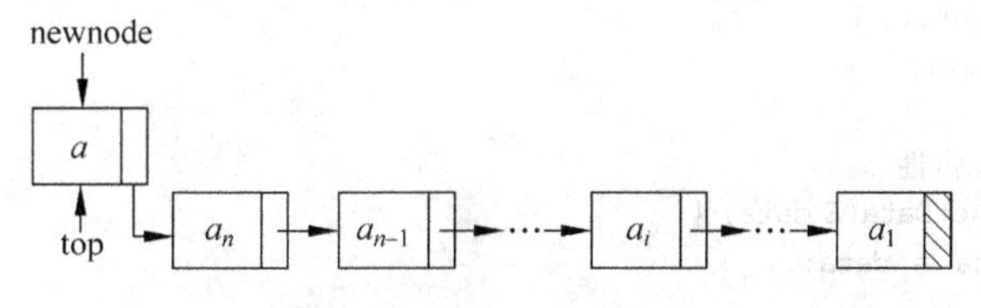

图 3.15　将栈顶指示器 top 指向新结点

最后，将栈元素个数 size 加 1，返回新添加的数据元素。

3）出栈操作 pop()

pop 操作就是从栈的顶部取出数据，即从链栈的起始处删除一个结点。要进行 pop 操作，需要执行以下的步骤：

(1) 如果栈不为空，获取栈顶指示器 top 所指向结点的值。

(2) 将栈顶指示器 top 指向单链表中下一个结点，如图 3.16 所示。

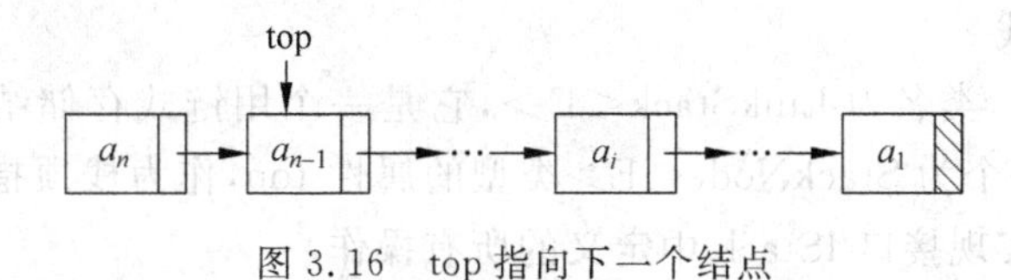

图 3.16　top 指向下一个结点

(3) 栈元素个数 size 减 1。

(4) 返回获取的栈顶结点的值，栈为空时返回 null。

4）取栈顶元素 E peek()

取栈顶元素操作与出栈操作相似，只是取栈顶元素操作不改变原有栈，不删除取出的元素。

(1) 如果栈不为空，获取栈顶指示器 top 所指向结点的值。

(2) 返回获取的栈顶结点的值，栈为空时返回 null。

有关链栈的其他操作如求链栈长度、判断为空等操作简单，实现细节参见实现的 Java 代码。

3. 链栈的 Java 实现

1）定义链栈的结点

链栈的结点为一个泛型类，类名为 StackNode<E>，包含两个属性 data 和 next，data 存储数据元素；next 存储与其相邻的前一个数据元素的存储地址。链栈结点用 Java 代码描述如下。

```
public class StackNode<E> {
    private E data;                    // 数据域
    private StackNode<E> next;         // 引用域
     //构造函数
    public StackNode(){}
    public StackNode(E data, StackNode<E> next) {
        super();
        this.data = data;
        this.next = next;
    }
    //数据域 get 属性
```

```
        public E getData() {
            return data;
        }
        //数据域 set 属性
        public void setData(E data) {
            this.data = data;
        }
        //引用域 get 属性
        public StackNode<E> getNext() {
            return next;
        }
        //引用域 set 属性
        public void setNext(StackNode<E> next) {
            this.next = next;
        }
    }
```

2）用链栈实现栈

定义一个泛型类，类名为 LinkStack<E>，它是一个用链式存储结构实现栈抽象数据类型的类。该类有一个为 StackNode<E>类型的属性 top，作为栈顶指示器和一个表示栈的大小的属性 size，实现接口 IStack 中定义的所有操作。

```
public class LinkStack<E> implements IStack<E> {
    private StackNode<E> top;          // 栈顶指示器
    private int size;                  // 栈中结点的个数
    // 初始化链栈
    public LinkStack() {
        top = null;
        size = 0;
    }
    // 入栈操作
    public E push(E item) {
        StackNode<E> newnode = new StackNode<E>(item);
        if (!empty())
            newnode.setNext(top);
        top = newnode;
        ++size;
        return item;
    }
    // 出栈操作
    public E pop() {
        E item = null;
        if (!empty())
          {
            item = top.getData();
            top = top.getNext();
            size--;
          }
          return item;
    }
    // 获取栈顶数据元素
```

```
    public E peek() {
        E item = null;
        if (!empty())
          {
            item = top.getData();
          }
        return item;
    }
    // 求栈的长度
    public int size() {
        return size;
    }
    // 判断顺序栈是否为空
    public boolean empty() {
         if ((top == null) && (size == 0))
          {
            return true;
          }
          else
          {
            return false;
          }
    }
}
```

3）测试链栈

将测试顺序栈中的代码：

```
IStack<Integer> stack = new SeqStack<Integer>(Integer.class,data.length);
    IStack<Integer> stack = new LinkStack<Integer>();
```

替换为：

```
IStack<Integer> stack = new LinkStack<Integer>();
```

3.3 栈的应用

栈是计算机术语中比较重要的概念，在计算机中有广泛的运用。程序员无时无刻不在应用栈，函数的调用是间接使用栈的最好例子，可以说栈的一个最重要的应用就是函数的调用。栈典型的应用还有判断平衡符号、实现表达式的求值（中缀表达式转后缀表达式的问题以及后缀表达式求值问题）、在路径探索中实现路径的保存。本章学习迷宫路径搜索问题就是应用栈保存搜索路径的实例。

3.3.1 用顺序栈实现迷宫路径搜索问题的求解

1. 设计思路

1）迷宫数据结构的设计

设迷宫为 m 行 n 列矩阵，利用 maze[m][n]来表示一个迷宫，“maze[i][j]=0 或 1;”。

其中,0 表示不通；1 表示通路。当从某点向下试探时,中间点有 4 个方向(东、南、西、北)可以试探,而 4 个角点有 2 个方向,其他边缘点有 3 个方向,为使问题简单化用 maze[$m+2$][$n+2$]来表示迷宫,设迷宫的四周的值全部为 0。这样做使问题简单了,每个点的试探方向全部为 4,不用再判断当前点的试探方向有几个,这与迷宫周围是墙壁这一实际问题一致,如图 3.17 所示。图 3.18 给出了图 3.17 对应的迷宫矩阵。

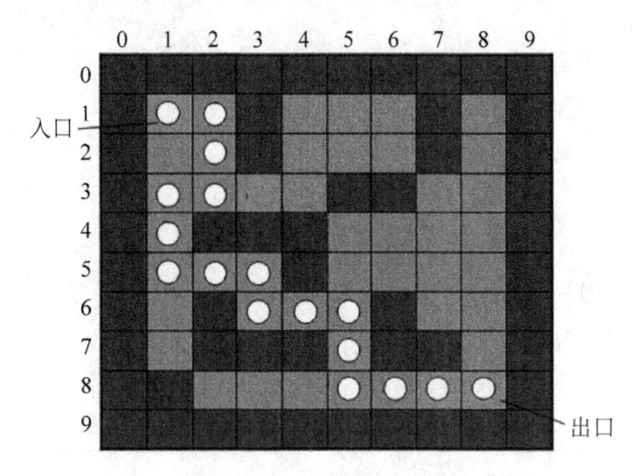

图 3.17　四周为墙壁的迷宫

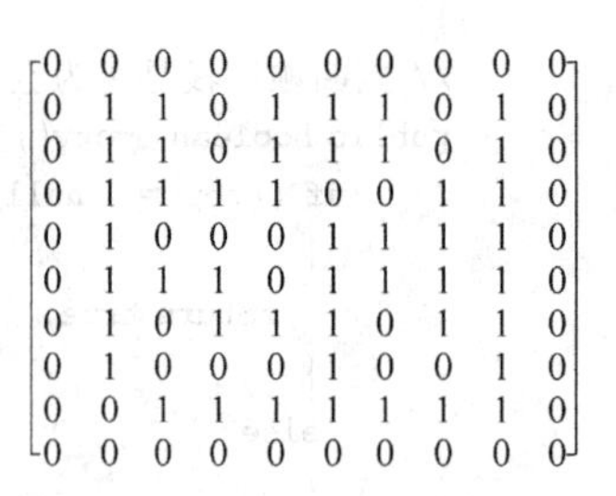

图 3.18　迷宫的矩阵描述

2) 路径试探方向的数据设计

在迷宫矩阵,每个点有 4 个方向去试探,用 x 表示行,y 表示列,如当前点的坐标为(x,y),则与其相邻的 4 个点的坐标都可根据与该点的相邻方位而得到,如图 3.19 所示。因为出口在(m,n),因此试探顺序可规定为：从当前位置向前试探的方向为从正东沿顺时针方向进行。为了简化问题,方便地求出新点的坐标,将从正东开始沿顺时针进行的东、南、西、北 4 个方向用 0,1,2,3 表示,坐标增量放在一个结构数组 move [4]中,在 move 数组中,每个元素有两个域组成：横坐标增量 x 和纵坐标增量 y。move 数组如图 3.20 所示。

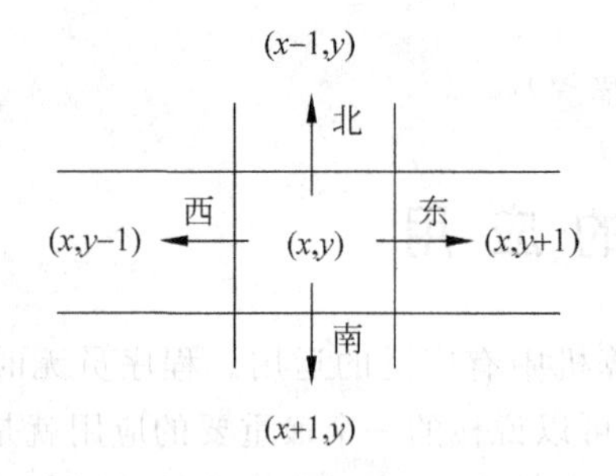

图 3.19　与点(x,y)相邻的 4 个点的坐标

	x	y
0	0	1
1	1	0
2	0	−1
3	−1	0

图 3.20　增量数组 move[4]

3) 栈路径中数据元素的设计

用栈保存搜索的路径,路径中的每个数据元素不仅是顺序到达的各点坐标,还要记录从该点继续前进的方向,即每走一步,栈中记下的内容为(行,列,前进的方向)。对于图 3.17 中的迷宫,依次入栈为$(1,1)_{0}\rightarrow(1,2)_{1}\rightarrow(2,2)_{1}\rightarrow(3,2)_{0}\rightarrow(3,3)_{0}\rightarrow(3,4)_{3}\rightarrow(2,4)_{0}\rightarrow(2,5)_{0}\rightarrow(2,6)_{3}\rightarrow(1,6)_{2}\rightarrow(1,5)_{2}\rightarrow(3,2)_{2}\rightarrow(3,1)_{1}\rightarrow(4,1)_{1}\rightarrow(5,1)_{0}\rightarrow(5,2)_{0}\rightarrow(5,3)_{1}\rightarrow(6,3)_{0}\rightarrow(6,4)_{0}\rightarrow(6,5)_{1}\rightarrow(7,5)_{1}\rightarrow(8,5)_{0}\rightarrow(8,6)_{0}\rightarrow(8,7)_{0}\rightarrow(8,8)_{4}$(下脚标表示方向),入栈

示意图如图 3.21 所示。在入栈的位置中，走到$(1,5)_2$时，对(1,4)位置按东、南、西、北 4 个方位邻居进行试探，东、南两个邻居已访问过，西、北两个邻居为障碍物，位置(1,5)无路可走，则应回溯，对应的操作是出栈，沿下一个方向即方向继续试探，直到位置在位置(3,2)向西方向找到通路，继续试探下去，当坐标为(8,8)时，到达出口，将该位置压入栈中，方位值设为－1，试探结束，最后得到可通路径：

1,5,2
1,6,2
2,6,3
2,5,0
2,4,0
3,4,3
3,3,0
3,2,0
2,2,1
1,2,1
1,1,0

top → 1,5,2

图 3.21　入栈路径

$(1,1)_0 \rightarrow (1,2)_1 \rightarrow (2,2)_1 \rightarrow (3,2)_2 \rightarrow (3,1)_1 \rightarrow (4,1)_1 \rightarrow (5,1)_0 \rightarrow (5,2)_0 \rightarrow (5,3)_1 \rightarrow (6,3)_0 \rightarrow (6,4)_0 \rightarrow (6,5)_1 \rightarrow (7,5)_1 \rightarrow (8,5)_0 \rightarrow (8,6)_0 \rightarrow (8,7)_0 \rightarrow (8,8)_{-1}$

4）防止重复到达某点

当到达某点(i,j)后使 maze[i][j]置－1，以便区别未到达过的点，以防止重复试探某位置的目的。

2. 编程实现

1）定义栈中数据元素

栈中数据元素用类 Point 表示，该类拥有 x、y、d 三个成员变量，依次表示该点所在行坐标、列坐标及来的方向。

```
public class Point{
    public int x,y,d;
    public Point(int x ,int y){
        this.x = x;
        this.y = y;
    }
    public Point(int x ,int y,int d){
        this.x = x;
        this.y = y;
        this.d = d;
    }
}
```

2）实现探索迷宫路径

```
public class Migong {
    int[][] maze;                          //迷宫矩阵
    int row,col;                           //迷宫矩阵的行和列
    IStack<Point> sta;                     //存放路径的栈
    //定义位置增量数组
    Point[]move = { new Point(0, 1),
                new Point(1, 0),
                new Point(0, -1),
                new Point(-1, 0) };
    public Migong(int[][] map) {
        row = map.length+2;
        col = map[0].length+2;
        sta= new SeqStack<Point>(Point.class,row*col);
        maze = new int[row][col];
        for (int i = 1; i < row-1; i++)
```

```
            for (int j = 1; j < col - 1; j++)
                maze[i][j] = map[i - 1][j - 1];
    }
    public boolean findpath(){
        Point  temp = null ;
        int x, y, d, i, j ;
        temp = new Point(1,1, - 1);
        sta.push(temp);
        while(!sta.empty()) {
          temp = sta.pop();
          x = temp.x ;
          y = temp.y ;
          d = temp.d + 1 ;
          while(d < 4){
             i = x + move[d].x ;   j = y + move[d].y ;
            if( maze[i][j] == 1 ) {
               temp = new Point(x, y, d) ;
               sta.push(temp);
               x = i ;
               y = j ;
               maze[x][y] =- 1 ;
             if   (x == row - 2&&y == col - 2)
             {
                 temp = new Point(x, y, - 1) ;
                 sta.push(temp);
                 return true ;          /* 迷宫有路 */
             }
             else
             d = 0 ;
          }
            else  d++;
         }
        }
        return false;                   /* 迷宫无路 */
    }
    public Point[] getpath(){
        Point[] points = new Point[sta.size()];
        for(int i = points.length - 1;i >= 0;i -- ){
            points[i] = sta.pop();
        }
        return points;
    }
    public static void main(String[] args) {
        int[][] map  = {
                        { 1, 1, 0, 1, 1, 1, 0, 1 },
                        { 1, 1, 0, 1, 1, 1, 0, 1 },
                        { 1, 1, 1, 1, 0, 0, 1, 1 },
                        { 1, 0, 0, 0, 1, 1, 1, 1 },
                        { 1, 1, 1, 0, 1, 1, 1, 1 },
                        { 1, 0, 1, 1, 1, 0, 1, 1 },
                        { 1, 0, 0, 0, 1, 0, 0, 1 },
```

```
                    { 0, 1, 1, 1, 1, 1, 1, 1 }
                };
        int row = map.length,col = map[0].length;
        System.out.println("迷宫矩阵:");
        for(int i = 0;i < row;i++){
            for(int j = 0;j < col;j++)
            {
                System.out.print(map[i][j] + " ");
            }
            System.out.println();
        }
        Migong mi = new Migong(map);
        if (mi.findpath()) {
            Point[] points = mi.getpath();
            System.out.println("可到达路径:");
            for(int i = 0;i < points.length;i++){
        System.out.print("(" + points[i].x + "," + points[i].y + ") ");
            }
        } else {
            System.out.println("没有可到达路径!");
        }
    }
}
```

3.3.2 用链式栈实现迷宫路径搜索问题的求解

在迷宫类 Migong 中用于存放路径的栈属性 sta 为接口类型 IStack,可用任何实现 IStack 接口的类实例化,LinkStack 类实现该接口,因此属性 sta 可引用 LinkStack 类的实例对象。下面是迷宫 Migong 类中用顺序栈实现迷宫路径搜索问题的求解时构造函数的代码。

```
public Migong(int[][] map) {
    row = map.length + 2;
    col = map[0].length + 2;
    sta = new SeqStack < Point >(Point.class, row * col);
    maze = new int[row][col];
    for (int i = 1; i < row - 1; i++)
        for (int j = 1; j < col - 1; j++)
            maze[i][j] = map[i - 1][j - 1];
}
```

将上面代码中矩形框中的代码换为:

```
queue = new LinkStack < Poing >();
```

就完成了用链式栈实现迷宫路径搜索问题的求解服务。

3.3.3 用 Java 类库实现迷宫路径搜索问题的求解

在 J2SDK1.4.2 中,位于 java.util 包中的 Stack 类,实现了顺序栈的功能,LinkedList

类提供了在列表开始与结尾添加、删除和显示数据元素的方法，使用这些方法把一个LinkdList当链栈使用。

1. 常用的类成员

Stack类和LinkedList类都实现了对栈最基本的操作，常用的成员方法如下。

(1) public E push(E item)或public void push(E e)：把数据元素压入栈顶部。

(2) public E pop()：移除栈顶部的数据元素，并作为此函数的值返回该数据元素。

(3) public E peek()：查看栈顶部的数据元素，但不从栈中移除它。

(4) public int search(Object o)或int indexOf(Object o)：返回指定数据元素在栈中的位置。

(5) public boolean empty()或public boolean isEmpty()：测试栈是否为空。

2. 实现步骤

用Java类库对用自定义顺序栈SeqStack类存放迷宫搜索路径的程序进行修改，步骤如下。

(1) 在文件的开头导入包。

```
import java.util.*;
```

(2) 修改栈的类型。将Migong类中属性sta声明为Stack<Point>或LinkedList<Point>类型并实例化为Stack<Point>或LinkedList<Point>类对象。

(3) 编译运行程序，观察运行结果。

3.3.4 独立实践

1. 问题描述

汉诺塔(Towers of Hanoi)问题来自一个古老的传说：在世界刚被创建时有一座钻石宝塔(A)，其上有64个金碟，如图3.22所示。所有碟子按从大到小的次序从塔底堆放至塔顶。紧挨着这座塔有另外两个钻石宝塔(B和C)。从世界创始之日起，婆罗门的牧师们就一直在试图把A塔上的碟子移动到B塔上去，其间借助于C的帮助。由于碟子非常重，因此，每次只能移动一个碟子。另外，任何时候都不能把一个碟子放在比它小的碟子上面。按照这个传说，当牧师们完成他们的任务之后，世界末日也就到了。

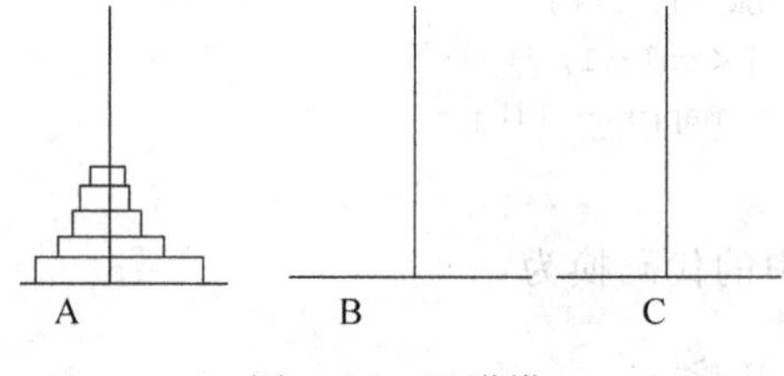

图3.22 汉诺塔

在汉诺塔问题中，已知n个碟子和3座塔。初始时所有的碟子按从大到小次序从A塔的底部堆放至顶部，现在需要把碟子都移动到B塔，每次移动一个碟子，而且任何时候都不能把大碟子放到小碟子的上面。

2. 基本要求

(1) 编写一算法实现将A塔上的碟子移动B塔上,大碟在下,小碟在上。

(2) 将移动的过程显示出来。

提示:为了把最大的碟子移动到塔B,必须把其余$n-1$个碟子移动到塔C,然后把最大的碟子移动到塔B。接下来是把塔C上的$n-1$个碟子移动到塔B,为此可以利用塔B和塔A。可以完全忽视塔B上已经有一个碟子的事实,因为这个碟子比塔C上将要移过来的任一个碟子都大,因此可以在它上面堆放任何碟子。从每个塔上移走碟子时是按照LIFO的方式进行的,可以把每个塔表示成一个栈。

本章小结

(1) 栈是一种特殊的线性表,是一种只允许在表的一端进行插入或删除操作的线性表。栈的主要特点是"后进先出"。

(2) 栈的插入操作也称为进栈或入栈,栈的删除操作称为出栈或退栈。

(3) 允许插入和删除的一端称栈顶,不允许插入和删除的一端称栈底。

(4) 栈的基本操作有以下几种。

① 初始化栈:产生一个新的空栈。

② 入栈操作push(E item):将指定类型元素x进到栈中。

③ 出栈操作pop():将栈中的栈顶元素取出来,并在栈中删除栈顶元素。

④ 取栈顶元素peek():将栈中的栈顶元素取出来,栈中元素不变。

⑤ 判断栈空empty:若栈为空,返回true;否则,返回false。

⑥ 求栈长度size():获取栈中的数据元素个数。

(5) 顺序栈用一片连续的存储空间存储栈中的数据元素。

(6) 链栈是用链式存储结构存储的栈中的数据元素。

综合练习

1. 选择题

(1) 栈中元素的进出原则是(　　)。

A. 先进先出　　B. 后进先出　　C. 栈空则进　　D. 栈满则出

(2) 若已知一个栈的入栈序列是1,2,3,…,n,其输出序列为$p_1,p_2,p_3,\cdots,p_n$,若$p_1=n$,则p_i为(　　)。

A. i　　B. $n=i$　　C. $n-i+1$　　D. 不确定

(3) 若依次输入数据元素序列{a,b,c,d,e,f,g}进栈,出栈操作可以和入栈操作间隔进行,则下列哪个元素序列可以由出栈序列得到?(　　)

A. {d,e,c,f,b,g,a}　　B. {f,e,g,d,a,c,b}

C. {e,f,d,g,b,c,a}　　D. {c,d,b,e,g,a,f}

(4) 一个栈的入栈序列是1,2,3,4,5,则下列序列中不可能的出栈序列是(　　)。

A. 2,3,4,1,5　　B. 5,4,1,3,2　　C. 2,3,1,4,5　　D. 1,5,4,3,2

(5) 栈的插入与删除是在(　　)进行。

A. 栈顶　　B. 栈底　　C. 任意位置　　D. 指定位置

2. 问答题

(1) 什么叫栈？栈有什么特征？

(2) 设有编号为 1,2,3,4 的 4 辆列车，顺序进入一个栈式结构的车站，具体写出这 4 辆列车开出车站所有可能的顺序。

3. 编程题

(1) 编程实现计算下列后缀表达式：

① 12 4 ＋ 13 － 6 2 * ＋ ＝

② 12 15 8 7 / / * 9 － 12 ＋ ＝

③ 10 14 7 9 * / ＋ 23 － ＝

(2) 编程实现把下列中缀表达式变为后缀表达式：

① 13＋24－23*6

② 67＋12*2/4

第4章　队　列

学习情境：用队列实现银行排队叫号服务

问题描述：目前，在以银行营业大厅为代表的窗口行业，大量客户的拥挤排队已成为了这些企事业单位改善服务品质、提升营业形象的主要障碍。排队(叫号)系统的使用将成为改变这种状况的有力手段。排队系统完全模拟了人群排队全过程，通过取票进队、排队等待、叫号服务等功能，代替了人们站队的辛苦，把顾客排队等待的烦恼变成一段难得的休闲时光，使客户拥有了一个自由的空间和一份美好的心情。

排队叫号软件的具体操作流程为：

(1) 顾客取服务序号：当顾客抵达服务大厅时，前往放置在入口处旁的取号机，并按其上相应的服务按钮，取号机会自动打印出一张服务单。单上显示服务号及该服务号前面正在等待服务的人数。

(2) 服务员工呼叫顾客：服务员工只需按下其柜台上呼叫器的相应按钮，则顾客的服务号就会按顺序的显示在显示屏上，并发出相关语音信息，提示该顾客前往该窗口办事。当一位顾客办事完毕后，柜台服务员工只需按呼叫器相应键，即可自动呼叫下一位顾客。

编写程序模拟上面的工作过程，要求如下：

(1) 程序运行后，当看到“按任一键获取号码：”的提示，只要按回车键，即可显示“您的号码是：XXX，你前面有 YYY 位”的提示，其中 XXX 是所获得的服务号码，YYY 是在 XXX 之前来到的正在等待服务的人数。

(2) 用多线程技术模拟服务窗口(可模拟多个)，具有服务员工呼叫顾客的行为，假设每个顾客服务的时间是 10 秒，时间到后，显示“请 XXX 号到 YYY 号窗口!”的提示。程序的运行效果如图 4.1 所示。

```
按任一键获取号码：
您的号码是：1,你前面有0位，请等待！
按回车键获取号码：
您的号码是：2,你前面有1位，请等待！
按回车键获取号码：
您的号码是：3,你前面有2位，请等待！
按回车键获取号码：
请1号到1号窗口！
请2号到2号窗口！
您的号码是：4,你前面有1位，请等待！
```

图 4.1　银行排队叫号模拟软件主界面设计图

4.1　认 识 队 列

在银行排队叫号软件中，要寻找一种数据结构来存放顾客所得到的服务号，这些服务号表示客户请求服务的先后顺序，也表示客户被服务的先后顺序，先来的客户先被服务。为了解决这类问题，可以用队列表示这些关系。在用队列表示客户之间的先后顺序后，使用入队操作将新来的客户插入到队尾,使用出队操作将服务完的客户从队头删除。

4.1.1 队列的逻辑结构

1. 队列的定义

队列(queue)是一种特殊的线性表,只允许在表的一端进行插入操作而在另一端进行删除操作的线性表。进行插入操作的端称为队尾(rear),进行删除操作的端称为队头(front)。队列中没有数据元素时称为空队列(empty queue)。

队列通常记为 $Q=(a_1,a_2,\cdots,a_n)$。a_1为队头元素,a_n为队尾元素。这 n 个元素是按照 $a_1,a_2,\cdots,a_n$的次序依次入队的,出队的次序与入队相同,a_1第一个出队,a_n最后一个出队。队列的结构示意图如图 4.2 所示。

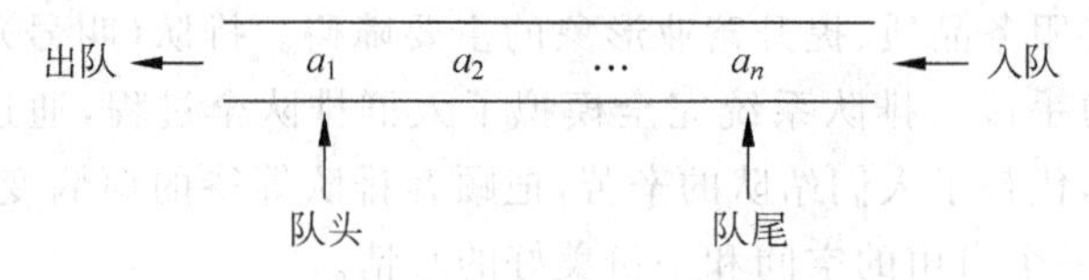

图 4.2　队列结构示意图

例如,一个数列(23,45,3,7,6,945),先对其进行入队操作,则入队顺序为(23,45,3,7,6,945),再对其进行操出队操作,则出队顺序也为(23,45,3,7,6,945)。

2. 队列的特征

队列的操作是按照先进先出(first in first out)或后进后出(last in last out)的原则进行的,因此,队列又称为 FIFO 表或 LILO 表。

在图 4.2 中,队列中元素按 a_1, a_2,a_3,…,a_n的次序入队,而出队次序也是 a_1, a_2,a_3,…,a_n。在实际生活中有许多类似于队列的例子。例如,排队取钱,先来的先取,后来的排在队尾。

4.1.2 队列的基本操作

队列有以下几种基本操作。

(1) 入队:在队尾添加一个新的数据元素。

(2) 出队:删除队头的数据元素。

(3) 取队头元素:获取队头的数据元素。

(4) 求队列长度:获取队列中数据元素的个数。

(5) 判断队列是否为空:判断队列中是否有数据元素。

(6) 判断队列是否为满:判断队列中数据元素是否超过了队列可容纳的最大的数据元素个数。

4.1.3 队列的抽象数据类型

根据对队列的逻辑结构及基本操作的认识,得到队列的抽象数据类型。

(1) 数据元素:可以是任意类型,只要同属一种数据类型即可。

(2) 数据结构:数据元素之间呈线性关系,假设队列中有 n 个元素(a_0, a_1,a_2,…,a_n),则对每一个元素 a_i(i=1,2,…,n−1)都存在关系(a_i,a_{i+1}),并且 a_1无前趋,a_n无后继。

(3) 数据操作：将对队列的基本操作定义在接口 IQueue 中，代码如下：

```
public interface IQueue<E> {
    boolean enqueue(E item);          //入队列操作
    E dequeue();                      //出队列操作
    E peek();                         //取对头元素
    int size();                       //求队列的长度
    boolean isEmpty();                //判断队列是否为空
    boolean isFull();                 //判断队列是否为满
}
```

4.2 队列的实现

队列是一种特殊的线性表，所以线性表的两种存储结构—顺序存储结构和链式存储结构也同样适用于队列。

4.2.1 用顺序队列实现队列

1. 顺序队列的存储结构

用一片连续的存储空间来存储队列中的数据元素，这样的队列称为顺序队列（sequence queue）。类似于顺序栈，用一维数组来存放顺序队列中的数据元素。队头设置在最近一个已经离开队列的元素所占的位置，用 front 表示；队尾设置在最近一个进行入队列的元素位置，用 rear 表示。front 和 rear 随着插入和删除而变化。当队列为空时，front＝rear＝－1。图 4.3 显示了顺序队列的两个指示器与队列中数据元素的关系图。

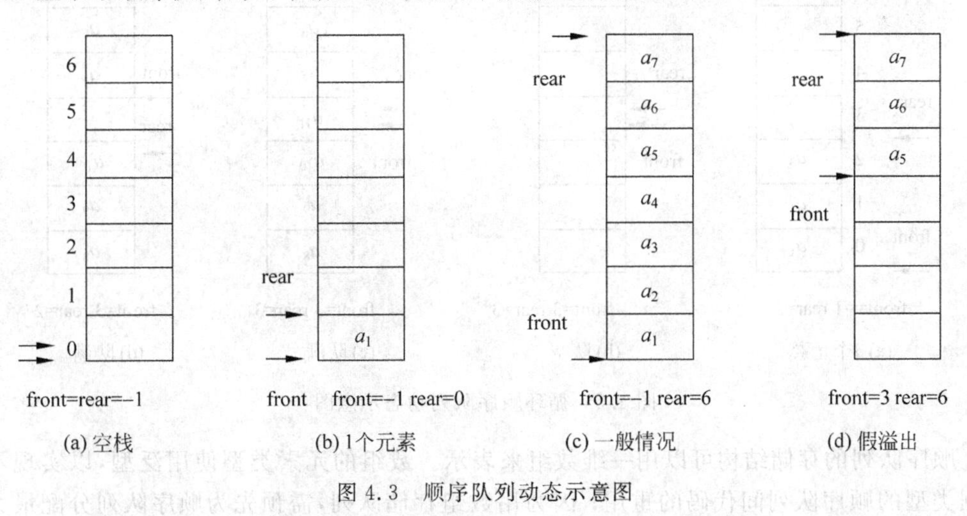

图 4.3 顺序队列动态示意图

当有数据元素入队时，队尾指示器 rear 加 1，当有数据元素出队时，队头指示器 front 加 1。当 front＝rear 时，表示队列为空，队尾指示器 rear 到达数组的上限处而 front 为－1 时，队列为满，如图 4.3(c)所示。队尾指示器 rear 的值大于队头指示器 front 的值，队列中元素的个数可以由 rear－front 求得。

由图 4.3(d)可知,如果再有一个数据元素入队就会出现溢出。但事实上队列中并未满,还有空闲空间,把这种现象称为"假溢出"。这是由于队列"队尾入队,队头出"的操作原则造成的。解决假溢出的方法是将顺序队列看成是首尾相接的循环结构,头尾指示器的关系不变,这种队列叫循环顺序队列(circular sequence queue)。循环队列如图 4.4 所示。

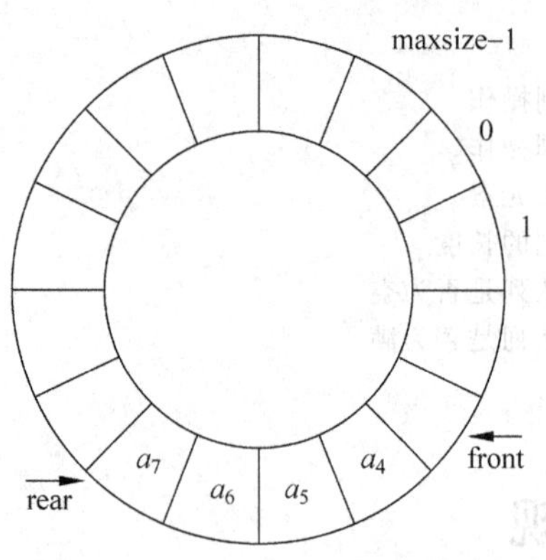

图 4.4 循环顺序队列示意图

当队尾指示器 rear 到达数组的上限时,如果还有数据元素入队并且数组的第 0 个空间空闲时,队尾指示器 rear 指向数组的 0 端。所以,队尾指示器的加 1 操作修改为:

rear=(rear+1)%maxsize

队头指示器的操作也是如此。当队头指示器 front 到达数组的上限时,如果还有数据元素出队,队头指示器 front 指向数组的 0 端。所以,队头指示器的加 1 操作修改为:

front=(front+1)%maxsize

循环顺序队列动态示意图如图 4.5 所示。由图 4.5 可知,队尾指示器 rear 的值不一定大于队头指示器 front 的值,并且队满和队空时都有 rear=front。也就是说,队满和队空的条件都是相同的。解决这个问题的方法一般是少用一个空间。如图 4.5(d)所示,把这种情况视为队满。所以,判断队空的条件是 rear==front,判断队满的条件是(rear+1)%maxsize==front。求循环队列中数据元素的个数可由(rear−front+maxsize)%maxsize 公式求得。

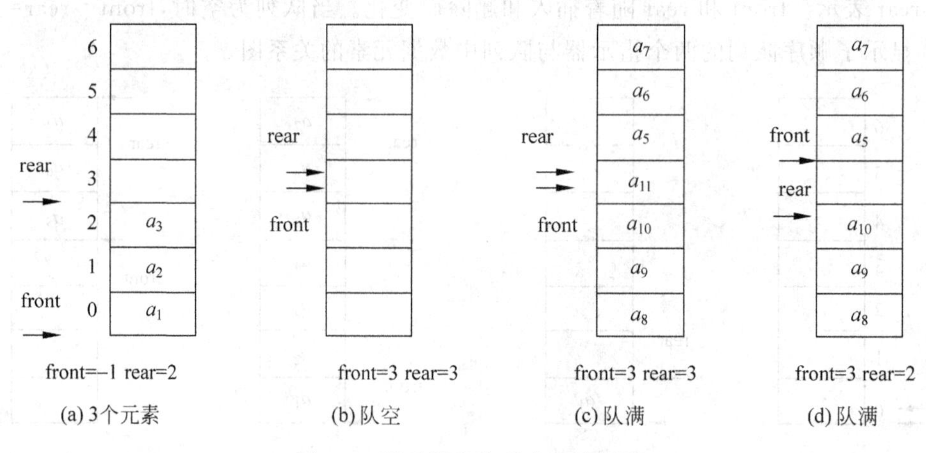

图 4.5 循环顺序队列动态示意图

顺序队列的存储结构可以用一维数组来表示。数组的元素类型使用泛型,以实现不同数据类型的顺序队列间代码的重用;因为用数组存储队列,需预先为顺序队列分配最大存储空间,用字段 maxsize 来表示循环队列的最大容量。字段 front 表示队头,front 的范围是 0~maxsize−1。字段 rear 表示队尾,rear 的范围也是 0~maxsize−1。

2. 顺序队列的基本操作

1) 初始化顺序队列

初始化顺序队列就是创建一个空队列,即调用 SeqQueue<E>的构造函数,在构造函数中执行下面的步骤：

(1) 初始化 maxsize 为实际值。

(2) 为数组申请可以存储 maxsize 个数据元素的存储空间，数据元素的类型由实际应用而定。

(3) 将队头和队尾指示变量都置为－1。

2) 入队操作 enqueue(E item)

入队操作是将一个给定的元素保存在队列的尾部，同时修改队尾指示变量 rear 的值。要执行入队操作，需要执行下面的步骤：

(1) 判断队列是否是满，如果是，返回 false；否则执行下面的步骤。

(2) 设置 rear 的值为(rear ＋ 1) ％ maxsize，使 rear 指向要插入元素的位置。

(3) 设置数组索引为 rear 的位置的值为入队元素的值。

3) 出队操作 dequeue()

出队操作是指在队列不为空的情况下从队列的前端删除元素，使队头指示器 front 加 1。要执行出队操作，需要执行下面的步骤：

(1) 检查队列是否为空，如果为空，返回 null；否则，执行下面的步骤。

(2) 设置 front 的值为(front ＋ 1) ％ maxsize，使 front 指向要删除元素的位置。

(3) 返回队头指示器 front 所在位置的元素。

4) 取队头元素 peek()

取队头元素操作与出队操作相似，只是取队头元素操作不改变原有队列，不删除取出的队头元素。要执行取队头操作，需要检查队列是否为空，如果为空，返回 null；否则，返回队头指示器 front 所在位置的元素。

5) 求队列的长度 size()

循环顺序队列的长度取决于队尾指示器 rear 和队头指示器 front。一般情况下，rear 大于 front，因为入队的元素肯定比出队的元素多。特殊的情况是 rear 到达数组的上限之后又从数组的低端开始，此时 rear 是小于 front 的，所以 rear 的大小要加上 maxsize。循环顺序队列的长度应该是(rear-front＋maxsize)％maxsize。

6) 队列是否为满 isFull()

循环顺序队列为满分两种情况，一种是当队列还没有一个元素出队，队头指示器 front 的值为－1 而队尾指示器 rear 的值为 maxsize-1；另一种是队尾指示器 rear 落后于队头指示器 front，而且满足条件(rear＋1) ％ maxsize ＝＝ front。采用条件(rear＋1) ％ maxsize ＝＝ front 作为"队列满"的条件，实际上此时队列还有一个空位置，就是 front 所指示的位置。这样队列存区有效空间比定义的最大空间少一个单元。假如把这个单元也利用上，则当 front 与 rear 指向同一单元时，即可能是"满"也可能是"空"，必须根据 front 追上了 rear 或 rear 追上了 front 才能区分。

有关顺序队列的其他操作如判断为空等操作比较简单，实现细节参见下面的 Java 代码。

3. 顺序队列的 Java 实现

1) 编程实现顺序队列

```
import java.lang.reflect.Array;
```

```
public class SeqQueue<E> implements IQueue<E> {
    private int maxsize;              //队列的容量
    private E[] data;                 // 存储循环顺序队列中的数据元素
    private int front;                // 指示最近一个已经离开队列的元素所占的位置
    private int rear;                 // 指示最近一个进行入队列的元素的位置

    @SuppressWarnings("unchecked")
    public SeqQueue(Class<E> type, int size) {
        data = (E[]) Array.newInstance(type, size);
        maxsize = size;
        front = rear =-1;
    }
    //入队列操作
    public boolean enqueue(E item) {
        if (!isFull()) {
            rear = (rear + 1) % maxsize;
            data[rear] = item;
            return true;
        } else
            return false;
    }
    //出队列操作
    public E dequeue() {
        if (!isEmpty()) {
            front = (front + 1) % maxsize;
            return data[front];
        } else
            return null;
    }
    //取对头元素
    public E peek() {
        if (!isEmpty()) {
            return data[(front + 1) % maxsize];
        } else
            return null;
    }
    //求队列的长度
    public int size() {
        if (rear > front)
            return rear - front;
        else
            return (rear - front + maxsize) % maxsize;
    }
    // 判断循环顺序队列是否为空
    public boolean isEmpty() {
        if (front == rear) {
            return true;
        } else {
            return false;
        }
    }
    // 判断循环顺序队列是否为满
    public boolean isFull() {
        if ((front ==-1 && rear == maxsize - 1)
```

```
            || (rear + 1) % maxsize == front) {
            return true;
        } else {
            return false;
        }
    }
}
```

2) 测试顺序队列

```
public static void main(String[] args) {
    int[] data = {23,45,3,7,6,945};
    //注意给定的循环队列长度至少要比实际长度大 1
    IQueue<Integer> queue = new SeqQueue<Integer>(Integer.class,data.length + 1);
    //入队操作
    System.out.println("******* 入队操作 *******");
     for(int i = 0; i<data.length;i++){
        queue.enqueue(data[i]);
            System.out.println(data[i] + " 入队");
    }
    int size = queue.size();
   //出队操作
    System.out.println("******* 出队操作 *******");
    for(int i = 0; i<size;i++){
        System.out.println(queue.dequeue() + " 出队 ");
    }
```

4.2.2 用链队列实现队列

1. 链队列的存储结构

在前面用顺序队列存储客户的服务序号时，是有容量限制的，最大容量为 maxsize，如果超过了这个容量，新来的客户就不能申请到服务序号。有时，一些排队软件不需要这个限制，为了解决这个问题，可以采用链式存储结构存储服务序号队列，这种用链式存储结构存储数据元素的队列称为链队列(linked queue)。同链栈一样，链队列通常用单链表来表示，设队头指针为 front，再设一个队尾指针 rear 指向链队列的末尾，如图 4.6 所示。链队列的结点的结构与单链表一样，由数据域 data 和引用域 next 两部分组成，如图 4.7 所示。

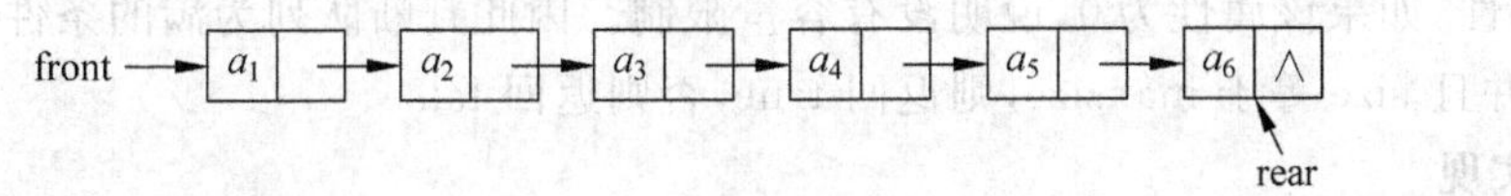

图 4.6 链队列的结构示意图

data	next

图 4.7 链式队列的结点结构

2. 链队列的基本操作

1) 初始化链队列

初始化链队列就是创建一个空队列，即调用 LinkQueue<T>的构造函数，在构造函数中执行下面的步骤。

(1) 将队头指针 front 设为 null。

(2) 将队尾指针 rear 设为 null。

(3) 设置链队列结点数 size 为 0。

2) 入队操作 enqueue(E item)

入队操作是将一个给定的元素保存在队列的尾部,要执行入队操作,需要执行下面的步骤。

(1) 创建一个新结点。

(2) 如果队列为空,将 front 和 rear 都指向新结点。

(3) 如果队列不为空,将 rear 的 next 指向新结点,将 rear 指向新结点。

(4) 设置链队列结点数 size 加 1。

3) 出队操作 dequeue()

出队操作是在链队列不为空的情况下,先取出链队列头结点的值,然后将链队列队头指示器指向链队列头结点的直接后继结点,使之成为新的队列头结点,size 减 1。要执行出队操作,需要执行下面的步骤。

(1) 如果队列为空,返回 null。

(2) 将 front 指向的结点标记为出队结点。

(3) 将 front 指向链队列中的下一个结点。

(4) 如果 front 为 null,将 rear 也设为 null。

(5) 链队列结点数 size 减 1。

(6) 将出队结点的数据返回给调用者。

4) 取队头元素 peek()

取队头元素操作与出队操作相似,只是取队头元素操作不改变原有队列,不删除取出的队头元素。要执行取队头操作,需要检查链队列中是否含有元素,如果没有,返回 null;否则,返回队头指针 front 所在位置的元素。

5) 求队列的长度 size()

size 的大小表示链队列中数据元素的个数,所以通过返回 size 的值来求链队列的长度。

6) 判断链队列是否为空 IsEmpty()

判断队列中结点的数量 size 是否为 0,如为 0,则返回 true,否则返回 false。

7) 队列是否为满 isFull()

从理论上讲,链队列是没有容量限制的,但在实际应用中有时需要对队列的容量进行限制,这里使用 maxsize 属性,如果该属性为 0,说明没有容量限制。因此判断队列为满的条件是如果 maxsize 不为 0 并且 size 等于 maxsize,则返回 true,否则返回 false。

3. 链队列的 Java 实现

1) 定义链队列的结点

链队列的结点为一个泛型类,类名为 QueueNode<E>,包含两个属性 data 和 next,data 存储数据元素,next 存储与其相邻的下一个数据元素的存储地址。链队列结点用 Java 代码描述如下。

```
class QueueNode<E>
{
    private E data;                        // 数据域
```

```java
    private QueueNode<E> next;          // 引用域
     //构造函数
    public QueueNode(){}
    public QueueNode(E data) {
        this.data = data;
    }
    public QueueNode(E data, QueueNode<E> next) {
        this.data = data;
        this.next = next;
    }
    //数据域 get 属性
    public E getData() {
        return data;
    }
    //数据域 set 属性
    public void setData(E data) {
        this.data = data;
    }
    //引用域 get 属性
    public QueueNode<E> getNext() {
        return next;
    }
    //引用域 get 属性
    public void setNext(QueueNode<E> next) {
        this.next = next;
    }
}
```

2）用链队列实现队列

定义一个泛型类，类名为 LinkQueue<E>，它是一个用链式存储结构实现了队列的抽象数据类型的类。该类有一个为 QueueNode<E>类型的属性 front 为队头指针、一个类型为 QueueNode<E>的属性 rear 为队尾指针、一个类型为 int 属性 size 记录队列中实际数据元素个数，还有一个类型为 int 属性 maxsize 用来记录链队列的可容纳的最大数据元素个数。LinkQueue<E>类实现了接口 Iqueue<E>中定义的所有操作。

```java
public class LinkQueue<E> implements IQueue<E> {
    private QueueNode<E> front;         // 队列头指示器
    private QueueNode<E> rear;          // 队列尾指示器
    private int maxsize;                // 队列的容量，假如为 0，不限容量
    private int size;                   // 队列数据元素个数
    // 初始化链队列
    public LinkQueue() {
        front = rear = null;
        size = 0;
        maxsize = 0;
    }
    // 初始化限容量的链队列
    public LinkQueue(int maxsize) {
        super();
        this.maxsize = maxsize;
```

```
    }
    // 入队列操作
    public boolean enqueue(E item) {
        QueueNode<E> newnode = new QueueNode<E>(item);
        if (!isFull()) {
            if (isEmpty()) {
                front = newnode;
                rear = newnode;
            } else {
                rear.setNext(newnode);
                rear = newnode;
            }
            ++size;
            return true;
        } else
            return false;
    }
    // 出队列操作
    public E dequeue() {
        if (isEmpty()) return null;
            QueueNode<E> node = front;
            front = front.getNext();
            if (front == null) {
                rear = null;
            }
            --size;
            return node.getData();
    }
    // 取对头元素
    public E peek() {
        if (!isEmpty()) {
            return front.getData();
        } else
            return null;
    }
    // 求队列的长度
    public int size() {
        return size;
    }
    // 判断队列是否为空
    public boolean isEmpty() {
        if ((front == rear) && (size == 0)) {
            return true;
        } else {
            return false;
        }
    }
    // 判断队列是否为满
    public boolean isFull() {
        if (maxsize!= 0  && size == maxsize){
            return true;
```

```
        } else {
            return false;
        }
    }
}
```

3）测试链队列

将测试顺序队列中的代码：

```
IQueue<Integer> queue = new SeqQueue<Integer>(Integer.class,data.length+1);
```

替换为：

```
IQueue<Integer> queue = new LinkQueue<Integer>();
```

即可进行链队列的测试了。

4.3 队列的应用

在过去的一个世纪中，已经证明在各种各样的广泛的应用中 FIFO 是准确并有用的模型，应用的范围从制造业程序到电话网络，到交易模拟。称为排队论（quecing theory）的数学领域已经成功的帮助理解和控制所有这类复杂的系统。FIFO 在计算中也扮演这一个重要的角色。当使用计算机时，经常会遇到队列，队列可能是播放列表上的歌曲或是正在等待打印的文档甚至是游戏机中的事件。排号机应用排队论广泛用于各个服务行业办事单位工作流程设计。本章学习情境实现银行排队叫号服务问题就是排号机的一个典型应用。

4.3.1 用顺序队列实现银行排队叫号服务

1. 设计思路

在银行排队叫号软件中，设计两个类，一个是排队机类 QueueMachine，该类根据银行工作的开始时间和结束时间创建一个队列，当顾客按 Enter 键时，为顾客获得一个服务号，并将顾客服务号加入队列；另一个是服务窗口类 ServiceWindow，服务窗口的职能是为排队的服务，每当服务窗口按照先进先出的原则从队列中选取一个人进行服务时，就有一个顾客出队。使用多线程技术模拟服务窗口，为了确保排队机服务与服务窗口的并行工作，排队机的服务也用多线程技术实现。

2. 编码实现

1）编写排队机类 QueueMachine

```
public class QueueMachine extends Thread {
    private int number;                  //排队机当前最新号码
    private IQueue<Integer> queue;       //排队机维持的队列
    private String starttime;            //排队机工作开始时间,如 0800 为早上 8 点
    private String endtime;              //排队机工作结束进间,如 1630 为下午 4 点半
    public QueueMachine( String starttime,String endtime){
        queue = new SeqQueue<Integer>(Integer.class,100);
        //queue = new LinkQueue<Integer>();
        this.starttime = starttime;
```

```
        this.endtime = endtime;
    }
    //获取服务队列
    public IQueue<Integer> getQueue() {
            return queue;
    }
    //顾客按回车获取服务号,将服务号入队、打印服务小票
    public void run(){
         Scanner sc = new Scanner(System.in);
         SimpleDateFormat df = new SimpleDateFormat("HHmm");   //设置日期格式
        //获取当前系统时间并转换为设置的日期格式
         String time = df.format(new Date());
         while (time.compareTo(starttime)>= 0 && time.compareTo(endtime)<= 0)
          {
            System.out.println("按回车键获取号码:");
            sc.nextLine();
            int callnumber = ++number;
             if (queue.enqueue(callnumber))
                {
                  System.out.println(String.format("您的号码是:%d,你前面有%d位,请等
待!", callnumber, queue.size() - 1));
                  time = df.format(new Date());
                }
              else{
                  System.out.println("现在业务繁忙,请稍后再试!");  //队列满时出现这种情况
                  number--;
             }
         }
        sc.close();
        System.out.println("已到下班时间,请明天再来");
    }
}
```

2) 编写服务窗口类 ServiceWindow

```
public class ServiceWindow extends Thread {
    private IQueue<Integer> queue;    //服务队列
    //在构造函数中指定服务的队列
    public ServiceWindow(IQueue<Integer> queue) {
        this.queue = queue;
    }
    //窗口叫号及银行柜台人员工作时间 10s
    public void run() {
        while (true) {
            synchronized (queue) {
                if (queue.size()> 0) {
                      System.out.println(String.format("请%d号到%s号窗口!", queue.
dequeue(), Thread.currentThread().getName()));
                }
            }
            try {
```

```
                Thread.sleep(10000);
            } catch (InterruptedException e) {
                System.out.println(e.getMessage());
            }
        }
    }
}
```

3）编写测试主类 TestBankQueue

```
public class TestBankQueue {
    public static void main(String[] args){
        int windowcount = 2;
        //设置银行柜台的服务窗口数.先设为1,然后依次增加看效果
        //创建服务窗口数组
        ServiceWindow[] sw = new ServiceWindow[windowcount];
        //创建排队机对象
        QueueMachine qm = new QueueMachine(0800,1630);
        //启动排队机服务
        qm.start();
        for (int i = 0; i < windowcount; i++)
        {
            //初始化服务窗口数组
            sw[i] = new ServiceWindow(qm.getQueue());
            //将名字设置为服务窗口的编号
            sw[i].setName("" + (i + 1));
            //启动窗口服务
            sw[i].start();
        }
    }
}
```

4.3.2 用链队列实现银行排队叫号服务

在排队机类 QueueMachine 类中的队列属性 queue 为接口类型 IQueue，可用任何实现了 IQueue 接口的类实例化，LinkQueue 类实现了该接口，因此属性 queue 可引用 LinkQueue 类的实例对象。下面是 QueueMachine 类中用顺序队列实现银行排队叫号服务时构造函数的代码。

```
public QueueMachine( int starttime,int endtime){
    queue = new SeqQueue<Integer>(Integer.class,100);
    this.starttime = starttime;
    this.endtime = endtime;
}
```

将上面代码矩形框中的代码换为：

```
queue = new LinkQueue<Integer>();
```

就完成了用链队列实现银行排队叫号服务。也可以在链队列实例化时，给定队列的最大容

量,以说明正在排队的顾客数量不能超过给定的值。例如:

```
queue = new LinkQueue<Integer>(100);
```


4.3.3 用 Java 类库实现银行排队叫号服务

在 Java 5 中新增加了 java.util.Queue 接口,该接口扩展了 Java.util.Collection 接口,定义了队列存取元素的基本方法。

1. Queue 接口常用的方法

(1) boolean offer(E e):向队列末尾追加新元素。

(2) E poll( ):获取队头元素,获取后该元素就从队列中被删除。当队列中没有了元素,poll()就返回 null 。

(3) E peek( ):获取队头元素,但不删除队列中的该元素,只是引用了队列头元素。

(4) int size( ):查看队列中的元素数量。

2. 实现步骤

LinkedList 类实现了 Queue 接口,在实际使用中,可创建 LinkedList 类的对象作为队列。用 Queue 接口和 LinkedList 类对用自定义队列类实现银行排队叫号服务的程序进行修改,步骤如下。

(1) 在文件的开头导入包。

```
import java.util.Queue;
import java.util.LinkedList;
```

(2) 修改队列的实例类型。

将排队机类 QueueMachine 和服务窗口类 ServiceWindow 中的队列属性 queue 声明为 Queue<Integer>类型,并将该属性实例化为 LinkedList 类对象。

(3) 修改所使用的队列的方法。

因自定义队列接口 IQueue 和 Java 类库中的 Queue 接口的入队和出队的方法名不同,因此要将程序中入队方法 enqueue 改为 offer,出队方法 dequeue 改为 poll。

(4) 编译运行程序,观察运行结果。

4.3.4 独立实践

1. 问题描述

假设在周末舞会上,男士们和女士们进入舞厅时,各自排成一队。跳舞开始时,依次从男队和女队的队头上各出一人配成舞伴。若两队初始人数不相同,则较长的那一队中未配对者等待下一轮舞曲。编写一程序,模拟该场景。

2. 基本要求

(1) 模拟男士们和女士们进入舞厅排队的场景。

(2) 写一算法模拟上述舞伴配对过程。

(3) 显示一场舞会男女舞伴搭配记录。

提示:先入队的男士或女士亦先出队配成舞伴。该问题具体有典型的先进先出特性,可用队列作为算法的数据结构。为男士和女士各创建一个队列,然后根据要入队的舞伴的性别来决定是进入男队还是女队，依次将两队当前的队头元素出队来配成舞伴，直至某队列变空为止。此时，若某队仍有等待配对者，他们(或她们)将是下一轮舞曲开始时依次首先获得异性舞伴。

本章小结

(1) 队列(queue)是一种特殊的线性表，是一种只允许在表的一端进行插入操作而在另一端进行删除操作的线性结构。

(2) 队列上可进行的主要操作有入队和出队。

(3) 可通过使用数组或链接列表来实现队列。

(4) 一个使用循环数组实现的队列能克服线性数组实现的队列的空间利用率问题。

(5) 使用链式结构实现的队列也被称为链队列。

综合练习

1. 选择题

(1) 队列中元素的进出原则是(　　)。

A. 先进先出　　B. 后进先出　　C. 队空则进　　D. 队满则出

(2) 判断一个循环队列(m_0为最大队列长度(以元素为单位)，front 和 rear 分别为队列的队头指针和队尾指针)为空队列的条件是(　　)。

A. front == rear　　B. front != rear

C. front == (rear+1) % m_0　　D. front != (rear+1) % m_0

(3) 判断一个循环队列(m_0为最大队列长度(以元素为单位)，front 和 rear 分别为队列的队头指针和队尾指针)为满队列的条件是(　　)。

A. front== rear　　B. front!= rear

C. front==(rear+1) % m_0　　D. front!=(rear+1) % m_0

(4) 在少用一个元素空间的循环队列(m_0为最大队列长度(以元素为单位)，front 和 rear 分别为队列的队头指针和队尾指针)中，当队列非空时，若插入一个新的数据元素，则其队尾指针 rear 的变化是(　　)。

A. rear==(front+1) % m_0　　B. rear==(rear+1) % m_0

C. rear==(front+1)　　D. rear==(rear+1)

(5) 在少用一个元素空间的循环队列(m_0为最大队列长度(以元素为单位)，front 和 rear 分别为队列的队头指针和队尾指针)中，当队列非满时，若删除一个数据元素，则其队头指针 front 的变化是(　　)。

A. front==(rear+1) % m_0　　B. front==(front+1)

C. front==(rear+1)　　D. front==(front+1) % m_0

2. 问答题

(1) 说明线性表、栈与队列的异同点。

(2) 实现链表和链队列有什么不同?

(3) 顺序队列的"假溢出"是怎样产生的?如何知道循环队列是空还是满?

3. 编程题

(1) 编程判断一个字符串是否是回文。回文是指一个字符序列以中间字符为基准两边字符完全相同,如字符序列"ACBDEDBCA"是回文。

(2) 假设一个数组squ[m]存放循环队列的元素。若要使这m个分量都得到利用,则需另一个标志tag,以tag为0或1来区分尾指针和头指针值相同时队列的状态是"空"还是"满"。试编写相应的入队和出队的算法。

第5章 串

学习情境：用串解决“以一敌百”游戏的编程

问题描述：湖南卫视力推的益智型游戏节目“以一敌百”深受大家的欢迎。“以一敌百”的节目核心是集中凸显一个人对垒一百人的智力对抗。参与“以一敌百”节目挑战的一百人称为“快乐答人”，他们来自社会各行各业；参与对垒的那一位选手称为“挑战者”。每道题由“挑战者”与“快乐答人”分别作答，“挑战者”答对题目将继续作答，而答错题目的“快乐答人”将出局，由剩下的人继续比赛。“挑战者”一路闯关胜利将抱得奖金归，如果中途落败，奖金将由留下来的“快乐答人”瓜分。

编写程序模拟“以一敌百”游戏，主要要求如下：

(1) 出题，题目已存在一个文件名为 question.txt 的文件中，格式如图 5.1 所示。

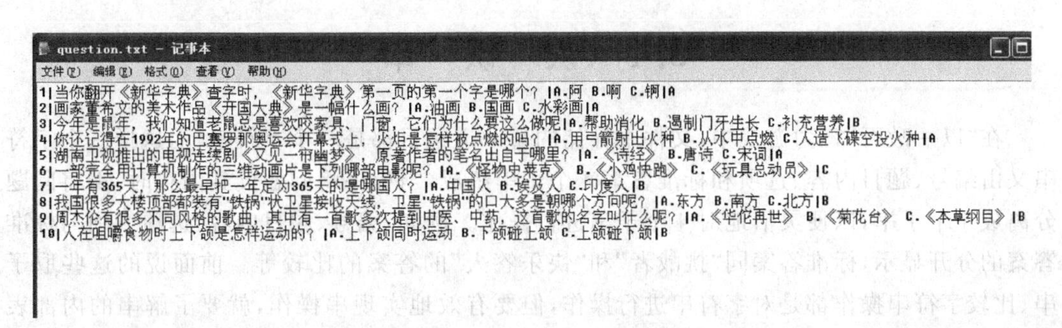

```
question.txt - 记事本
文件(F) 编辑(E) 格式(O) 查看(V) 帮助(H)
1|当你翻开《新华字典》查字时，《新华字典》第一页的第一个字是哪个？|A.阿 B.啊 C.锕|A
2|画家董希文的美术作品《开国大典》是一幅什么画？|A.油画 B.国画 C.水彩画|A
3|今年是鼠年，我们知道老鼠总是喜欢咬家具、门窗，它们为什么要这么做呢|A.帮助消化 B.遏制门牙生长 C.补充营养|B
4|你还记得在1992年的巴塞罗那奥运会开幕式上，火炬是怎样被点燃的吗？|A.用弓箭射出火种 B.从水中点燃 C.人造飞碟空投火种|A
5|湖南卫视推出的电视连续剧《又见一帘幽梦》，原著作者的笔名出自于哪里？|A.《诗经》 B.唐诗 C.宋词|A
6|一部完全用计算机制作的三维动画片是下列哪部电影呢？|A.《怪物史莱克》 B.《小鸡快跑》 C.《玩具总动员》|C
7|一年有365天，那么最早把一年定为365天的是哪国人？|A.中国人 B.埃及人 C.印度人|B
8|我国很多大楼顶部都装有"铁锅"状卫星接收天线，卫星"铁锅"的口大多是朝哪个方向呢？|A.东方 B.南方 C.北方|B
9|周杰伦有很多不同风格的歌曲，其中有一首歌多次提到中医、中药，这首歌的名字叫什么呢？|A.《华佗再世》 B.《菊花台》 C.《本草纲目》|B
10|人在咀嚼食物时上下颌是怎样运动的？|A.上下颌同时运动 B.下颌碰上颌 C.上颌碰下颌|B
```

图 5.1 “以一敌百”题库格式

从图 5.1 可以看出，每道题目由 4 项组成，依次是编号、题目内容、选项和标准答案，每一项用字符“|”分隔，选择一种合适的数据结构来表示题库。

(2) 依次显示题库中的每一道题目的编号、题目内容、选项，然后先由“快乐答人”开始做答，但不显示结果。接着由“挑战者”做答。

(3) “挑战者”和“快乐答人”都回答完毕后，显示题目正确答案，给出“挑战者”的得分，每答对 1 题得 100 金球；答对题目的“快乐答人”继续与“挑战者”比赛，答错题目者出局。“挑战者”可以选择拿着金球离开或继续与答对题目的“快乐答人”比赛，如答错所得金球将由留下的“快乐答人”刮分。

程序的运行效果如图 5.2 所示。

```
1.当你翻开《新华字典》查字时，《新华字典》第一页的第一个字是哪个?
A.阿 B.啊 C.锕

请选择正确答案:  A
正确答案是:A

恭喜你,答对了!你现在金球数已增至:100
现在答对题目的快乐达人数是:35
你选择继续还是离开<Y/N>!Y


2.画家董希文的美术作品《开国大典》是一幅什么画?
A.油画 B.国画 C.水彩画

请选择正确答案:  A
正确答案是:A

恭喜你,答对了!你现在金球数已增至:200
现在答对题目的快乐达人数是:15
你选择继续还是离开<Y/N>!Y


3.今年是鼠年，我们知道老鼠总是喜欢咬家具、门窗，它们为什么要这么做呢
A.帮助消化 B.遏制门牙生长 C.补充营养

请选择正确答案:  B
正确答案是:B

恭喜你,答对了!你现在金球数已增至:300
现在答对题目的快乐达人数是:5
你选择继续还是离开<Y/N>!Y


4.你还记得在1992年的巴塞罗那奥运会开幕式上，火炬是怎样被点燃的吗?
A.用弓箭射出火种 B.从水中点燃 C.人造飞碟空投火种

请选择正确答案:  A
正确答案是:A

恭喜你,答对了!你现在金球数已增至:400
现在答对题目的快乐达人数是:0
恭喜你获得了400个金球!
```

图 5.2 “以一敌百”益智游戏主界面设计图

5.1 认 识 串

在“以一敌百”智力游戏中，文件中存储的每一道题目都是一个字符串，而这样一个字符串又由编号、题目内容、选项和标准答案 4 个子串组成，当程序将问题读到内存时，需将问题分离成 4 个子串，以便灵活地对 4 个子串进行操作。例如，编号、题目内容、选项三项与标准答案的分开显示，标准答案同“挑战者”和“快乐答人”的答案的比较等。前面说的这些取子串、比较字符串操作都是对字符串进行操作，但要有效地实现串操作，就要了解串的内部表示和处理机理。下面讨论串的基本概念、存储结构及字串常用的基本操作。

5.1.1 串的逻辑结构

1. 串的定义

串即字符串，是由 0 个或多个字符组成的有限序列，是数据元素为单个字符的特殊线性表。一般记为：

$$s = “a_1, a_2, \cdots, a_n” \quad (n \geqslant 0)$$

其中，s 是串名，双引号作为串的定界符，用双引号引起来的字符序列是串值。$a_i(1 \leqslant i \leqslant n)$ 可以是字母、数字或其他字符，n 为串的长度，当 n=0 时，称为空串(Empty String)。字符串的例子如下：

```
"David Ruff"
"the quick brown fox jumped over the lazy dog"
```

```
"123 - 45 - 6789"
"mmcmillan@pulaskitech.edu"
```

串中任意个连续的字符组成的子序列称为该串的子串(Substring)。包含子串的串相应地称为主串。子串的第一个字符在主串中的位置叫子串的位置,如串 s_1 = "David Ruff",它的长度是10,串 s_2 = "Ruff"的长度是4,s_2 是 s_1 的子串,s_2 的位置是6。

2. 串的特征

串从数据结构上来说是一种特殊的线性表,其特殊性在于串中的数据元素是一个个的字符。但是,串的基本操作和线性表的基本操作相比却有很大的不同,线性表上的操作主要是针对线性表中的某个数据元素进行的,而串上的操作主要是针对串的整体或串的某一部分子串上进行的。

5.1.2 串的基本操作

串有以下几种基本操作。

(1) 求串长度:返回串包含的字符的个数。

(2) 串连接:将一个字符串连接到另一个字符串的结尾。

(3) 串比较:按字典顺序比较两个字符串。

(4) 求子串:从主串指定的位置起截取指定结束位置的子串,并返回该子串。

(5) 串定位:求子串在主串中第一次出现的第一个字符的位置。子串的定位运算又称为串的模式匹配。

(6) 串附加:在主串的末尾附加一个子串。

(7) 串插入:在主串指定的位置处插入一个子串。

(8) 串删除:从主串指定的位置起删除指定长度的子串。

5.1.3 串的抽象数据类型

根据对串的逻辑结构及基本操作的认识,得到串的抽象数据类型。

ADT 串(String)

数据元素:只能为字符类型。

数据结构:数据元素之间呈线性关系,假设串中有 n 个字符($a_1, a_2, a_3, \cdots, a_n$),则对每一个字符 a_i($i=1,2,\cdots,n-1$)都存在关系(a_i, a_{i+1}),并且 a_1 无前趋,a_n 无后继。

数据操作:基本操作如下。

```java
public interface IString{
    int length();                                  //求串长度
    IString concat(IString str);                   //串连接
    int compareTo(IString str);                    //串比较
    IString substring(int start, int end);         //求子串
    int indexOf(IString str, int fromIndex);       //串定位
    IString append(String str);                    //串附加
    IString insert(int offset, String str);        //串插入
    IString delete(int start, int end);            //串删除
}
```

5.2 Java 的字符串类

字符串数据类型是建模在形式字符串想法上的数据类型。字符串几乎是所有编程语言中实现的非常重要的数据类型。一些语言中字符串为基本类型,一些语言中字符串为复合类型,还有一些语言中字符串为引用类型。Java 语言中,字符串是引用类型,被当作类处理,Java 语言的字符串类有 String、StringBuilder 和 StringBuffer。鉴于字符串使用的普遍性,本章通过分析 Java 语言中的 String 类和 StringBuilder 的源码学习字符串的实现方式,同学们可模仿这些类的实现方法实现 IString 接口中的方法。

5.2.1 Java 中的字符串类 String

1. String 类的存储结构

String 类采用顺序存储结构,使用字符数组保存字符串,字符数组的长度与字符串中字符的个数相同,图 5.3 所示为字符串 STUDENT 在 Java 语言中的存储结构,该字符串在内存中占 7 个字符的空间。

S	T	U	D	E	N	T
0	1	2	3	4	5	6

图 5.3 字符串 STUDENT 在 Java 语言中的存储结构

String 类中的保存的字符串数组空间一旦创建,内容就不可改变。String 类源码中存储字符串内容的数组 value 为 final 的,代码如下:

```
private final char value[];
```

Java 在创建字符串时,使用不同的创建方式,表示字符串的数组也会在不同的内存区域创建。这里,需要理解有关内存分配的三个术语:

(1) 栈:用于存放基本类型变量数据和对象的引用的内存区域。

(2) 堆:用于存储对象的内存区域。显示调用构造函数创建字符串对象时,表示字符串的数组会存放在这个区域。

在语句 String str=new String(“abc”)中,变量 str 中的引用值存放在栈中,表示字符串“abc”的数组存放在堆中。

(3) 常量池:用于存放基本类型常量和显示声明的字符串的对象。在语句 String str=“abc”中,存放字符串“abc”的数组在常量池中。

总之,在 Java 中,字符串对象的引用是存储在栈中的,如果是编译期已经创建好,即指用双引号定义的字符串的存储在常量池中;如果是运行期出来的对象,则存储在堆中。对于通过 equals 方法比较相等的字符串,在常量池中是只有一份的,在堆中则有多份。下面通过一段代码来理解 Java 对字符串的存储机制。

```
String str1 = "abc";
String str2 = "abc";
String str3 = new String("abc");
String str4 = new String("abc");
```

上述代码在编译时，字符串“abc”被存储在常量池中，str1 和 str2 的引用都是指向常量池中的字符串“abc”，所以 str1 和 str2 引用是相同的。当执行 String str3＝ new String(“abc”)时，Java 虚拟机会先去常量池中查找是否有“abc”对象，如果没有则在常量池中创建一个“abc”字符串对象，然后在堆中也创建一个“abc”字符串对象，并将引用 str3 指向堆中创建的新“abc”对象；如果已常量池已经存在该对象，则只在堆中创建一个新的“abc”字符串对象。当执行 String str4＝ new String(“abc”)时，因为常量池中已经有“abc”字符串对象，所以只在堆中再创建一个新的“abc”字符串对象。图 5.4 给出了 Java 字符串的存储空间示意图，值相同的字符串对象在常量池中只存在一份，但在堆中可以存在多份，实线的箭头线代表引用，虚线的箭头线代表用 new 创建字符串对象时，如果该对象在常量池中没有，则在常量池中创建该字符串对象，然后在堆中再创建该字符串对象，否则只在堆中创建该字符串对象。

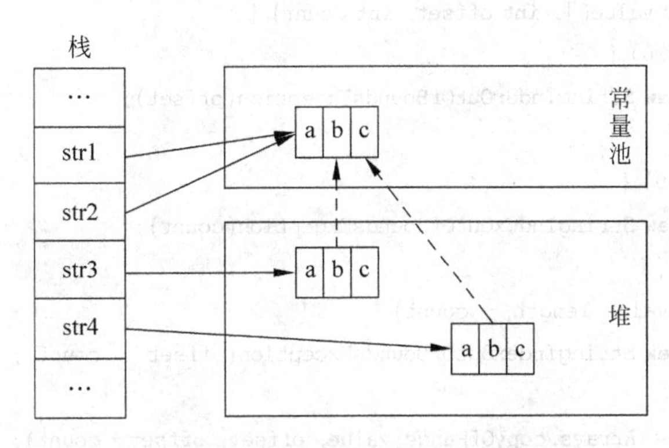

图 5.4　Java 字符串的存储空间示意图

2. String 类的构造函数

在 Java 中创建 String 字符串，是通过调用 String 字符串类的构造函数来实现的。String 常用的构造函数有下面三个。

1) public String(char value[])

创建一个新的字符串，使其表示字符数组参数中当前包含的字符序列。该字符数组的内容已被复制；表示新字符串的数组所占空间与参数数组所占空间相互独立，对参数字符数组的修改不会影响新创建的字符串。算法实现如下：

```
public String(char value[]) {
    this.value = Arrays.copyOf(value, value.length);
}
```

算法中语句 Arrays. copyOf(value, value. length)完成数组复制，并使复制的数组具有 value. length 的长度，实现新数组与参数数组内容相同。

2) public String(String original)

初始化一个新创建的 String 对象，使其表示一个与参数相同的字符序列。算法实现如下。

```
public String(String original) {
        this.value = original.value;
        this.hash = original.hash;
}
```


在前面的代码 String str3＝new String("abc")中，用到了该构造函数，从源码中可以看出 str3 指向的对象就是为字符串“abc”在堆中创建的对象，存储它们的字符数组和对象的 hash 属性都相同。

3) public String(char value[], int offset, int count)

创建一个新的 String，它包含取自字符数组参数一个子数组的字符。offset 参数是子数组第一个字符的索引，count 参数指定子数组(即新串)的长度。该子数组的内容已被复制；后续对字符数组的修改不会影响新创建的字符串。算法实现如下：

```
public String(char value[], int offset, int count) {
      if (offset < 0) {
          throw new StringIndexOutOfBoundsException(offset);
      }
      if (count < 0) {
          throw new StringIndexOutOfBoundsException(count);
      }
     if (offset > value.length - count) {
          throw new StringIndexOutOfBoundsException(offset + count);
      }
      this.value = Arrays.copyOfRange(value, offset, offset + count);
   }
```

(1) 确定初始偏移量 offset 和子数组的长度 count 的合法性。两个值如果小于 0 或初始偏移量 offset 大于该串的长度减去新串的长度，都会抛出字符串索引越界 StringIndexOutOfBoundsException 异常。

(2) 用 Arrays.copyOfRange(value, offset, offset＋count)将 value 指定范围的字符复制到一个新数组。该范围的初始索引为 offset，该范围的最后索引为 offset＋count－1。

该构造函数在 String 类的基本操作(如求子串 substring 方法)中被用到。

3. String 类的基本操作

1) 求串的长度 int length()

返回此字符串的长度，长度等于字符串中字符的数量。算法的实现如下：

```
public int length() {
        return value.length;
}
```

2) 串连接 String concat(String str)

将指定字符串连接到此字符串的结尾。如果参数字符串 str 的长度为 0，则返回此 String 对象；否则，创建一个新的 String 对象，以表示此 String 对象的字符序列和参数字符串的字符序列连接而成的字符序列。算法实现如下：

```
public String concat(String str) {
        int strLen = str.length();
        if (strLen == 0) {
           return this;
        }
        int len = value.length;
        char buf[] = Arrays.copyOf(value, len + strLen);
        System.arraycopy(str.value, 0, buf, len, str.value.length);
        return new String(buf);
}
```

(1) 语句 char buf[] = Arrays.copyOf(value，len + strLen)创建一个长度为两个字符串长度之和的新数组 buf，并将该字串的字符序列复制到新数组中，剩余空间用 null 字符填充。

(2) 语句 System.arraycopy(str.value，0，buf，len，str.value.length)将参数字符串的字符序列复制到新数组 buf 中，接在该字符串的后面。str.value 为参数字符串的字符数组；0 为参数字符串的字符数组的起始位置，len 为当前字符串的长度，即参数字符串在 buf 的起始位置；str.value.length 为复制的元素的个数，即为整个参数字符串。

3) 串比较 int compareTo(String str)

按字典顺序比较两个字符串。该比较基于字符串中各个字符的 Unicode 值。按字典顺序将此 String 对象表示的字符序列与参数字符串所表示的字符序列进行比较。如果按字典顺序此 String 对象位于参数字符串之前，则比较结果为一个负整数；如果按字典顺序此 String 对象位于参数字符串之后，则比较结果为一个正整数。如果这两个字符串相等，则结果为 0。算法的实现如下：

```
public int compareTo(String str) {
        int len1 = value.length;
        int len2 = str.value.length;
        int lim = Math.min(len1, len2);
        char v1[] = value;
        char v2[] = str.value;
        int k = 0;
        while (k < lim) {
            char c1 = v1[k];
            char c2 = v2[k];
            if (c1 != c2) {
                return c1 - c2;
            }
            k++;
        }
        return len1 - len2;
}
```

(1) 算出两个字符串的长度。语句 int lim = Math.min(len1, len2)计算出较小的长度并将其存在变量 lim 中。

(2) 进行循环。循环条件为循环变量小于两个字符串中较小的长度,按字典顺序将此 String 对象表示的字符序列与参数字符串所表示的字符序列进行比较。如果对应字符的 Unicode 值不等,返回两者之差。按字典顺序,如果 String 对象的当前字符在参数字符串当前字符的前面,返回一个负数,否则返回一个正数。

(3) 如果比较是正常退出,则返回两个字符串的长度之差。如两个字符串的长度相等,返回 0;如果该字符串的长度大于参数字符串的长度,返回一个正数,否则返回一个负数。

4) 求子串 String substring(int beginIndex, int endIndex)

返回一个新字符串,它是此字符串的一个子字符串。该子字符串从指定的 beginIndex 处开始,直到索引 endIndex−1 处的字符。因此,该子字符串的长度为 endIndex−beginIndex。算法实现如下:

```
public String substring(int beginIndex, int endIndex) {
        if (beginIndex < 0) {
            throw new StringIndexOutOfBoundsException(beginIndex);
        }
        if (endIndex > value.length) {
            throw new StringIndexOutOfBoundsException(endIndex);
        }
        int subLen = endIndex - beginIndex;
        if (subLen < 0) {
            throw new StringIndexOutOfBoundsException(subLen);
        }
        return ((beginIndex == 0) && (endIndex == value.length)) ? this : new String(value,
beginIndex, subLen);
}
```

(1) 确定开始索引 beginIndex 和结束索引 endIndex 的合法性。beginIndex 小于 0,endIndex 大于字符串的长度或 endIndex 小于 beginIndex 都会抛出字符串索引越界异常,即 StringIndexOutOfBoundsException 异常。

(2) 进行判断。如果开始索引 beginIndex 为 0 并且结束索引 endIndex 为字符串长度,则返回当前字符串;否则创建一个新串,新串的创建调用构造函数 public String(char value[], int offset, int count)完成。

5) 串定位 int indexOf(String str, int fromIndex)

从指定的索引 fromIndex 开始,返回指定参数字符串 str 在此字符串中第一次出现处的索引,串定位也称为模式匹配。算法实现代码如下。

```
public int indexOf(String str, int fromIndex) {
        return indexOf(value, 0, value.length,
                str.value, 0, str.value.length, fromIndex);
```

```
}
/**
 *
 * @param source 源字符串的字符数组
 * @param sourceOffset 源字符串第一个字符在字符数组中的起始位置
 * @param target 需要查找的字符串数组
 * @param targetOffset 需要查找的字符串第一个字符在字符数组中的起始位置
 * @param targetCount 需要查找的字符串的长度
 * @param fromIndex 在源字符串中查找的起始位置
 * @return 返回指定字符在此字符串中第一次出现处的索引,若不存在,返回 - 1
 */
static int indexOf(char[] source, int sourceOffset, int sourceCount,
        char[] target, int targetOffset, int targetCount,
        int fromIndex) {
    if (fromIndex >= sourceCount) {
        return (targetCount == 0 ? sourceCount : - 1);
    }
    if (fromIndex < 0) {
        fromIndex = 0;
    }
    if (targetCount == 0) {
        return fromIndex;
    }
    //获取需要查找的字符串的第一个字符
    char first = target[targetOffset];
    //在源字符串中搜索结束的索引
    int max = sourceOffset + (sourceCount - targetCount);
    for (int i = sourceOffset + fromIndex; i <= max; i++) {
      // 找到与查找字符串第一个字符相等的字符在源字符串字符数组中的起始索引
        if (source[i] != first) {
            while (++i <= max && source[i] != first);
        }

        if (i <= max) {
            //从查找到的第一个字符索引的下一个字符开始查找
            int j = i + 1;
            //结束本次循环查找的最后一个字符索引
            int end = j + targetCount - 1;
            /* 如果后面的字符值和查找的字符串的字符值相同,继续增加 j 的值 */

            for (int k = targetOffset + 1; j < end && source[j]
                    == target[k]; j++, k++);
              /* 如果 j 的值与 end 的值相同了,则表示找到了需要查找的字符串 */
          if (j == end) {
                //计算出第一次出现的位置
                return i - sourceOffset;
            }
        }
    }
    //返回 - 1,说明源字符串中不包含需要查找的字符串
    return - 1;
}
```

(1) 该算法通过调用方法 indexOf(value, 0, value. length, str. value, 0, str. value. length, fromIndex)完成参数字符串的定位。

(2) 该方法首先确定在源字符串中查找的起始位置 fromIndex 的合法性。如果 fromIndex 大于或等于源字符串的长度,若需要查找的字符串长度为 0,则返回源字符串的长度,否则返回−1;如果 fromIndex 小于 0,则将其设置为 0,即从源字符串的第一个位置开始定位;如果需要查找的字符串长度为 0,直接返回起始地址。

(3) 循环。循环变量的起始值 i 的起始值 sourceOffset + fromIndex,即字符串第一个字符在字符数组中的起始位置加上在源字符串中查找的起始位置,终止值为在源字符串中搜索结束的索引位置。在循环中,用一个嵌套的 while 循环,查找与查找字符串第一个字符相等的字符在源字符串字符数组中的起始索引。如找到与查找字符串第一个字符相等的字符在源字符串字符数组中的起始索引,从查找到的第一个字符索引的下一个字符开始比较每个字符,如果每个对应的字符都相同,则查找到了字符串,返回查找字符串第一个字符的索引位置,否则进入外层 for 的下一次循环。

(4) 如果算法执行到最后一句 return −1,说明源字符串中不包含需要查找的字符串。

有关 String 类的其他操作的算法实现请参看 String 类的源码。

5.2.2 Java 中的字符串类 StringBuilder 和 StringBuffer

由于 String 字符串是常量字符串,不方便进行插入和删除操作,在对字符串进行插入和删除操作时,通常使用 StringBuilder 和 StringBuffer 类。

StringBuilder 与 StringBuffer 都继承自 AbstractStringBuilder 类,有同样的属性和方法,可以向 StringBuilder 和 StringBuffer 字符串中插入字符或从中删除字符,它们是可变字符串。两个类主要的区别是 StringBuffer 对方法加了同步锁或对调用的方法加了同步锁,是线程安全的,而 StringBuilder 是非线程安全的。下面以 StringBuilder 为例学习可变字符串。

1. StringBuilder 类的存储结构

StringBuilder 同 String 类一样也是使用字符数组保存字符串,但数组的内容是可变的,保存在 StringBuilder 字符串的字符数组定义在 AbstractStringBuilder 中,代码如下:

```
char[] value;
```

从定义中可以看出该字符串的内容是可变的。

2. StringBuilder 类的构造函数

在 Java 中创建 StringBuilder 字符串,是通过调用 StringBuilder 字符串类的构造函数来实现的。StringBuilder 常用的构造函数有三个。

1) public StringBuilder()

public StringBuilder()构造一个不带任何字符的字符串生成器,其初始容量为 16 个字符。算法实现如下:

```
public StringBuilder() {
  super(16);
}
```

StringBuilder 的构造器调用父类的构造函数创建一个默认大小为 16 字符数组。在使用中，如果超出这个值，就会重新分配内存，创建一个更大的数组，并将原先的数组复制，再丢弃旧的数组。

2）public StringBuilder(int capacity)

public StringBuilder(int capacity)构造一个不带任何字符的字符串生成器，其初始容量由 capacity 参数指定。算法的实现如下：

```
public StringBuilder(int capacity) {
    super(capacity);
}
```

在创建 StringBuilder 时指定大小，这样提高了性能。

3）public StringBuilder(String str)

public StringBuilder(String str)构造一个字符串生成器，并初始化为指定的字符串内容。该字符串生成器的初始容量为 16 加上字符串参数的长度。算法的实现如下：

```
public StringBuilder(String str) {
        super(str.length() + 16);
        append(str);
}
```

在算法中调用了 append 方法将初始字符串 str 追加到了 StringBuilder 中。

3. StringBuilder 类的基本操作

1）串附加 StringBuilder append(String str)

StringBuilder append(String str)将指定的字符串 str 追加到此字符序列。如果 str 为 null，则追加 4 个字符"null"。算法实现如下：

```
public StringBuilder append(String str) {
        super.append(str);
        return this;
}
```

该算法调用了父类 AbstractStringBuilder 中的 append(String str)方法。算法实现如下：

```
public AbstractStringBuilder append(String str) {
    if (str == null) str = "null";
    int len = str.length();
    ensureCapacityInternal(count + len);
    str.getChars(0, len, value, count);
    count += len;
    return this;
  }
```

(1) 当 str 的值为 null 时，将会在当前字符串对象后面添加上 null 字符串。

(2) 获取需要添加的字符串的长度，调用 ensureCapacityInternal(count + len)方法判断添加后的字符串对象是否超过容量，若是，调用 expandCapacity 方法进行扩容，并增加下面给出的代码：

```
private void ensureCapacityInternal(int minimumCapacity){
    if (minimumCapacity - value.length > 0)
            expandCapacity(minimumCapacity);
 }void expandCapacity(int minimumCapacity) {
        int newCapacity = value.length * 2 + 2;
        if (newCapacity - minimumCapacity < 0)
            newCapacity = minimumCapacity;
        if (newCapacity < 0) {
            if (minimumCapacity < 0) // overflow
                throw new OutOfMemoryError();
            newCapacity = Integer.MAX_VALUE;
        }
        value = Arrays.copyOf(value, newCapacity);
}
```

(3) 将 str 中的字符串复制到 value 数组中当前最后一个字符的后面。

(4) 更新当前字符串对象的字符串长度

2) 串插入 String insert(int offset, String str)

按顺序将 String 参数中的字符插入此序列中指定位置 offset 处,将该位置处原来的字符向后推,此序列将增加该参数的长度。如果 str 为 null,则向此序列中追加 4 个字符"null"。算法实现如下:

```
public StringBuilder insert(int offset, String str) {
  super.insert(offset, str);
  return this;
 }
```

该算法调用了父类 AbstractStringBuilder 中的 insert(int offset, String str)方法,其算法实现如下:

```
public AbstractStringBuilder insert(int offset, String str) {
  if ((offset < 0) || (offset > length()))
      throw new StringIndexOutOfBoundsException(offset);
  if (str == null)
      str = "null";
  int len = str.length();
  ensureCapacityInternal(count + len);
  System.arraycopy(value, offset, value, offset + len, count - offset);
  str.getChars(value, offset);
  count += len;
  return this;
  }
```

(1) 参数 offset 为要插入字符串的位置,必须大于等于 0,且小于等于此序列的长度,否则会抛出字符串索引越界 StringIndexOutOfBoundsException 异常。

(2) 当 str 的值为 null 时,将会在当前字符串指定的 offset 处插入"null"字符串。

(3) 获取需要插入的字符串的长度,调用 ensureCapacityInternal(count+len)方法判断插入字符串后的字符串对象是否超过容量,若是,则扩容。

(4) 执行语句 System.arraycopy(value,offset,value,offset+len,count-offset)将字符串后移为插入的字符串留充足的空间。

(5) 执行语句 str. getChars(value, offset)将 str 复制到 value 数组中 offset 处。

(6) 执行语句 count += len 更新当前字符串对象的字符串长度。

3) 串删除 String delete(int start, int end)

删除此序列子字符串中的字符。该子字符串从指定的 start 处开始,一直到索引 end−1 处的字符,如果不存在这种字符,则一直到序列尾部。如果 start 等于 end,则不发生任何更改。算法实现如下:

```
public StringBuilder delete(int start, int end) {
  super.delete(start, end);
  return this;
}
```

该算法调用了父类 AbstractStringBuilder 中的 delete(int start, int end)方法,其算法实现如下:

```
public AbstractStringBuilder delete(int start, int end) {
        if (start < 0)
            throw new StringIndexOutOfBoundsException(start);
        if (end > count)
            end = count;
        if (start > end)
            throw new StringIndexOutOfBoundsException();
        int len = end - start;
        if (len > 0) {
            System.arraycopy(value, start + len, value, start, count - end);
            count -= len;
        }
        return this;
}
```

(1) 确保起始索引 start 和结束索引 end 的合法性。start 小于 0 和 start 大于 end 都会抛出字符串索引越界 StringIndexOutOfBoundsException 异常。如果 end 大于字符串的个数 count,将 end 的值改为 count。

(2) 如果要删除的字符个数大于 0,执行语句 System. arraycopy(value, start + len, value, start, count − end),将被删除字符后面的 count − end 个字符前移到 start 处,执行语句 count −= len 更新当前字符串对象的字符串长度。

5.3 串的应用

在应用程序中使用最频繁的类型是字符串,字符串在计算机的许多方面应用很广,如高级语言的源程序就是字符串数据。在事务处理程序中,顾客的信息如姓名、地址、货物名称、产地和规格等,都作为字符串来处理,在“以一敌百”游戏中,题目及各项组成编号、题目内容、选项和答案都可当字符串类型来处理。

5.3.1 用串解决“以一敌百”游戏的编程

1. 设计思路

在“以一敌百”游戏程序中,设计三个类。第一个类是问题类 Questions,该类将题库文

件的题目以列表的形式存放在内存中，列表项的类型为字符串，由编号、题目内容、选项和标准答案组成，每一项用字符"|"分隔；第二个类是答人类 Darens，该类用一个为 100 个"1"的 StringBuilder 类型字符串代表 100 个答人，并提供一个方法 int getRemainNumOfDarens(String answer)，该方法模拟"快乐答人"答题，将答错题目的"快乐答人"从 StringBuilder 字符串中删除，并返回答对题目的人数；第三个类是游戏类 OneToHundred，该类模拟"以一敌百"游戏过程。

2. 编程实现

1）编写问题类 Questions

```
import java.io.BufferedReader;
import java.io.FileReader;
import java.util.ArrayList;
public class Questions {
    private ArrayList<String> questionlist = new ArrayList<String>();  //问题列表
    public Questions() {
        BufferedReader br;
        try {
            br = new BufferedReader(new FileReader("question.txt"));
            String question = null;
            while ((question = br.readLine()) != null) {
                questionlist.add(question);
            }
        } catch (Exception e) {
            e.printStackTrace();
        }
    }
    //获取问题列表
    public ArrayList<String> getQuestionlist() {
        return questionlist;
    }
}
```

2）编写答人类 Darens

```
public class Darens {
     StringBuilder darens = new StringBuilder();  //存放剩余的答人
     String[] ca = { "A", "B", "C" };             //题目选项
     public Darens()
     {
         //用 100 个"1"代表 100 个答人
     for (int i = 1; i <= 100; i++)
         {
             darens.append(1);
         }
     }
     //获取留下来的答人数
     public int getRemainNumOfDarens(String answer)
     {
         Random rd = new Random();
```

```
        //剩余的答人随机答题,答错者从 darens 中删除
        for (int i = 0; i < darens.length(); )
        {
            int j = rd.nextInt(3);
            if (!ca[j].equals(answer)){
                darens.deleteCharAt(i);
            }
            else
                i++;                        //darens 是变长的,i 只有答人答对题时才加 1
        }
        return darens.length();
    }
}
```

3）编写游戏类 OneToHundred

```
public class OneToHundred {
    public ArrayList<String> questionlist;
    int score;                                  // 记录答题人的分数
    Darens daren;
    public OneToHundred() {
        questionlist = new Questions().getQuestionlist();
        daren = new Darens();
    }
    public void startgame() {
        int score = 0;
        int remainNumOfDarens = 0;
        String challengerAnswer;
        String flag;
        Scanner sc = new Scanner(System.in);
        for (String question : questionlist) {
            String[] items = question.split("\\|");
            System.out.println(items[0] + "." + items[1]);
            System.out.println(items[2]);
            System.out.println();
            System.out.print("请选择正确答案: ");
            remainNumOfDarens = daren.getRemainNumOfDarens(items[3]);  // 答人开始答题
            challengerAnswer = sc.next();
            System.out.println("正确答案是:" + items[3]);
            System.out.println();
            if (challengerAnswer.compareTo(items[3]) == 0) {
                score = score + 100;
                System.out.println("恭喜你,答对了!你现在金球数已增至:" + score);
                System.out.println("现在答对题目的快乐答人数是:" + remainNumOfDarens);
                if (remainNumOfDarens > 0) {
                    System.out.print("你选择继续还是离开(Y/N)!");
                } else {
                    System.out.println("恭喜你获得了{0}个金球!" + score);
                    sc.close();
                    return;
                }
                flag = sc.next();
                System.out.println("\n");
                if (flag == "N" || flag == "n") {
```

```
                    sc.close();
                    return;
                }
            } else {
                System.out.println("报歉,你的金球将被" + remainNumOfDarens + "个快乐答
人瓜分!");
                sc.close();
                return;
            }
        }
        sc.close();
    }
}
```

4) 编写测试主类 TestOneToHundred

```
public class TestOneToHundred {
    public static void main(String[] args) {
        OneToHundred oneToHundred = new OneToHundred();
        oneToHundred.startgame();
    }
}
```

5.3.2 独立实践

1. 问题描述

恺撒密码是一种简单的信息加密方法,通过将信息中每个字母在字母表中向后移动常量 k,以实现加密。例如,如果 k 等于 3,则对待加密的信息,每个字母都向后移动三个字符:a 替换为 d,b 替换为 e,以此类推,字母表尾部的字母绕回到开头,因此,x 替换为 a,y 替换为 b。即映射关系为:

$$F(a) = (a + k) \bmod n$$

其中,a 是要加密的字母;k 是移动的位数;n 是字母表的长度。

要解密信息,则将每个字母向前移动相同数目的字符即可。例如,如果 k 等于 3,对于已加密的信息 frpsxwhu vbvwhpv,将解密为 computer systems。

2. 基本要求

设要加密的信息为一个串,组成串的字符均取自 ASCII 中的小写英文字母。编写程序,实现恺撒密码的加密和解密算法。

本章小结

(1) 字符串是在应用程序中使用最频繁的数据类型之一。字符串简称串,是一种特殊的线性表,其特殊性在于串的数据元素是一个个的字符。

(2) 长度为零的串称为空串,不包含任何字符。仅由一个或多个空格组成的串称为空白串。

(3) 串中任意个连续字符组成的子序列称为该串的子串。包含子串的串相应地称为主串。通常,将子串在主串中首次出现时,该子串首字符对应的主串中的序号定义为子串在主

串中的序号(或位置)。

(4) 串具有串比较、求子串、求串的长度、串连接、串定位、串附加、串插入、串删除等基本运算。

(5) 串是特殊的线性表,其存储结构与线性表的存储结构类似。由于组成串的结点是单个字符,所以存储时有一些特殊的技巧。

(6) Java 中实现字符串的类有 String、StringBuilder 和 StringBuffer。

综合练习

1. 选择题

(1) 串是一种特殊的线性表,其特殊性体现在(　　)。

A. 可以顺序存储　　B. 数据元素是一个字符

C. 可以链式存储　　D. 数据元素可以是多个字符

(2) 设有两个串 p 和 q,求 q 在 p 中首次出现的位置的运算称作(　　)。

A. 连接　　B. 模式匹配　　C. 求子串　　D. 求串长

(3) 设串 s1=‘ABCDEFG’,s2=‘PQRST’,函数 con(x,y)返回 x 和 y 串的连接串,subs(s, i, j)返回串 s 的从序号 i 开始的 j 个字符组成的子串,len(s)返回串 s 的长度,则 con(subs(s1, 2, len(s2)), subs(s1, len(s2), 2))的结果串是(　　)。

A. BCDEF　　B. BCDEFG　　C. BCPQRST　　D. BCDEFEF

(4) 下列哪些为空串?(　　)。

A. S=“　　”　　B. S=“”　　C. S=“φ”　　D. S=“θ”

(5) 假设 S=“abcaabcaaabca”,T=“bca”,S. indexOf (T,3)的结果是(　　)

A. 1　　B. 5　　C. 10　　D. 0

2. 问答题

(1) 在高级程序设计语言中,通常将串的连接操作 concat(s,t)表示成字符加(+)运算。设有

```
s = "good_"; t = "student"
```

写出 s+t 的运算结果,并解释 Java 语言中对此是如何处理的。

(2) 比较串和线性表的区别?

3. 编程题

(1) 编写算法,实现字符串的替换。s、t 为字符串,若主串中存在和 s 相等的子串,则用串 t 替换主串中所有不重叠的子串 s,否则不作任何操作。

(2) 用 Java 中 String 类的基本方法重新描述本章综合练习选择题第(3)小题的问题,即将该题中的字符串操作函数 con(x,y)、subs(s, i, j)、len(s)用 String 类的 concat(String str)、substring(int start, int end)、length()方法描述,并编程输出该题的运行结果。

(3) 用 Java 语言创建一个自定义类 MyString,实现抽象数据类型定义中 IString 接口中串的基本操作。

第6章　二　叉　树

学习情境：解决数据通信中报文传输最短的编码问题

问题描述：在数据通信中，需要将传送的文字转换成二进制的字符串，用 0 和 1 的不同排列来表示字符。例如，需传送的报文为 you are a programmer，这里用到的字符集为分别为{a,e,g,m,o,p,r,u,y}，各字母出现的次数依次为{3,2,1,2,2,1,4,1,1}。现要求为这些字母设计编码。要区别 9 个字母，最简单的二进制编码方式是等长编码，固定采用 3 位二进制，分别用 000、001、010、011、100、101、110、111 对 a、e、g、m、o、p、r、u、y 进行编码发送。当对方接收报文时，再按照三位一组进行译码。显然编码的长度取决于报文中不同字符的个数。若报文中可能出现 26 个不同字符，则固定编码长度为 5。然而，传送报文时总是希望传输报文的总长度尽可能短。在实际应用中，各个字符的出现频度或使用次数是不相同的，在设计编码时，应使用频率高的用短码，使用频率低的用长码，以优化整个报文编码。一种优化后的编码，如图 6.1 所示。

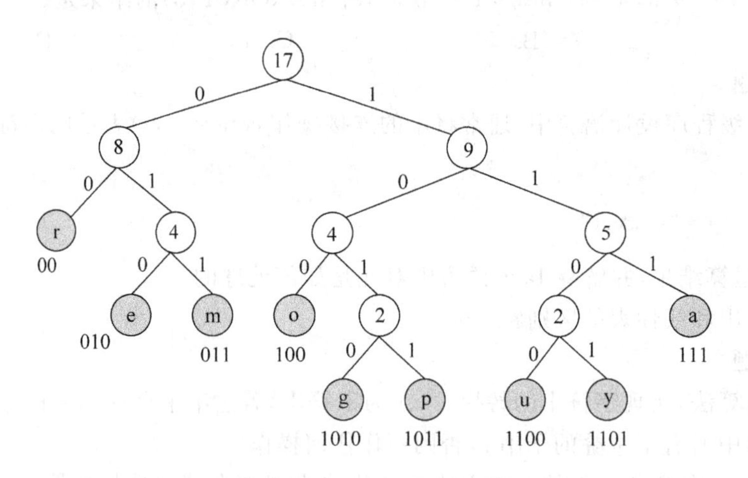

图 6.1　传输报告的最优编码

根据上面的描述，完成下面的任务：

(1) 输入一段要传输的英文报文，输出传输所有字符的编码及报文的最小编码长度。

(2) 输入一串字符编码，输出该编码与对应的报文。

6.1 认识二叉树

6.1.1 二叉树的逻辑结构

1. 二叉树的定义

图 6.1 所示为一棵二叉树，它是一种非线性的数据结构。二叉树(Binary Tree)是 $n(n \geqslant 0)$ 个有限元素的集合，该集合或者为空、或者由一个称为根(root)的元素及两棵不相交的、被分别称为左子树和右子树的二叉树组成。当集合为空时，称该二叉树为空二叉树。在二叉树中，一个元素也称作一个结点。

图 6.2 中给出了一棵二叉树的示意图。在这棵二叉树中，结点 A 为根结点，它的左子树是以结点 B 为根结点的二叉树，它的右子树是以结点 C 为根结点的二叉树。其中以结点 B 为根结点的子树只有一棵左子树，而以结点 C 为根结点的子树既有左子树，又有右子树。

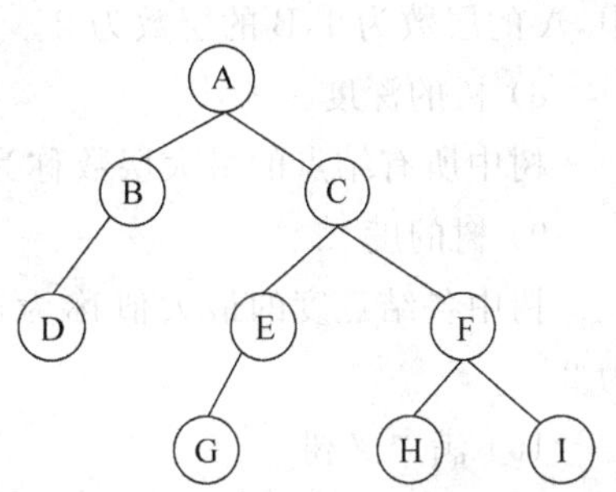

图 6.2 二叉树示意图

二叉树是有序的，即若将其左、右子树颠倒，就成为另一棵不同的二叉树。即使树中结点只有一棵子树，也要区分它是左子树还是右子树。因此二叉树具有 5 种基本形态，如图 6.3 所示。

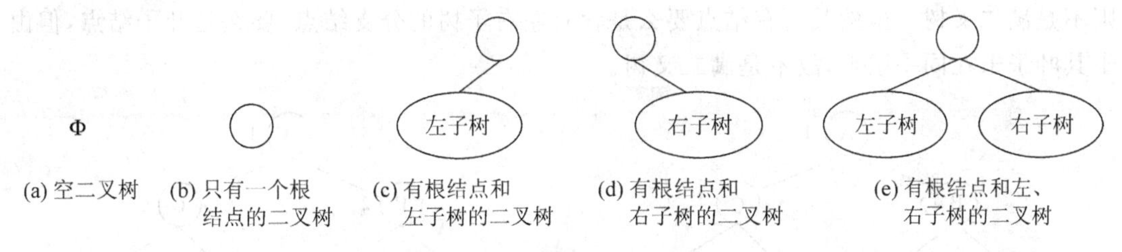

图 6.3 二叉树的五种基本形态

2. 二叉树的相关概念

1) 结点的度

结点所拥有的子树的个数称为该结点的度。在图 6.2 中，A 结点的度数为 2。

2) 叶结点

度为 0 的结点称为叶结点，或称为终端结点。在图 6.2 中，D、G、H、I 为叶结点。

3) 分枝结点

度不为 0 的结点称为分支结点，或称为非终端结点。一棵树的结点除叶结点外，其余的都是分支结点。在图 6.2 中，A、B、C、E、F 为分枝结点。

4) 左孩子、右孩子、双亲

树中一个结点的子树的根结点称为这个结点的孩子。这个结点称为它孩子结点的双亲。具有同一个双亲的孩子结点互称为兄弟。在图 6.2 中，B、C 是 A 结点的孩子，C 是 E 和 F 的双亲，E 和 F 互称兄弟。

5) 路径、路径长度

如果一棵树的一串结点 $n_1, n_2, \cdots, n_k$ 有如下关系：结点 n_i 是 n_{i+1} 的父结点($1 \leqslant i < k$)，就把 $n_1, n_2, \cdots, n_k$ 称为一条 $n_1 \sim n_k$ 的路径。这条路径的长度是 $k-1$。在图 6.2 中，ACEF 是一条路径，路径的长度是 3。

6) 祖先、子孙

在树中，如果有一条路径从结点 M 到结点 N，那么 M 就称为 N 的祖先，而 N 称为 M 的子孙。

7) 结点的层数

规定树的根结点的层数为 1，其余结点的层数等于它的双亲结点的层数加 1。在图 6.2 中，A 的层数为 1，B 的层数为 2。

8) 树的深度

树中所有结点的最大层数称为树的深度。在图 6.2 中，树的层数为 4。

9) 树的度

树中各结点度的最大值称为该树的度。二叉树的最大度为 2，图 6.2 中二叉树的度为 2。

10) 满二叉树

在一棵二叉树中，如果所有分支结点都存在左子树和右子树，并且所有叶子结点都在同一层上，这样的一棵二叉树称作满二叉树。图 6.4(a)所示为一棵满二叉树，图 6.4(b)所示则不是满二叉树。虽然其所有结点要么是含有左右子树的分支结点，要么是叶子结点，但由于其叶子未在同一层上，故不是满二叉树。

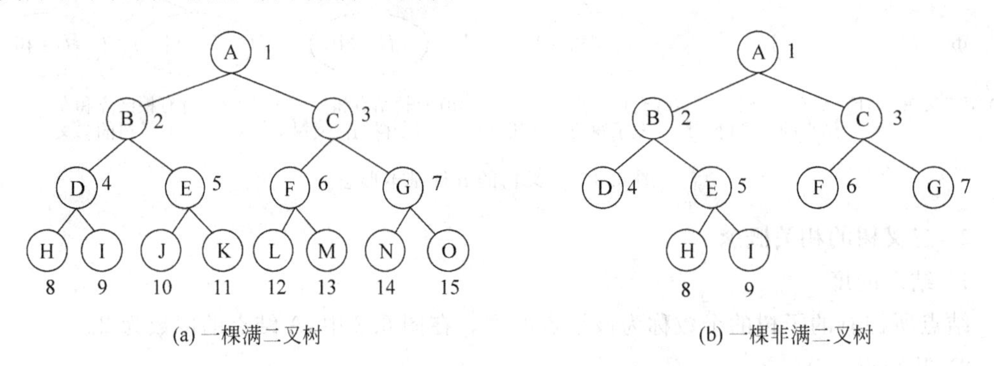

图 6.4 满二叉树和非满二叉树示意图

11) 完全二叉树

一棵深度为 k 的有 n 个结点的二叉树，对树中的结点按从上至下、从左到右的顺序进行编号，如果编号为 i($1 \leqslant i \leqslant n$)的结点与满二叉树中编号为 i 的结点在二叉树中的位置相同，则这棵二叉树称为完全二叉树。完全二叉树的特点是：叶子结点只能出现在最下层和次下层，且最下层的叶子结点集中在树的左部。显然，一棵满二叉树必定是一棵完全二叉树，而完全二叉树未必是满二叉树。如图 6.5(a)所示为一棵完全二叉树，图 6.5(b)和图 6.4(b)所示都不是完全二叉树。

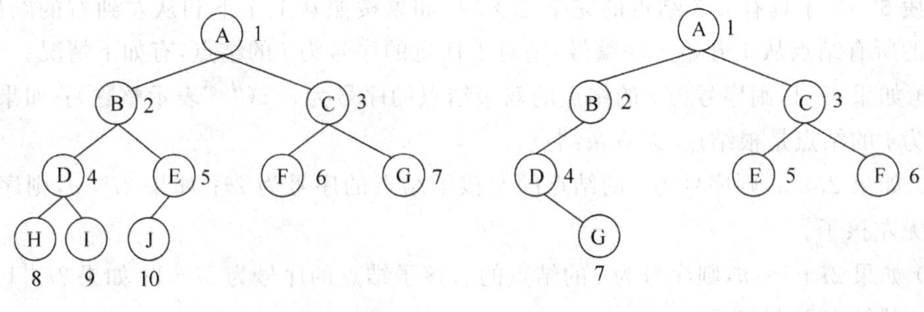

图 6.5　完全二叉树和非完全二叉树示意图

3. 二叉树的主要性质

性质 1　一棵非空二叉树的第 i 层上最多有 2^{i-1} 个结点（$i \geqslant 1$）。

该性质可由数学归纳法证明。证明略。

性质 2　一棵深度为 k 的二叉树中，最多具有 2^k-1 个结点。

证明　设第 i 层的结点数为 x_i（$1 \leqslant i \leqslant k$），深度为 k 的二叉树的结点数为 M，x_i 最多为 2^{i-1}，则有：

$$M = \sum_{i=1}^{i} x_i \leqslant \sum_{i=1}^{k} z^{i-1} = 2k - 1$$

性质 3　对于一棵非空的二叉树，如果叶子结点数为 n_0，度数为 2 的结点数为 n_2，则有

$$n_0 = n_2 + 1$$

证明　设 n 为二叉树的结点总数，n_1 为二叉树中度为 1 的结点数，则有

$$n = n_0 + n_1 + n_2 \tag{6-1}$$

在二叉树中，除根结点外，其余结点都有唯一的一个进入分支。设 B 为二叉树中的分支数，那么有

$$B = n - 1 \tag{6-2}$$

这些分支是由度为 1 和度为 2 的结点发出的，一个度为 1 的结点发出一个分支，一个度为 2 的结点发出两个分支，所以有

$$B = n_1 + 2n_2 \tag{6-3}$$

综合式(6-1)～式(6-3)可以得到

$$n_0 = n_2 + 1$$

性质 4　具有 n 个结点的完全二叉树的深度 k 为 $[\log_2 n]+1$。

证明　根据完全二叉树的定义和性质 2 可知，当一棵完全二叉树的深度为 k、结点个数为 n 时，有

$$2^{k-1} - 1 < n \leqslant 2^k - 1$$

即

$$2^{k-1} \leqslant n < 2^k$$

对不等式取对数，有

$$k - 1 \leqslant \mathrm{lb}n < k$$

由于 k 是整数，所以有 $k=[\mathrm{lb}n]+1$。

性质5 对于具有 n 个结点的完全二叉树,如果按照从上至下和从左到右的顺序对二叉树中的所有结点从1开始顺序编号,则对于任意的序号为 i 的结点,有如下情况。

(1) 如果 $i>1$,则序号为 i 的结点的双亲结点的序号为 $i/2$("/"表示整除);如果 $i=1$,则序号为 i 的结点是根结点,无双亲结点。

(2) 如果 $2i\leqslant n$,则序号为 i 的结点的左孩子结点的序号为 $2i$;如果 $2i>n$,则序号为 i 的结点无左孩子。

(3) 如果 $2i+1\leqslant n$,则序号为 i 的结点的右孩子结点的序号为 $2i+1$;如果 $2i+1>n$,则序号为 i 的结点无右孩子。

此外,若对二叉树的根结点从0开始编号,则相应的 i 号结点的双亲结点的编号为 $(i-1)/2$,左孩子的编号为 $2i+1$,右孩子的编号为 $2i+2$。

此性质可采用数学归纳法证明。

6.1.2 二叉树的基本操作

二叉树的基本操作通常有以下几种:

(1) 建立二叉树:生成一棵包含根结点和左右子树的二叉树。

(2) 获得左子树:获取一棵树根结点的左子树。

(3) 获得右子树:获取一棵树根结点的右子树。

(4) 插入结点到左子树:将一个新结点插入到二叉树的左子树。

(5) 插入结点到右子树:将一个新结点插入到二叉树的右孩子。

(6) 删除左子树:从二叉树中删除某个结点的左子树。

(7) 删除右子树:从二叉树中删除某个结点的右子树。

(8) 查找结点:在二叉树中查找数据元素与某个结点元素相同的结点。

(9) 遍历二叉树:按某种方式遍历二叉树的全部结点。

6.1.3 二叉树的抽象数据类型

根据对二叉树的逻辑结构及基本操作的认识,得到二叉树的抽象数据类型。

ADT树(BiTree)

(1) 数据元素:具有相同元素(结点)的数据集合。

(2) 数据结构:结点之间通过左右引用域维护父子之间的关系。

(3) 数据操作:二叉树的基本操作如下。

```
void create(E val, Node<E> l, Node<E> r);//以val为根结点元素,l和r为左右子树构造二叉树
Node<E> getLchild(Node<E> p)             // 获取结点的左孩子结点
Node<E> getRchild(Node<E> p)             // 获取结点的右孩子结点
void insertL(E val, Node<E> p);          //将元素插入p的左子树
void insertR(E val, Node<E> p);          //将元素插入p的右子树
Node<E> deleteL(Node<E> p);              //删除p的左子树
Node<E> deleteR(Node<E> p);              //删除p的右子树
Node<E> search(Node<E> root, E value);   //在root树中查找结点元素为value的结点
void traverse(Node<E> root, int i);      //按某种方式i遍历root二权树
```

6.2 二叉树的实现

二叉树可以使用顺序结构即数组或链式结构来实现，使用数组和链式结构各有优缺点。

6.2.1 二叉树的顺序存储

二叉树的顺序存储，是用一组连续的存储单元存放二叉树中的结点，通常按照二叉树结点从上至下、从左到右的顺序存储。这样结点在存储位置上的前趋后继关系并不一定就是它们在逻辑上的邻接关系，然而只有通过一些方法确定某结点在逻辑上的前趋结点和后继结点，这种存储才有意义。因此，依据二叉树的性质，完全二叉树和满二叉树采用顺序存储比较合适，树中结点的序号可以唯一地反映结点之间的逻辑关系，这样既能够最大可能地节省存储空间，又可以利用数组元素的下标值确定结点在二叉树中的位置以及结点之间的关系。例如，数组下标为 1 的 B 结点，它的左孩子的下标为 $2\times1+1=3$，即 D 结点；它的右孩子的下标为 $2\times1+2=4$，即 E。图 6.6 给出的图 6.5(a)中的完全二叉树的顺序存储示意图。

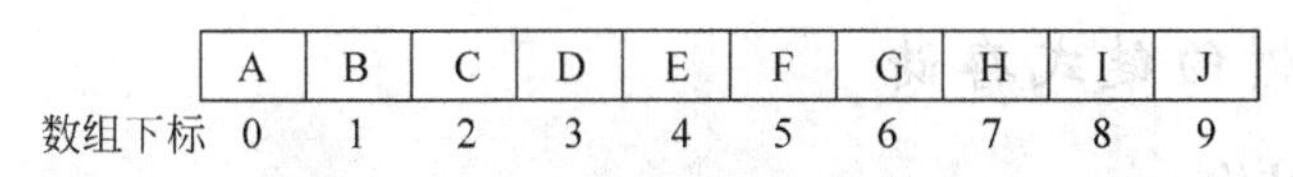

图 6.6 完全二叉树的顺序存储示意图

对于一般的二叉树，如果仍按从上至下和从左到右的顺序将树中的结点顺序存储在一维数组中，则数组元素下标之间的关系不能够反映二叉树中结点之间的逻辑关系，需要增添一些不存在的空结点，使之成为一棵完全二叉树的形式，然后再用一维数组顺序存储。图 6.7 给出了一棵一般二叉树改造后的完全二叉树形态和其顺序存储状态示意图。显然，这种存储对于需增加许多空结点才能将一棵二叉树改造成为一棵完全二叉树的存储时，会造成空间的大量浪费，不宜用顺序存储结构。最坏的情况是右单支树，图 6.8 所示，一棵深度为 k 的右单支树，只有 k 个结点，却需分配 2^k-1 个存储单元。

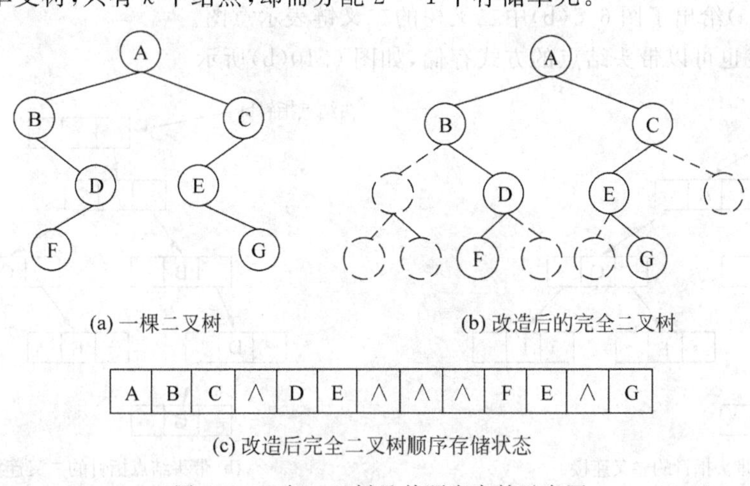

(a) 一棵二叉树

(b) 改造后的完全二叉树

(c) 改造后完全二叉树顺序存储状态

图 6.7 一般二叉树及其顺序存储示意图

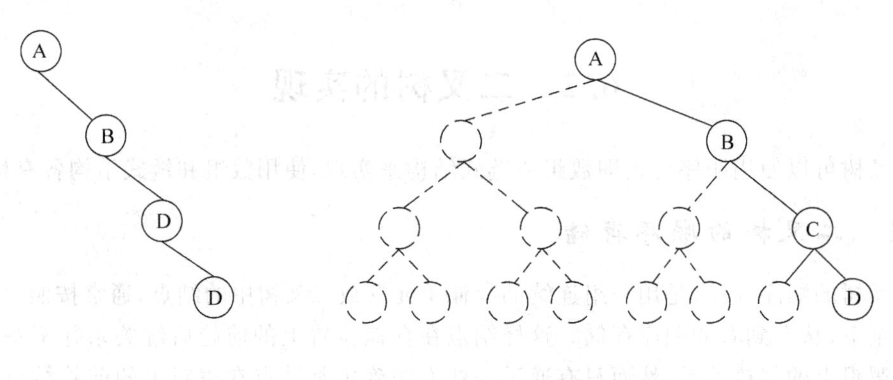

(a) 一棵右单支二叉树　　(b) 改造后的右单支对应的完全二叉树

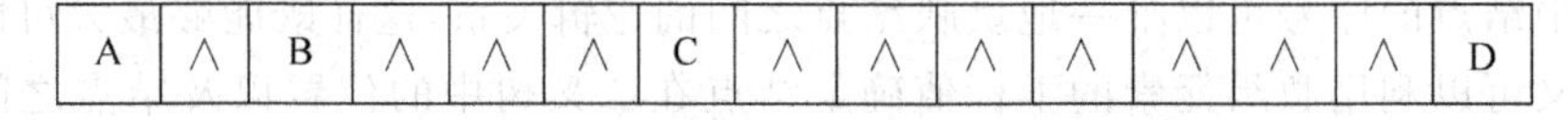

(c) 单支二叉树改造后完全二叉树的顺序存储状态

图 6.8　右单支二叉树及其顺序存储示意图

6.2.2　二叉树的链式存储

1. 链式存储结构

二叉树的链式存储结构是用链表来表示一棵二叉树,即用链表来指示元素的逻辑关系。通常有下面两种存储形式。

1) 二叉链表存储

链表中每个结点由三个域组成,除了数据域外,还有两个指针域,分别用来给出该结点左孩子和右孩子所在的链结点的存储地址。结点的存储的结构如图 6.9 所示。

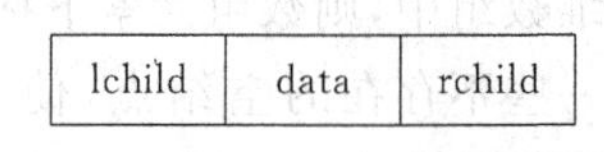

图 6.9　二叉链表结点示意图

其中,data 域存放某结点的数据信息;lchild 与 rchild 分别存放指向左孩子和右孩子的指针,当左孩子或右孩子不存在时,相应指针域值为空(用符号 ∧ 或 null 表示)。

图 6.10(a)给出了图 6.5(b)中二叉树的二叉链表示意图。

二叉链表也可以带头结点的方式存储,如图 6.10(b)所示。

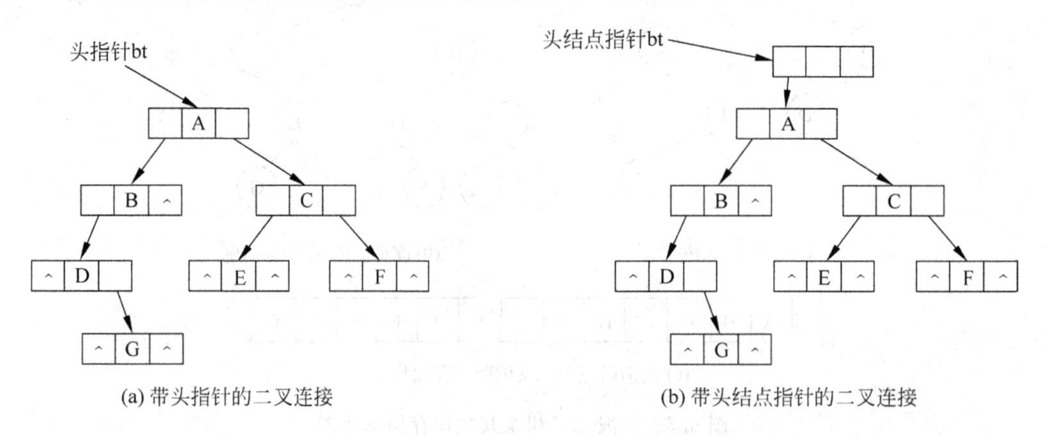

(a) 带头指针的二叉连接　　(b) 带头结点指针的二叉连接

图 6.10　图 6.5(b)中二叉树的二叉链表示意图

2) 三叉链表存储

在三叉链表存储中，每个结点由 4 个域组成，具体结构如图 6.11 所示。

lchild	data	rchild	parent

图 6.11 三叉链表结点示意图

其中，data、lchild 以及 rchild 三个域的意义与二叉链表结构相同；parent 域为指向该结点双亲结点的指针。这种存储结构既便于查找孩子结点，又便于查找双亲结点；但是，相对于二叉链表存储结构而言，它增加了空间开销。

图 6.12 给出了图 6.5(b)中一棵二叉树的三叉链表示意图。

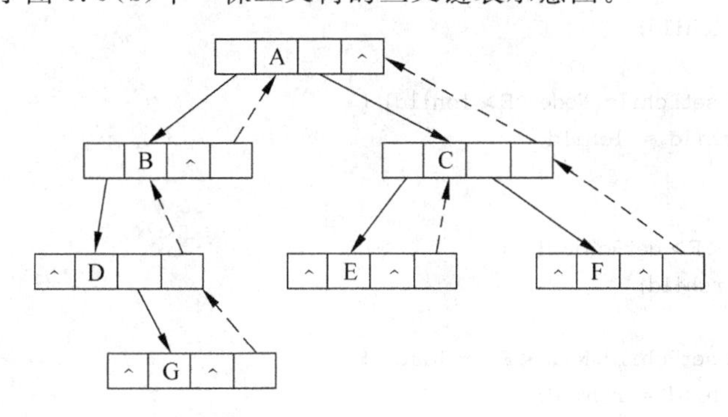

图 6.12 图 6.5(b)中二叉树的三叉链表示意图

尽管在二叉链表中无法由结点直接找到其双亲，但由于二叉链表结构灵活，操作方便，甚至比顺序存储结构还节省空间。因此，二叉链表是最常用的二叉树存储方式。本书后面所涉及的二叉树的链式存储结构不加特别说明的都是指二叉链表结构。

2. 二叉链表存储结构的实现

(1) 二叉链表的结点结构实现：

```
public class Node<E>{
    private E data;                              //数据域
    private Node<E> lchild;                      //左孩子
    private Node<E> rchild;                      //右孩子
    //构造函数
    public Node(E val, Node<E> lp, Node<E> rp){
      data = val;
      lchild = lp;
      rchild = rp;
    }
    //构造函数
    public Node(Node<E> lp, Node<E> rp){
        this(null,lp,rp);
    }
    //构造函数
    public Node(E val){
      this(val,null,null);
    }
    //构造函数
    public Node() {
      this(null);
    }
```

```
        //数据属性
        public E getData() {
            return data;
        }
        public void setData(E data) {
            this.data = data;
        }
        //左孩子
        public Node<E> getLchild() {
            return lchild;
        }
        public void setLchild(Node<E> lchild) {
            this.lchild = lchild;
        }
        //右孩子
        public Node<E> getRchild() {
            return rchild;
        }
        public void setRchild(Node<E> rchild) {
            this.rchild = rchild;
        }
}
```

(2) 二叉树的基本操作实现:

下面介绍不带头结点二叉树二叉链表的类 LinkBiTree<E>。LinkBiTree<E>类只有一个成员字段 head 表示头引用。以下是 LinkBiTree<E>类的实现。

```
import java.util.LinkedList;
import java.util.Queue;

public class LinkBiTree<E> implements IBiTree<E> {
  private Node<E> head;                        // 链表头引用指针

  public Node<E> getHead() {
      return head;
  }

  // 构造一棵以 val 为根结点数据域信息,以二叉树 lp 和 rp 为左子树和右子树的二叉树
  public LinkBiTree(E val, Node<E> lp, Node<E> rp) {
      Node<E> p = new Node<E>(val, lp, rp);
      head = p;
  }

  // 构造函数,生成一棵以 val 为根结点数据域信息的二叉树
  public LinkBiTree(E val) {
      this(val, null, null);
  }

  // 构造函数,生成一棵空的二叉树
  public LinkBiTree() {
      head = null;
```

```
    }

    // 判断是否是空二叉树
    public boolean isEmpty() {
        return head == null;
    }

    // 获取根结点
    public Node<E> Root() {
        return head;
    }

    // 获取结点的左孩子结点
    public Node<E> getLchild(Node<E> p) {
        return p.getLchild();
    }

    // 获取结点的右孩子结点
    public Node<E> getRchild(Node<E> p) {
        return p.getRchild();
    }

    // 将结点 p 的左子树插入值为 val 的新结点,原来的左子树成为新结点的左子树
    public void insertL(E val, Node<E> p) {
        Node<E> tmp = new Node<E>(val);
        tmp.setLchild(p.getLchild());
        p.setLchild(tmp);
    }

    // 将结点 p 的右子树插入值为 val 的新结点,原来的右子树成为新结点的右子树
    public void insertR(E val, Node<E> p) {
        Node<E> tmp = new Node<E>(val);
        tmp.setRchild(p.getRchild());
        p.setRchild(tmp);
    }

    // 若 p 非空,删除 p 的左子树
    public Node<E> deleteL(Node<E> p) {
        if ((p == null) || (p.getLchild() == null)) {
            return null;
        }
        Node<E> tmp = p.getLchild();
        p.setLchild(null);
        return tmp;
    }

    // 若 p 非空,删除 p 的右子树
    public Node<E> deleteR(Node<E> p) {
```

```
        if ((p == null) || (p.getRchild() == null)) {
            return null;
        }
        Node<E> tmp = p.getRchild();
        p.setRchild(null);
        return tmp;
    }

    // 编写算法,在二叉树中查找值为 value 的结点
    public Node<E> search(Node<E> root, E value) {
        Node<E> p = root;
        if (p == null) {
            return null;
        }
        if (!p.getData().equals(value)) {
            return p;
        }
        if (p.getLchild() != null) {
            return search(p.getLchild(), value);
        }
        if (p.getRchild() != null) {
            return search(p.getRchild(), value);
        }
        return null;
    }

    // 判断是否是叶子结点
    public boolean isLeaf(Node<E> p) {
        return ((p != null) && (p.getLchild() == null)
                        && (p.getRchild() == null));
    }
}
```

6.2.3 二叉树的遍历方法及递归实现

二叉树的遍历是指按照某种顺序访问二叉树中的每个结点,使每个结点被访问一次且仅被访问一次。

遍历是二叉树中经常要用到的一种操作。在实际应用问题中,常常需要按一定顺序对二叉树中的每个结点逐个进行访问,查找具有某一特点的结点,然后对这些满足条件的结点进行处理。

通过一次完整的遍历,可使二叉树中结点信息由非线性排列变为某种意义上的线性序列。也就是说,遍历操作使非线性结构线性化。

由二叉树的定义可知,一棵二叉树由根结点、根结点的左子树和根结点的右子树三部分组成。因此,只要依次遍历这三部分,就可以遍历整个二叉树。若以 D、L、R 分别表示访问根结点、遍历根结点的左子树、遍历根结点的右子树,则二叉树的遍历方式有 6 种:DLR、LDR、LRD、DRL、RDL 和 RLD。它们的含义如下:

	先左后右	先右后左
先序	DLR	DRL
中序	LDR	RDL
后序	LRD	RLD

如果限定先左后右，则只有前三种方式，即 DLR(称为先序遍历)、LDR(称为中序遍历)和 LRD(称为后序遍历)。此外还可以按层次遍历二叉树。

下面参考图 6.5(b)中的二叉树讨论二叉树的遍历方式。

1. 先序遍历

先序遍历的递归过程为，若二叉树为空，遍历结束；否则，访问根结点，先序遍历根结点的左子树，先序遍历根结点的右子树。

对于 6.5(b)中的二叉树，首先访问根结点 A，然后移动到 A 结点的左子树。A 结点的左子树的根结点是 B，于是访问 B。移动到 B 的左子树，访问子树的根结点 D。现在 D 没有左子树，因此移动到它右子树，它的右子树的根结点是 G，因此访问 G。现在就完成了对根结点和左子树的遍历。以类似的方法遍历根结点的右子树。最后按先序遍历(如图 6.13 所示)所得到的结点序列为：

A B D G C E F

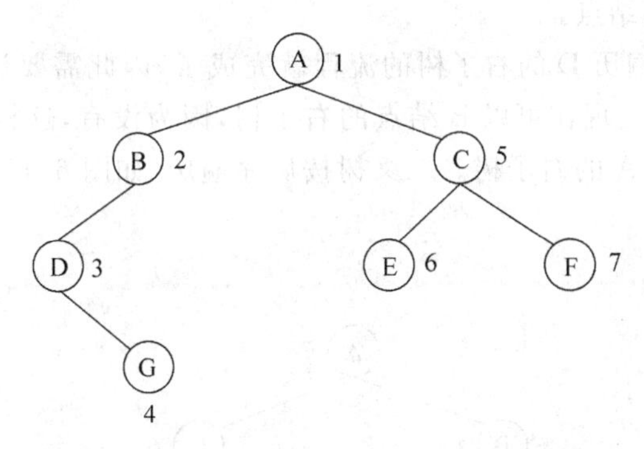

图 6.13　图 6.5(b)中二叉树的前序遍历示意图

2. 中序遍历

中序遍历的递归过程为，若二叉树为空，遍历结束；否则，中序遍历根结点的左子树，访问根结点，中序遍历根结点的右子树。

对于图 6.5(b)中的二叉树，在访问树的根结点 A 之前，必须遍历 A 的左子树，因此移到 B。在访问 B 之前，必须遍历 B 的左子树，因此移动到 D。现在访问 D 之前，必须遍历 D 的左子树。但 D 的左子树是空的，因此就访问结点 D。在访问结点 D 之后，必须遍历 D 的右子树，因此移动到 G，在访问 G 之前，必须访问 G 的左子树，因 G 没有左子树，因此就访问 G。在访问 G 之后，必须遍历 G 的右子树，G 的右子树是空的，现在遍历 B 的右子树，因为空，现在 A 的左子树就访问完了，那么访问 A，接着遍历右子树，因此移动到 C。在访问 C 之前，必须访问 C 的左子树 E，然后访问 C，再访问 F。

按中序遍历(如图 6.14 所示)所得到的结点序列为：

D G B A E C F

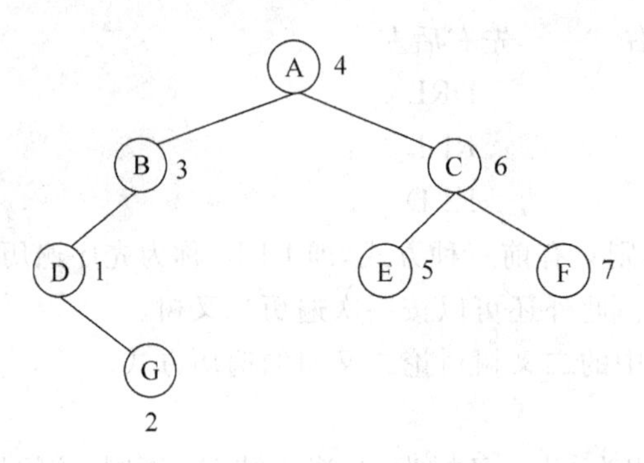

图 6.14　图 6.5(b)中二叉树的中序遍历示意图

3. 后序遍历

后序遍历的递归过程为,若二叉树为空,遍历结束；否则,后序遍历根结点的左子树,后序遍历根结点的右子树,访问根结点。

对于图 6.5(b)中的二叉树,首先遍历根结点 A 的左子树。A 结点的左子树的根结点是 B,因此需要进一步移动到它的左子树。B 的左子树的根结点是 D。D 结点没有左子树,但有右子树,因此移动到它的右子树。D 的右子树的根结点是 G,G 没有左子树和右子树,因此结点 G 是首先访问的结点。

在访问了 G 之后,遍历 D 的右子树的流程就完成了,因此需要访问 D。现在结点 B 的左子树的遍历就完成了。现在可以 B 结点的右子树,因为没有,这样 A 的左子树就遍历完了。以同样的方式访问 A 的右子树。二叉树按后序遍历(如图 6.15 所示)所得到的结点序列为:

G D B E F C A

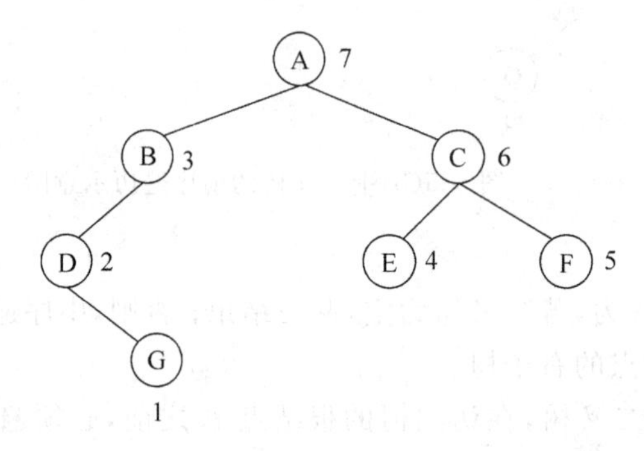

图 6.15　图 6.5(b)中二叉树的后序遍历示意图

4. 层次遍历

所谓二叉树的层次遍历,是指从二叉树的第一层(根结点)开始,从上至下逐层遍历,在同一层中,则按从左到右的顺序对结点逐个访问。对于图 6.5(b)中的二叉树,按层次遍历(如图 6.16 所示)所得到的结果序列为:

A B C D E F G

下面讨论层次遍历的算法。

层序遍历的基本思想是：由于层序遍历结点的顺序是先遇到的结点先访问,与队列操作的顺序相同。所以,在进行层序遍历时,设置一个队列,将根结点引用入队,当队列非空时，循环执行以下三步：

(1) 从队列中取出一个结点引用，并访问该结点。

(2) 若该结点的左子树非空，将该结点的左子树引用入队。

(3) 若该结点的右子树非空，将该结点的右子树引用入队。

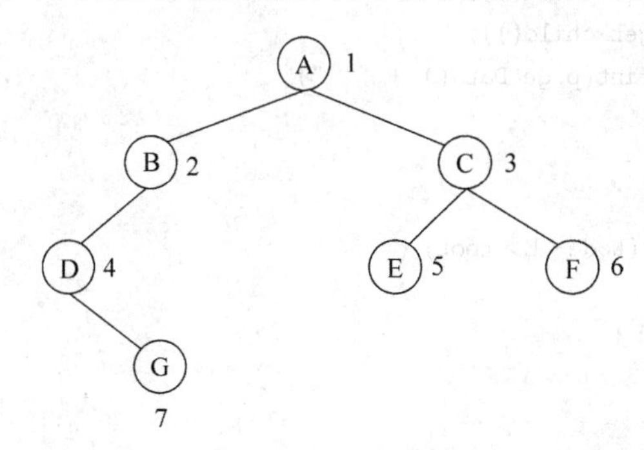

图 6.16　图 6.5(b)中二叉树的层次遍历示意图

5. 二叉树遍历的 Java 实现

在 LinkBiTree 类中添加二叉树的遍历算法，代码如下。

```
//中序遍历
public void inorder(Node<E> p) {
    if (isEmpty()) {
        System.out.println("Tree is empty");
        return;
    }
    if (p != null) {
        inorder(p.getLchild());
        System.out.print(p.getData() + "  ");
        inorder(p.getRchild());
    }
}

// 前序遍历
public void preorder(Node<E> p) {
    if (isEmpty()) {
        System.out.println("Tree is empty");
        return;
    }
    if (p != null) {
        System.out.println(p.getData() + "  ");
        preorder(p.getLchild());
        preorder(p.getRchild());
    }
}
// 后序列遍历
public void postorder(Node<E> p) {
    if (isEmpty()) {
```

```
            System.out.println("Tree is empty");
            return;
        }
        if (p != null) {
            postorder(p.getLchild());
            postorder(p.getRchild());
            System.out.print(p.getData() + "  ");
        }
    }
    // 层次遍历
    public void LevelOrder(Node<E> root) {
        // 根结点为空
        if (root == null) {
            return;
        }
        // 设置一个队列保存层序遍历的结点
        Queue<Node<E>> q = new LinkedList<Node<E>>();
        // 根结点入队
        q.add(root);
        // 队列非空,结点没有处理完
        while (!q.isEmpty()) {
            // 结点出队
            Node<E> tmp = q.poll();
            // 处理当前结点
            System.out.print(tmp.getData() + " ");
            // 将当前结点的左孩子结点入队
            if (tmp.getLchild() != null) {
                q.add(tmp.getLchild());
            }
            if (tmp.getRchild() != null) {
                // 将当前结点的右孩子结点入队
                q.add(tmp.getRchild());
            }
        }
    }
```

6. 二叉树 LinkBiTree 类的测试

编写 TestLinkBiTree 类,对 LinkBiTree 类进行测试,构建图 6.5 中的二叉树,并分别进行先序、中序、后序和层序遍历,代码如下:

```
public class TestLinkBiTree {
    public static void main(String[] args) {
        //构造如图 6.5(b)所示二叉树
        //以 A 为根结点的二叉树
        LinkBiTree<Character> bt = new LinkBiTree<Character>('A');
        Node<Character> root = bt.getHead();
        //插入 A 的左结点 B
        bt.insertL('B', root);
        Node<Character> b = root.getLchild();
```

```
        //插入B的左结点D
        bt.insertL('D', b);
        Node<Character> d = b.getLchild();
        //插入B的右结点G
        bt.insertR('G', d);
        //构造A的右子树
        bt.insertR('C', root);
        Node<Character> c = root.getRchild();
        bt.insertL('E', c);
        bt.insertR('F', c);

        System.out.print("\n先序遍历：");
        bt.preorder(root);
        System.out.print("\n中序遍历：");
        bt.inorder(root);
        System.out.print("\n后序遍历：");
        bt.postorder(root);
        System.out.print("\n层序遍历：");
        bt.LevelOrder(root);
    }
}
```

测试结果如下：

```
先序遍历：A B D G C E F
中序遍历：D G B A E C F
后序遍历：G D B E F C A
层序遍历：A B C D E F G
```

6.3 二叉树的应用

6.3.1 哈夫曼树的基本概念

二叉树的经典应用是哈夫曼(Haffman)树，也称最优二叉树，是指对于一组带有确定权值的叶结点、构造的具有最小带权路径长度的二叉树。

前面介绍过路径和结点的路径长度的概念，而二叉树的路径长度则是指由根结点到所有叶结点的路径长度之和。如果二叉树中的叶结点都具有一定的权值，则可将这一概念加以推广。设二叉树具有 n 个带权值的叶结点，那么从根结点到各个叶结点的路径长度与相应叶结点权值的乘积之和叫做二叉树的带权路径长度，记为：

$$\mathrm{WPL} = \sum_{k=1}^{n} W_k \cdot L_k$$

其中，W_k 为第 k 个叶结点的权值，L_k 为第 k 个叶结点的路径长度。如图 6.17 所示的二叉树，它的带权路径长度值 WPL＝2×2＋4×2＋5×2＋3×2＝28。

图 6.17　一个带权二叉树

在给定一组具有确定权值的叶结点,可以构造不同的带权二叉树。例如,给出 4 个叶结点,设其权值分别为 1,3,5,7,可以构造形状不同的多个二叉树。这些形状不同的二叉树的带权路径长度将各不相同。图 6.18 给出了其中 5 个不同形状的二叉树。

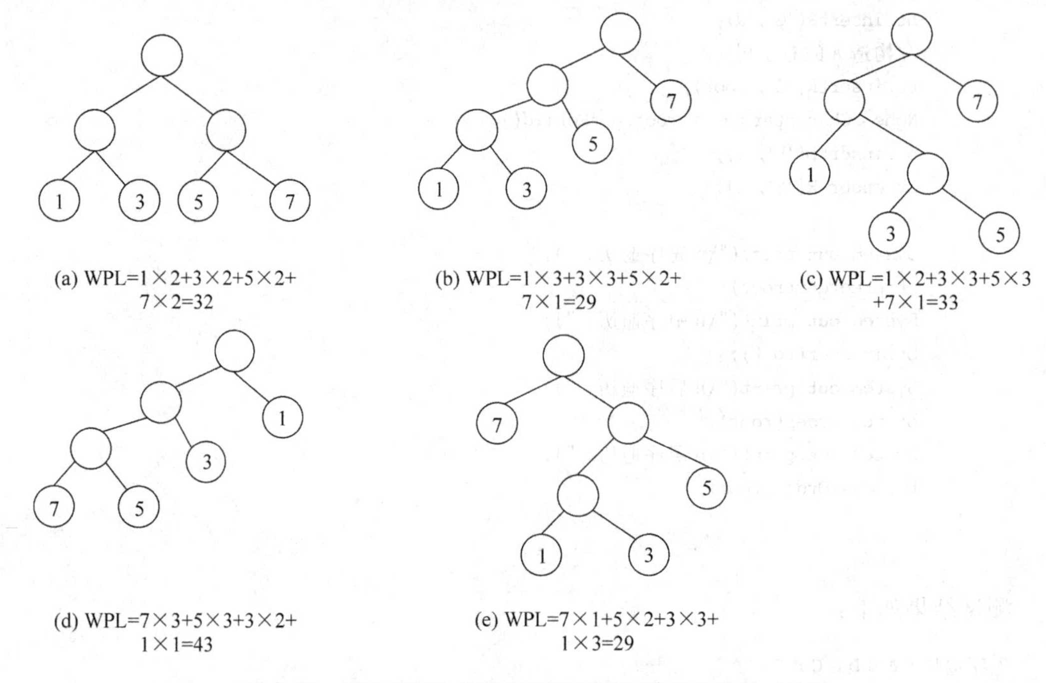

图 6.18　具有相同叶子结点和不同带权路径长度的二叉树

这 5 棵树的带权路径长度分别为:

(a) WPL=1×2+3×2+5×2+7×2=32

(b) WPL=1×3+3×3+5×2+7×1=29

(c) WPL=1×2+3×3+5×3+7×1=33

(d) WPL=7×3+5×3+3×2+1×1=43

(e) WPL=7×1+5×2+3×3+1×3=29

由此可见,由相同权值的一组叶子结点所构成的二叉树有不同的形态和不同的带权路径长度。根据哈夫曼树的定义,一棵二叉树要使其 WPL 值最小,必须使权值越大的叶结点越靠近根结点,而权值越小的叶结点越远离根结点。哈夫曼依据这一特点提出了一种方法,这种方法的基本思想是:

(1) 由给定的 n 个权值 $\{W_1, W_2, \cdots, W_n\}$ 构造 n 棵只有一个叶结点的二叉树,从而得到一个二叉树的集合 $F=\{T_1, T_2, \cdots, T_n\}$;

(2) 在 F 中选取根结点的权值最小和次小的两棵二叉树作为左、右子树构造一棵新的二叉树,这棵新的二叉树根结点的权值为其左、右子树根结点权值之和。

(3) 在集合 F 中删除作为左、右子树的两棵二叉树,并将新建立的二叉树加入到集合 F 中。

(4) 重复步骤(2)和(3),当 F 中只剩下一棵二叉树时,这棵二叉树就是所要建立的哈夫曼树。

图 6.19 给出了前面提到的叶结点权值集合为 $W=\{1,3,5,7\}$ 的哈夫曼树的构造过程。

可以计算其带权路径长度为 29，由此可见，对于同一组给定叶结点所构造的哈夫曼树，树的形状可能不同，但带权路径长度值是相同的，一定是最小的。

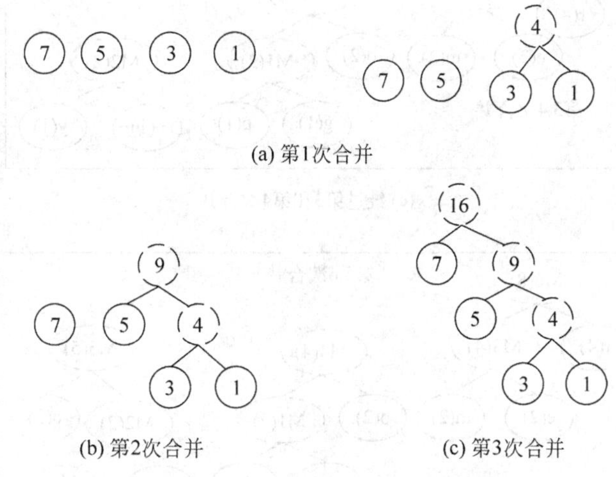

图 6.19 哈夫曼树的建立过程

6.3.2 使用哈夫曼树的算法求报文字符编码

1. 统计每个报文的出现次数

对于数据通信中的报文编码问题，假设要传输的报文为需传送的报文为 you are a programmer，经过统计，这里用到的 9 个字符，分别为"a,e,g,m,o,p,r,u,y"，各字母出现的次数依次为{3,2,1,2,2,1,4,1,1}，如表 6.1 所示。

表 6.1 报文字符频率统计

字符	a	e	g	m	o	p	r	u	y
出现次数	3	2	1	2	2	1	4	1	1

2. 构造哈夫曼树

以报文字符为叶子结点，以字符出现次数为权重，初始情况，如图 6.20(a)所示。

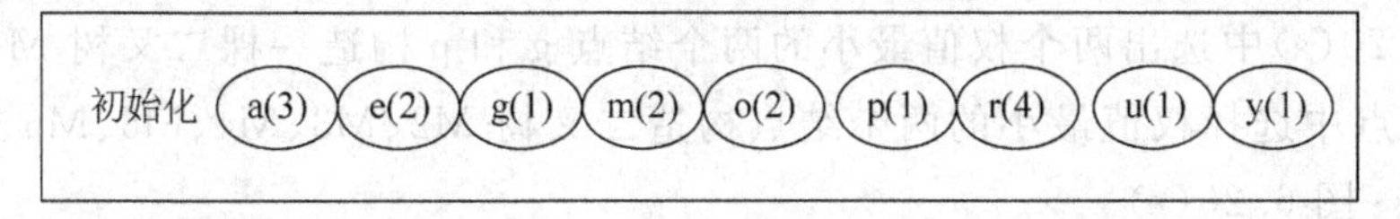

(a) 哈夫曼树的初始情况

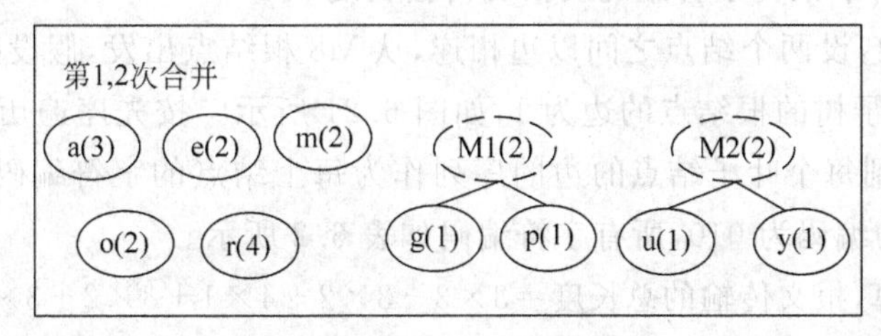

(b) 经过第1和第2次合并

图 6.20 构造哈夫曼树

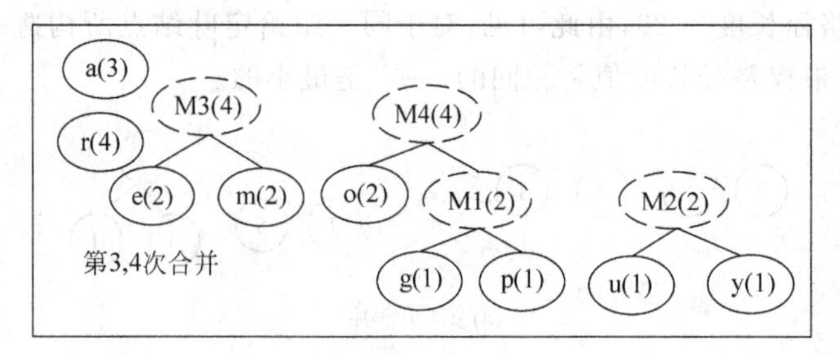

(c) 经过第3和第4次合并

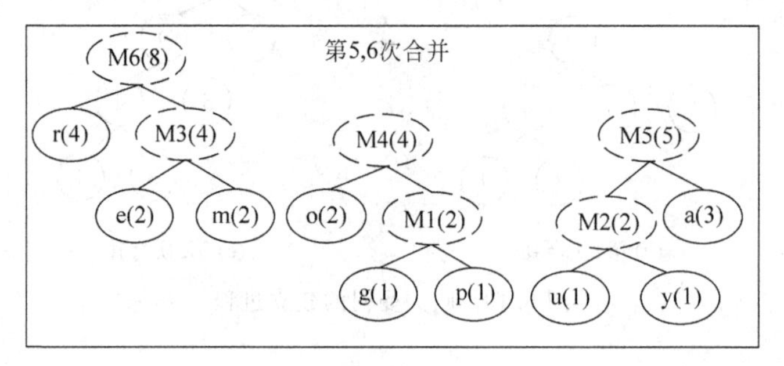

(d) 经过第5和第6次合并

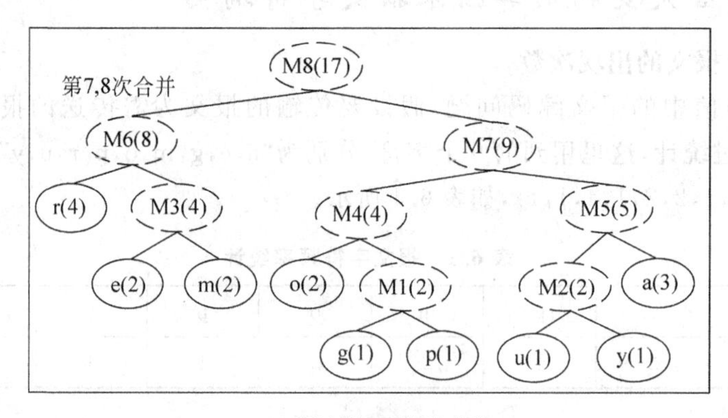

(e) 经过第7和第8次合并

图 6.20 (续)

从图 6.20(a)中选出两个权值最小的两个结点 g 和 p 构造一棵二叉树 M1,然后依次从剩下的结点中选择权值最小的两个结点构造二叉树 M2、M3、M4、M5、M6、M7、M8,如图 6.20(b)～图 6.20(e)。

3. 遍历二叉树,求报文字符编码及报文传输长度

在图 6.20(e)中,设两个结点之间以边相连,从 M8 根结点出发,假设到每棵左子树的根结点的边为 0,到右子树的根结点的边为 1,如图 6.21 所示。按先序遍历或层序遍历,即可求得从根结点出发到每个叶子结点的边的序列作为每个结点的字符编码。例如,字符 r 的编码为 00,字符 e 的编码为 010,所有字符编码如表 6.2 所示。

根据表 6.2 计算,报文传输的总长度＝3×3＋3×2＋4×1＋3×2＋3×2＋4×1＋2×4＋4×1＋4×1＝51 位。

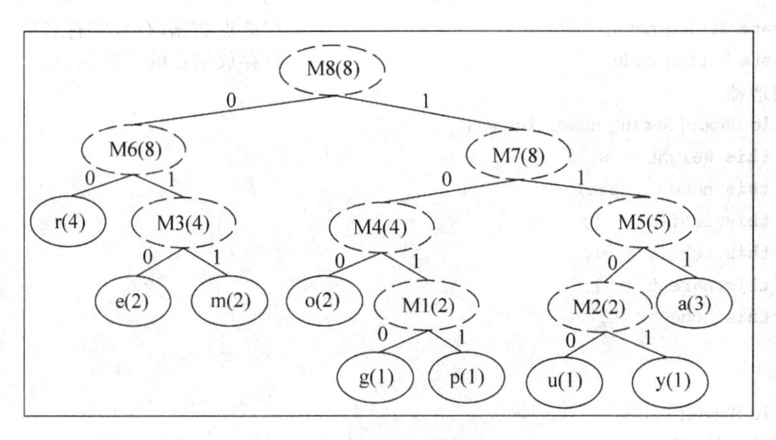

图 6.21　报文编码

表 6.2　报文字符编码

字符	a	e	g	m	o	p	r	u	y
出现次数	3	2	1	2	2	1	4	1	1
编码	111	010	1010	011	100	1011	00	1100	1101

当报文传输后,在接收端,则可以通过构造同样的二叉树,然后先序或层序遍历二叉树,最后完成解码操作。

6.3.3　报文传输编码的实现

由哈夫曼树的构造思想可知,可以用一个数组存放原来的 n 个叶子结点和构造过程中临时生成的结点,数组的大小为 $2n-1$。所以,哈夫曼树类 HuffmanTree 中有两个成员字段:data 数组用于存放结点集合;leafNum 表示哈夫曼树叶子结点的数目。结点有 5 个域,一个域 weight,用于存放该结点的权值;一个域 data,用于存放结点的信息;一个域 lchild,用于存放该结点的左孩子结点在数组中的序号;一个域 rchild,用于存放该结点的右孩子结点在数组中的序号;一个域 parent,用于判定该结点是否已加入哈夫曼树中。当该结点已加入到哈夫曼树中时,parent 的值为其双亲结点在数组中的序号,否则为-1。哈夫曼树结点的结构如图 6.22 所示。

weight	name	code	lchild	rchild	parent
权值	字符名称	编码	左子树	右子树	父结点

图 6.22　哈夫曼树结点的结构

1. 设计哈夫曼树结点类

结点类 HNode 的定义如下:

```
public class HNode {
    private int weight;                          //结点权值
    private int lchild;                          //左孩子结点
    private int rchild;                          //右孩子结点
    private int parent;                          //父结点
```

```
    private String name;                          //结点数据,存放字符名称
    private String code;                          //存放结点的字符编码
    //构造器
    public HNode(String name, int w){
        this.weight = w;
        this.name = name;
        this.lchild =- 1;
        this.rchild =- 1;
        this.parent =- 1;
        this.code = "";

    }
    public HNode(){
        this(null,0);
    }
    public int getWeight() {
        return weight;
    }
    public void setWeight(int weight) {
        this.weight = weight;
    }
    public int getLchild() {
        return lchild;
    }
    public void setLchild(int lchild) {
        this.lchild = lchild;
    }
    public int getRchild() {
        return rchild;
    }
    public void setRchild(int rchild) {
        this.rchild = rchild;
    public int getParent() {
        return parent;
    }
    public void setParent(int parent) {
        this.parent = parent;
    }
    public String getCode() {
        return code;
    }
    public void setCode(String code) {
        this.code = code;
    }
    public String getName() {
        return name;
    }
    public void setName(String name) {
        this.name = name;
    }
}
```

2. 设计哈夫曼树类

根据任务要求,哈夫曼树类 HuffmanTree 中应该有以下功能:

(1) create:根据输入的报文字符串,计算每个字符的出现频率(权值),然后创建一棵哈夫曼树。

(2) isLeaf(HNode hn):判断结点 hn 是否是叶子结点。

(3) traverse:遍历二叉树,输出所有报文字符的编码,并设计总的报文传输长度。

(4) decodes (String codes):输出该字符 codes 对应的报文。

使用 Java 构造的哈夫曼树,代码实现如下:

```
import java.util.LinkedList;
import java.util.Queue;
import java.util.Scanner;

public class HuffmanTree {
    private HNode[] data;                                // 结点数组
    private int leafNum;                                 // 叶子结点数目

    // 判断是否是叶子结点
    public boolean isLeaf(HNode p) {
        return ((p != null) && (p.getLchild() == -1) && (p.getRchild() == -1));
    }

    // 构造哈夫曼树
    public void create() {
        Scanner sc = new Scanner(System.in);
        System.out.println("请输入要传输的报文:");
        String str = sc.nextLine().toLowerCase();
        str = str.replace(" ", "");                      //去掉空格
        int[] c = new int[26];                           // 统计 26 个小写字符
        for (int i = 0; i < str.length(); i++) {         // 统计各字符出现的频率
            c[str.charAt(i) - 'a']++;
        }
        int cnt = 0;
        for (int i = 0; i < 26; i++) {                   // 统计报文中字符的数量
            if (c[i] > 0)
                cnt++;
        }
        this.leafNum = cnt;

        data = new HNode[this.leafNum * 2 - 1];
        for (int i = 0; i < 2 * leafNum - 1; i++)
            data[i] = new HNode();

        cnt = 0;
        for (int i = 0; i < 26; i++) {                   // 用字符创建叶子结点
            if (c[i] > 0) {
                data[cnt].setName((char) (i + 'a') + "");
                data[cnt++].setWeight(c[i]);
            }
```

```
        }
        int m1, m2, x1, x2;
        // 处理 n 个叶子结点,建立哈夫曼树
        for (int i = 0; i < this.leafNum - 1; ++i) {
            m1 = m2 = Integer.MAX_VALUE;          // m1 为最小权值,m2 为次小权值
            x1 = x2 = 0;                          // x1 为权值最小位置,x2 为权值次小位置
            // 在全部结点中找权值最小的两个结点
            for (int j = 0; j < this.leafNum + i; ++j) {
              if ((data[j].getWeight() < m1) && (data[j].getParent() == -1)) {
                    m2 = m1;
                    x2 = x1;
                    m1 = data[j].getWeight();
                    x1 = j;
                } else if ((data[j].getWeight() < m2)
                        && (data[j].getParent() == -1)) {
                    m2 = data[j].getWeight();
                    x2 = j;
                }
            }
            // 用两个权值最小点构造一个新的中间结点
            data[this.leafNum + i].setWeight(data[x1].getWeight()
                    + data[x2].getWeight());
            data[this.leafNum + i].setLchild(x1);
            data[this.leafNum + i].setRchild(x2);
            // 修改权值最小的两个结点的父结点指向
            data[x1].setParent(this.leafNum + i);
            data[x2].setParent(this.leafNum + i);
        }
    }

    //输出哈夫曼树的存储结构
    public void print() {
        System.out.println("位置\t 字符\t 权值\t 父结点\t 左孩子结点\t 右孩子结点");
        for (int i = 0; i < 2 * leafNum - 1; i++) {
            System.out.printf("%d\t%s\t%d\t%d\t%d\t%d\r\n", i,
                    data[i].getName(), data[i].getWeight(),
                    data[i].getParent(), data[i].getLchild(),
                    data[i].getRchild());
        }
    }


    // 前序遍历,输出所有叶子结点的编码,并计算总的报文编码长度
    private int preorder(HNode root, String code) {
        int sum = 0;
        if (root != null) {
            root.setCode(code);
            if(isLeaf(root)){                     //叶子结点,输出编码,计算长度
                System.out.println(root.getName() + ":" + root.getCode());
                return root.getWeight() * root.getCode().length();
            }
```

```
        if(root.getLchild()!=-1){
            //左子树,编码为 0,统计左子树叶子结点的编码长度
            sum += preorder(data[root.getLchild()],code + "0");
        }
        if(root.getRchild()!=-1){
            //右子树,编码为 1,统计右子树所有叶子结点的编码长度
            sum += preorder(data[root.getRchild()],code + "1");
        }
    }
    return sum;
}
// 层次遍历,求所有报文字符编码,计算报文传输总长度
public void traverse() {
    //根结点的位置
    int root = 2 * leafNum - 2;
    // 根结点为空
    if (root ==-1) {
        return;
    }
    int sum = preorder(data[root],"");
    System.out.println("所有报文长度为(位): " + sum);
}

//采用层序遍历,进行报文解码
public String decodes(String codes){
    //根结点的位置
    int root = 2 * leafNum - 2;
    // 根结点为空
    if (root ==-1) {
        return "";
    }
    // 设置一个队列保存层序遍历的结点
    Queue<HNode> q = new LinkedList<HNode>();
    // 根结点入队
    q.add(data[root]);
    int i = 0;
    String str = "";
    // 队列非空,结点没有处理完
    while (!q.isEmpty()) {
        // 结点出队
        HNode tmp = q.poll();
        if(!codes.startsWith(tmp.getCode())) continue;
        // 如果是叶子结点,则计算编码长度
        if(isLeaf(tmp)){
            str = str + tmp.getName();
            codes = codes.substring(tmp.getCode().length());
            if(codes.length()>0){                //如果存在多个报文字符,则继续重新解码
```

```
                    while(!q.isEmpty()) q.poll();
                    q.add(data[root]);
                    continue;
                }
            }
            // 将当前结点的左孩子结点入队
            if (tmp.getLchild() !=-1) {
                q.add(data[tmp.getLchild()]);
            }
            if (tmp.getRchild() !=-1) {
                // 将当前结点的右孩子结点入队
                q.add(data[tmp.getRchild()]);
            }
        }
        return str;
    }
}
```

3. 编写测试代码,对报文编码进行测试

测试代码如下:

```
import java.util.Scanner;
public class TestHuffmanTree {
    // 测试哈夫曼树
        public static void main(String[] args) {
            HuffmanTree ht = new HuffmanTree();
            ht.create();                                    //创建哈夫曼树
            ht.print();                                     //输出哈夫曼树结构
            ht.traverse();                                  //输出所有字符编码
            String op = "";
            do{
                System.out.println("请输入一个报文编码进行解码:");
                Scanner sc = new Scanner(System.in);
                String codes = sc.nextLine();
                String decodes = ht.decodes(codes);//报文解码
                if(decodes.length() == 0){
                    System.out.println("解码出错!");
                }else{
                    System.out.println("对应的报文为: " + decodes);
                }
                System.out.println("按 X 键退出,其他键继续");
                op = sc.nextLine();
            }while(!op.toLowerCase().equals("x"));
            System.out.println("程序退出");
        }
}
```

测试结果如图 6.23 所示。

```
请输入要传输的报文:
you are a programmer
r:00
e:010
m:011
o:100
g:1010
p:1011
u:1100
y:1101
a:111
所有报文长度为(位):51
请输入一个报文编码进行解码:
00010011100
对应的报文为:remo
按X键退出,其他键继续
```

图 6.23 测试结果

6.3.4 独立实践

1. 问题描述

有一个农夫想要从一根很长的木条上锯下几根给定长度的小木条，每锯一次木条就要产生一定费用，假设产生的费用数值与当前锯下木条的长度相等。给定需要的各根小木条的长度及小木条的根数 n，农夫要怎么锯，才能使锯木条花费最少。

2. 基本要求

(1) 从键盘上输入所要求的木条的根数和每根木条的长度，动态构建哈夫曼树。

(2) 输出最小花费。

3. 解题思路

假设所要求的木条根数为 3，各根木条的长度分别为(5,8,8)，先从无限长的木板上锯下长度为 21 的木板，花费 21；再从长度为 21 的木板上锯下长度为 5 的木板，花费 5；再从长度为 16 的木板上锯下长度为 8 的木板，花费 8，总花费＝ 21＋5＋8 ＝34。

本章小结

(1) 二叉树是个有限元素的集合，该集合或为空、或由一个称为根的元素及两个不相交的、被分别称为左子树和右子树的二叉树组成。

(2) 二叉树中的相关概念：结点的度，叶结点，分枝结点，左孩子、右孩子、双亲，路径、路径长度，祖先、子孙，结点的层数，树的深度，树的度，满二叉树，完全二叉树。

(3) 二叉树的 5 个性质。

性质 1　一棵非空二叉树的第 i 层上最多有 2^{i-1} 个结点($i \geqslant 1$)。

性质 2　一棵深度为 k 的二叉树中，最多具有 2^k-1 个结点。

性质 3　对于一棵非空的二叉树，如果叶子结点数为 n_0，度数为 2 的结点数为 n_2，则有 $n_0=n_2+1$。

性质 4　具有 n 个结点的完全二叉树的深度 k 为$[\log_2 n]+1$。

性质 5　对于具有 n 个结点的完全二叉树，如果按照从上至下和从左到右的顺序对二叉树中的所有结点从 1 开始顺序编号，则对于任意的序号为 i 的结点，有：

① 如果 $i>1$，则序号为 i 的结点的双亲结点的序号为 $i/2$(“/”表示整除)；如果 $i=1$，则序号为 i 的结点是根结点，无双亲结点。

② 如果 $2i \leqslant n$，则序号为 i 的结点的左孩子结点的序号为 $2i$；如果 $2i>n$，则序号为 i 的结点无左孩子。

③ 如果 $2i+1 \leqslant n$，则序号为 i 的结点的右孩子结点的序号为 $2i+1$；如果 $2i+1>n$，则序号为 i 的结点无右孩子。

(4) 二叉树的存储主要有三种：顺序存储结构、二叉链表存储、三叉链表存储。

(5) 二叉树的 7 种基本操作和二叉链表存储结构的类实现。

(6) 二叉树的 4 种遍历方法：中序遍历、前序遍历、后序遍历、层次遍历。

(7) 最优二叉树，也称哈夫曼树，是指对于一组带有确定权值的叶结点，构造的具有最小带权路径长度的二叉树。

综合练习

1. 选择题

(1) 二叉树的数据结构描述了数据之间的(　　)。

A. 链接关系　　B. 层次关系　　C. 网状关系　　D. 随机关系

(2) (　　)遍历方法在遍历它的左子树和右子树后再遍历它自身。

A. 先序　　B. 后序　　C. 中序　　D. 层次

(3) 一棵非空二叉树的第 i 层上最多有(　　)个结点。

A. 2^{i-1}　　B. 2^i　　C. 2^{i+1}　　D. 2^{i-2}

(4) 一棵深度为 k 的二叉树中,最多具有(　　)个结点。

A. 2^k+1　　B. 2^k-1　　C. 2^k　　D. 2^k+2

(5) 在构造哈夫曼树的过程中说法正确的是(　　)。

A. 使权值越大的叶结点越远离根结点,而权值越小的叶结点越靠近根结点

B. 使权值越大的叶结点越靠近根结点,而权值越小的叶结点越远离根结点

C. 最终是带权路径长度最大的二叉树

D. 构造的过程是一次到位

2. 问答题

(1) 二叉树有哪些性质?

(2) 已知结点的后序序列和中序序列如下:

后序序列:A B C D E F G

中序序列:A C B G D F E

请构造该二叉树。

3. 编程题

编写程序,用递归算法求二叉树的深度。

第7章 图

学习情境：用图解决高速公路交通网的编程

问题描述：一个地区由许多城市组成，为实现城市间的高速运输，需要在这些城市间建设高速公路，以达到任意两个城市间高速运输的目的。经过考察和预算，建设的高速公路交通网如图7.1所示。图中，每个顶点代表一个城市，顶点间的连线代表两个城市间铺设的高速公路，线上的数字表示两个城市间的距离(单位为km)。

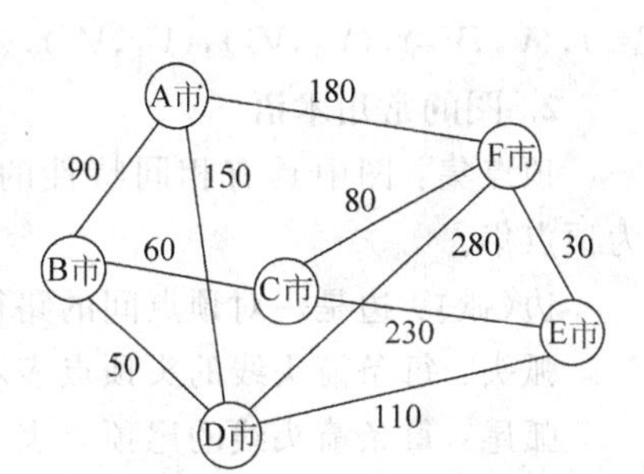

图7.1 高速公路交通网

请根据上面的描述，解决下面的问题：

(1) 编程实现存储该高速公路交通网的信息。

(2) 从任何一个城市出发，访问所有的城市，给出访问城市的顺序。

(3) 如果想从一个城市到另一个城市旅行，给出最短的旅行路线。

7.1 认识图

为了解决这类问题，需要确定城市信息的表示方式和城市间的关系的表示方式。不同城市间的关系本质上是成对的关系，这里城市之间的距离需要被表示，可以用图表示这些关系。在用图表示城市和它们之间的距离之后，可以使用适当的算法来确定连接城市间的最短或花费最少的路径。

图是不同于树的另一种非线性数据结构。在树结构中，数据元素之间存在着一种层次结构的关系，每一层上的数据元素可以和下一层的多个数据元素相关，但只能和上一层的一个数据元素相关。也就是说，树结构中数据元素之间的关系是一对多的关系，在图结构中，数据元素之间的关系则是多对多的关系，即图中每一个数据元素可以和图中任意别的数据元素相关，所以图是比树更为复杂的一种数据结构。树结构可以看作是图的一种特例。图结构用于表达数据元素之间存在着的网状结构关系。

7.1.1 图的逻辑结构

1. 图的定义

图是一系列顶点(结点)和描述顶点之间的关系边(弧)组成。图是数据元素的集合，这些数据元素相互连接形成网络。其形式化定义为：

$$G=(V,E)$$

$$V = \{V_i \mid V_i \in \text{某个数据元素集合}\}$$

$$E = \{(V_i, V_j) \mid V_i, V_j \in V \land P(V_i, V_j)\}$$

其中，G 表示图，V 是顶点的集合，E 是边或弧的集合。在集合 E 中，$P(V_i, V_j)$ 表示顶点 V_i 和顶点 V_j 之间有边或弧相连。

图 7.1 中的高速公路交通网可以抽象成如图 7.2 所示的图。

在图 7.2 中，$V=\{V_1, V_2, V_3, V_4, V_5, V_6\}$

$E=\{(V_1, V_2), (V_1, V_4), (V_1, V_6), (V_2, V_3), (V_2, V_4), (V_3, V_5), (V_3, V_6), (V_4, V_5), (V_4, V_6), (V_5, V_6)\}$

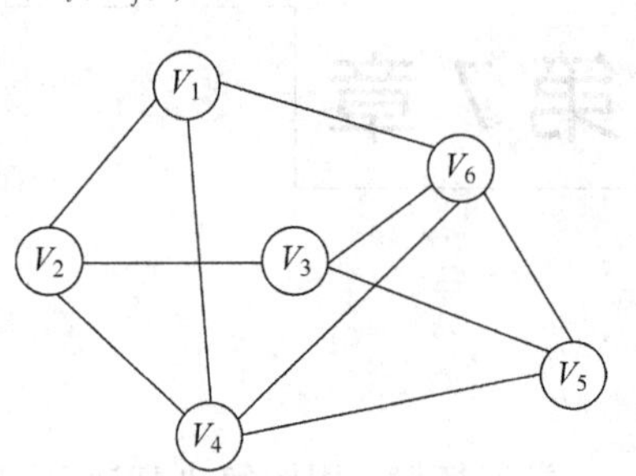

图 7.2　从高速公路交通网抽出的不带权值的图

2. 图的常用术语

顶点集：图中具有相同特性的数据元素的集合称为顶点集。

边(弧)：边是一对顶点间的路径，通常带箭头的边称为弧。

弧头：每条箭头线的头顶点表示构成弧的有序对中的后一个顶点，称为弧头或终点。

弧尾：每条箭头线的尾顶点表示构成弧的有序对中的前一个顶点，称为弧尾或始点。

参见图 7.3，理解边、弧、弧头、弧尾的概念。

度：在无向图中的顶点的度是指连那个顶点的边的数量。在有向图中，每个顶点有两种类型的度：入度和出度。

入度：顶点的入度是指向那个顶点的边的数量。

出度：顶点的出度是由那个顶点出发的边的数量。

权：有些图的边(或弧)附带有一些数据信息，这些数据信息称为边(或弧)的权(Weight)。在实际问题中，权可以表示某种含义，在一个工程进度图中，弧上的权值可以表示从前一个工程到后一个工程所需要的时间或其他代价等；在一个地方的交通图中，边上的权值表示该条线路的长度或等级，图 7.4 所示为图 7.1 中的高速公路交通网带权值的图，权值代表路线的长度。

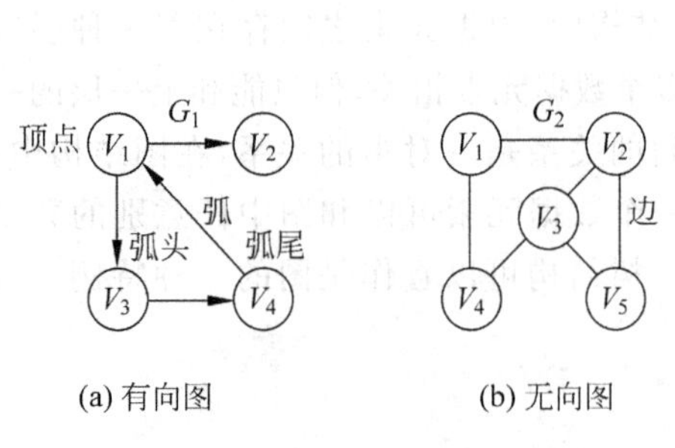

图 7.3　有向图和无向图

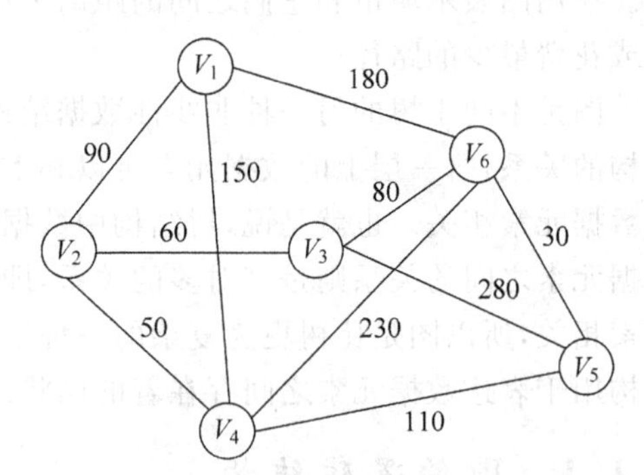

图 7.4　从高速公路交通网抽出的带权值的图

3. 图的分类

有向图：在一个图中，如果任意两顶点构成的偶对(V_i, V_j)是有序的，那么称该图为有向图。这里 V_i 是弧尾，V_j 是弧头。在有向图中，从顶点 V_i 到顶点 V_j 的路径。但是从 V_j

到 V_i 是不可能的，如图 7.3(a)所示。

无向图：在一个图中，任意两顶点构成边(V_i，V_j)并且(V_i,V_j)和(V_j,V_i)是相同的，如图 7.3(b)所示。

在一个有向图中，如果任意两个顶点之间都是弧相连，则称该图为有向完全图。可以证明，在一个含有 n 个顶点的有向完全图中，有 $n(n-1)$ 条弧。

在一个无向图中，如果任意两个顶点之间都有边相连，则称该图为无向完全图。无向完全图又称完全图。可以证明，在一个含用 n 个顶点的无向完全图中，有 $n(n-1)/2$ 条边。

有很少条边或弧的图称为稀疏图，反之称为稠密图。

无向完全图、有向完全图、稠密图、稀疏图示意图如图 7.5 所示。

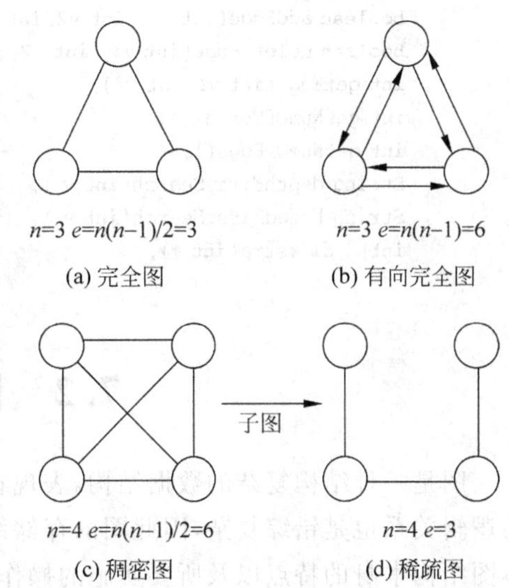

图 7.5　图类型示意图

7.1.2　图的基本操作

图通常有以下的几种操作。

(1) 添加顶点：在图中增加一个新的顶点。

(2) 删除顶点：删除顶点以及所有与顶点相关联的边或弧。

(3) 查找顶点：获取图中指定顶点。

(4) 添加边：在两个顶点之间添加指定权值的边或弧。

(5) 删除边：删除两个顶点之间的边或弧。

(6) 查找边：获取两个顶点之间的边或弧。

(7) 求图的顶点数：获取图的顶点的数目。

(8) 求图的边数：获取图的边或弧的数量。

(9) 遍历图：将图中的顶点逐个访问一次。

(10) 求最短路径：求源点到图中其它顶点的最短矩离。

7.1.3　图的抽象数据类型

根据对图的逻辑结构及基本操作的认识，得到图的抽象数据类型。

ADT 图(Graph)

(1) 数据元素：具有相同数据类型的数据元素的集合。

(2) 数据结构：数据元素之间通过边或弧相互连接形成网络。

(3) 数据操作：将对图的基本操作定义在接口 IGraph 中，代码如下。

```
public interface IGraph<E> {
    boolean addVex(E v);                    //添加顶点
    boolean deleteVex(E v);                 //删除顶点
    int indexOfVex(E v);                    //定位顶点的位置
    E valueOfVex(int v);                    // 定位指定位置的顶点
```

```
    boolean addEdge(int v1, int v2,int weight);         //添加边
    boolean deleteEdge(int v1, int v2);                 //删除边
    int getEdge(int v1,int v2);                         //查找边
    int getNumOfVertex();                               //获取顶点的个数
    int getNumOfEdge();                                 //获取边的数量
    String depthFirstSearch(int v );                    //深度优先搜索遍历
    String breadFirstSearch(int v );                    //广度优先搜索遍历
    int[ ] dijkstra(int v);                             //查找源点到其它顶点的路径
}
```

7.2 图的实现

图是一种结构复杂的数据结构,表现在不仅各个顶点的度可以千差万别,而且顶点之间的逻辑关系也是错综复杂,因此图的存储结构也是多种多样的。对于实际问题,需要根据具体图结构本身的特点以及所要实施的操作选择建立合适的存储结构。

从图的定义可知,一个图的信息包括两部分:图中顶点的信息以及描述顶点之间的关系——边或弧的信息。因此无论采用什么方法建立图的存储结构,都要完整、准确地反映这两方面的信息。邻接矩阵和邻接表是图的两种最通用存储结构。

7.2.1 用邻接矩阵实现图

1. 邻接矩阵的存储结构

邻接矩阵(Adjacentcy Matrix)是用两个数组来表示图,一个数组是一维数组,存储图中的顶点信息,一个数组是二维数组,即矩阵,存储顶点之间相邻的信息,也就是边(或弧)的信息。如果图中有 n 个顶点,需要大小为 $n\times n$ 的二维数组来表示图。

如果图的边无权值,用 0 表示顶点之间无边,用 1 表示顶点之间有边。

$$\text{matrix}[i,j]=\begin{cases}1 & \text{顶点 } i \text{ 和 } j \text{ 之间有边}\\ 0 & \text{顶点 } i \text{ 和 } j \text{ 之间无边}\end{cases}$$

如果图的边有权值,用无穷大表示顶点之间无边,用权值表示顶点之间有边,同一点之间的权值为 0。

$$\text{matrix}[i,j]=\begin{cases}v_{ij} & \text{顶点 } i \text{ 和 } j \text{ 之间有边,边的权值}\\ 0 & i=j \text{ 顶点 } i \text{ 和 } j \text{ 是同一个顶点}\\ \infty & \text{顶点 } i \text{ 和 } j \text{ 之间无边}\end{cases}$$

图 7.6(a)中无权值图的邻接矩阵如图 7.6(b)所示。

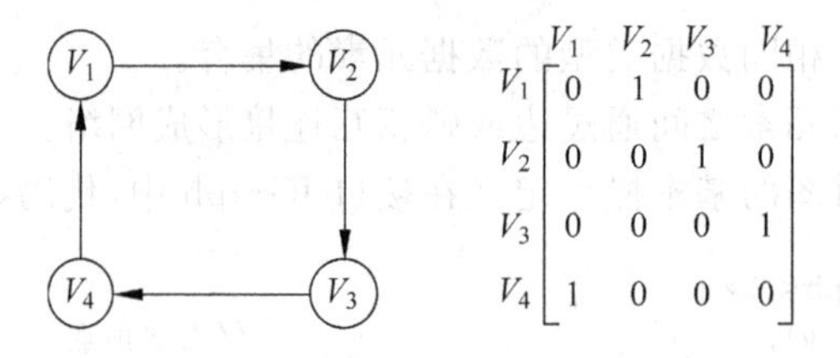

(a) 无权值图　　(b) 无权值图的邻接矩阵

图 7.6　无权值图的邻接矩阵示意图

图 7.7(a)中有权值图的邻接矩阵如图 7.7(b)所示。

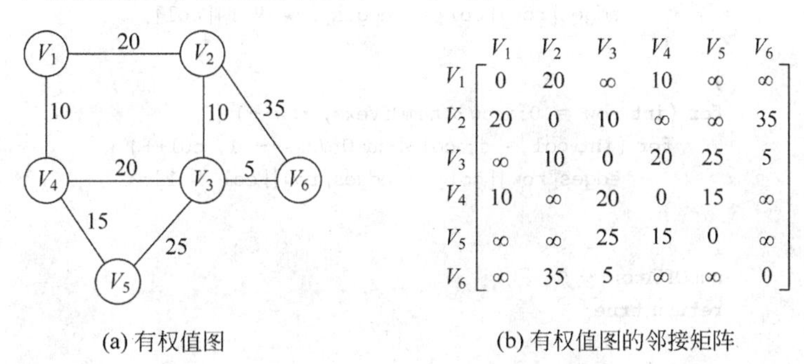

(a) 有权值图

	V_1	V_2	V_3	V_4	V_5	V_6
V_1	0	20	∞	10	∞	∞
V_2	20	0	10	∞	∞	35
V_3	∞	10	0	20	25	5
V_4	10	∞	20	0	15	∞
V_5	∞	∞	25	15	0	∞
V_6	∞	35	5	∞	∞	0

(b) 有权值图的邻接矩阵

图 7.7 有权值图的邻接矩阵示意图

存储图 7.6(b)中的邻接矩阵需要一个 4×4 二维数组图,存储图 7.7(b)中的邻接矩阵需要一个 6×6 二维数组图。如果图中没有许多边,会导致内存空间的浪费。例如,当使用邻接矩阵创建一个有 100 个结点和 150 个边的图形时,将需要创建一个 10 000 个元素的数组。在这种情况下,邻接矩阵变成一个稀疏矩阵,导致了许多浪费。因此应该仅在图是致密的时候使用邻接矩阵实现图。

2. 邻接矩阵的 Java 实现

实现代码如下:

```
public class GraphAdjMatrix<E> implements IGraph<E> {
    private E[] vexs;                           // 存储图的顶点的一维数组
    private int[][] edges;                      // 存储图的边的二维数组
    private int numOfVexs;                      // 顶点的实际数量
    private int maxNumOfVexs;                   // 顶点的最大数量
    private boolean[] visited;                  // 判断顶点是否被访问过

    @SuppressWarnings("unchecked")
    public GraphAdjMatrix(int maxNumOfVexs, Class<E> type) {
        this.maxNumOfVexs = maxNumOfVexs;
        edges = new int[maxNumOfVexs][maxNumOfVexs];
        vexs = (E[]) Array.newInstance(type, maxNumOfVexs);
    }
    // 插入顶点
    public boolean addVex(E v) {
        if (numOfVexs >= maxNumOfVexs)
            return false;
        vexs[numOfVexs++] = v;
        return true;
    }
    // 删除顶点
    public boolean deleteVex(E v) {
        for (int i = 0; i < numOfVexs; i++) {
            if (vexs[i].equals(v)) {
                for (int j = i; j < numOfVexs - 1; j++) {
                    vexs[j] = vexs[j + 1];
                }
                vexs[numOfVexs - 1] = null;
                for (int row = i; row < numOfVexs - 1; row++) {
```

```
                for (int col = 0; col < numOfVexs; col++) {
                    edges[row][col] = edges[row + 1][col];
                }
            }
            for (int row = 0; row < numOfVexs; row++) {
                for (int col = i; col < numOfVexs - 1; col++) {
                    edges[row][col] = edges[row][col + 1];
                }
            }
            numOfVexs--;
            return true;
        }
    }
    return false;
}
// 定位顶点的位置
public int indexOfVex(E v) {
    for (int i = 0; i < numOfVexs; i++) {
        if (vexs[i].equals(v)) {
            return i;
        }
    }
    return -1;
}
// 定位指定位置的顶点
public E valueOfVex(int v) {
    if (v < 0 || v >= numOfVexs)
        return null;
    return vexs[v];
}
// 插入边
public boolean addEdge(int v1, int v2, int weight) {
    if (v1 < 0 || v2 < 0 || v1 >= numOfVexs || v2 >= numOfVexs)
        throw new ArrayIndexOutOfBoundsException();
    edges[v1][v2] = weight;
    edges[v2][v1] = weight;
    return true;
}
// 删除边
public boolean deleteEdge(int v1, int v2) {
    if (v1 < 0 || v2 < 0 || v1 >= numOfVexs || v2 >= numOfVexs)
        throw new ArrayIndexOutOfBoundsException();
    edges[v1][v2] = 0;
    edges[v2][v1] = 0;
    return true;
}
// 查找边
public int getEdge(int v1, int v2) {
    if (v1 < 0 || v2 < 0 || v1 >= numOfVexs || v2 >= numOfVexs)
        throw new ArrayIndexOutOfBoundsException();
    return edges[v1][v2];
}
// 得到顶点的数目
public int getNumOfVertex() {
```

```
        return numOfVexs;
    }
    //得到边的数量
    public int getNumOfEdge() {
        int count = 0;
        for (int i = 0; i < edges.length - 1; i++) {
            for (int j = i + 1; j < edges.length - 1; j++) {
                if (edges[i][j] > 0) {
                    count++;
                }
            }
        }
        return count;
    }
    //深度优先搜索遍历
    public String depthFirstSearch(int v) {
        /*参见 7.2.3*/
    }
    //广度优先搜索遍历
    public String breadFirstSearch(int v) {
        /*参见 7.2.3*/
    }
    //实现 Dijkstra 算法
    public int[] dijkstra(int v) {
        /*参见 7.2.4*/
    }
}
```

3. 测试邻接矩阵基本操作

测试代码如下：

```
public class TestGraphAdjMatrix {
    public static void main(String[] args){
        String[] vexs = {"V1","V2","V3","V4","V5","V6"};
        /*没有边的顶点用 0 表示,起点和终点相同的也用 0 表示。求解最短路径时会将非对角线
上为零的边设成整数的最大值*/
        int[][] edges = {{0,20,0,10,0,0},
                        {20,0,10,0,0,35},
                        {0,10,0,20,25,5},
                        {10,0,20,0,15,0},
                        {0,0,25,15,0,0},
                        {0,35,5,0,0,0}
                        };
        IGraph<String> graph = new GraphAdjMatrix<String>(10,String.class);
        //比实际长度长,以便插入
        Scanner sc = new Scanner(System.in);
        System.out.println("-------------------------------");
        System.out.println("操作选项菜单");
        System.out.println("1.添加顶点");
        System.out.println("2.添加边");
        System.out.println("3.显示邻接矩阵");
        System.out.println("4.删除顶点");
        System.out.println("5.删除边");
        System.out.println("0.退出");
        System.out.println("-------------------------------");
```

```
            char ch;
            do {
                System.out.print("请输入操作选项: ");
                ch = sc.next().charAt(0);
                switch (ch) {
                case '1':
                    for (int i = 0; i < vexs.length; i++) {
                        graph.addVex(vexs[i]);
                    }
                    System.out.println("添加顶点完成!");
                    break;
                case '2':
                    for (int i = 0; i < edges.length; i++) {
                        for (int j = i + 1; j < edges.length; j++) {
                            if (edges[i][j] != 0)
                                graph.addEdge(i, j, edges[i][j]);
                        }
                    }
                    System.out.println("添加边完成!");
                    break;
                case '3':
                    int numOfVertex = graph.getNumOfVertex();
                    if (numOfVertex == 0) {
                        System.out.println("图还没有创建!");
                        return;
                    }
                    System.out.println("该图的邻接矩阵是:");
                    for (int i = 0; i < numOfVertex; i++) {
                        System.out.print(graph.valueOfVex(i) + "\t");
                    }
                    System.out.println();

                    for (int i = 0; i < graph.getNumOfVertex(); i++) {
                        for (int j = 0; j < graph.getNumOfVertex(); j++)
                            System.out.print(graph.getEdge(i, j) + "\t");
                        System.out.println("");
                    }
                    break;
                case '4':
                    System.out.print("请输入要删除顶点的名称:");
                    String vex = sc.next();
                    graph.deleteVex(vex);
                    System.out.println(vex + "删除成功");

                    break;
                case '5':
                    System.out.print("请输入要删除边的第一个的顶点的名称:");
                    String vex1 = sc.next();
                    System.out.print("请输入要删除边的第二个的顶点的名称:");
                    String vex2 = sc.next();

        graph.deleteEdge(graph.indexOfVex(vex1),graph.indexOfVex(vex2));
                    System.out.println(vex1 + "与" + vex2 + "之间的边被删除");
                    break;
```

```
        }
    } while (ch != '0');
    sc.close();
  }
}
```

4. 运行结果

```
-----------------------------------
操作选项菜单
1.添加顶点
2.添加边
3.显示邻接矩阵
4.删除顶点
5.删除边
0.退出
-----------------------------------
请输入操作选项: 1
添加顶点完成!
请输入操作选项: 2
添加边完成!
请输入操作选项: 3
该图的邻接矩阵是:
V1  V2  V3  V4  V5  V6
 0  20   0  10   0   0
20   0  10   0   0  35
 0  10   0  20  25   5
10   0  20   0  15   0
 0   0  25  15   0   0
 0  35   5   0   0   0
请输入操作选项: 4
请输入要删除顶点的名称:V1
V1 删除成功
请输入操作选项: 3
该图的邻接矩阵是:
V2  V3  V4  V5  V6
 0  10   0   0  35
10   0  20  25   5
 0  20   0  15   0
 0  25  15   0   0
35   5   0   0   0
请输入操作选项: 5
请输入要删除边的第一个的顶点的名称:V2
请输入要删除边的第二个的顶点的名称:V3
V2 与 V3之间的边被删除
请输入操作选项: 3
该图的邻接矩阵是:
V2  V3  V4  V5  V6
 0   0   0   0  35
 0   0  20  25   5
 0  20   0  15   0
 0  25  15   0   0
35   5   0   0   0
请输入操作选项: 0
```

7.2.2 用邻接表实现图

前面介绍的邻接矩阵方法实际上是图的一种静态存储方法。建立这种存储结构时需要预先知道图中顶点的个数。如果图结构本身需要在解决问题的过程中动态地产生，则每增加或删除一个顶点都需要改变邻接矩阵的大小，显然这样做的效率很低。除此之外，邻接矩阵占用存储单元数目只与图中顶点的个数有关，而与边(或弧)的数目无关，若图的邻接矩阵为一个稀疏矩阵，必然会造成存储空间的浪费。邻接表很好地解决了这个问题。

1. 邻接表的存储结构

邻接表的存储方法是一种顺序存储与链式存储相结合的存储方法，顺序存储部分用来保存图中顶点的信息，链式存储部分用来保存图中边(或弧)的信息。具体的做法是，使用一个一维数组保存图中顶点的信息，数组中每个数组元素包含两个域，其存储结构如图 7.8 所示。

其中：

- 顶点域(data)：存放与顶点有关的信息。
- 头指针域(firstadj)：存放与该顶点相邻接的所有顶点组成的单链表的头指针。

邻接单链表中每个结点表示依附于该顶点的一条边，称作边结点，边结点的存储结构如图 7.9 所示。

data	firstadj

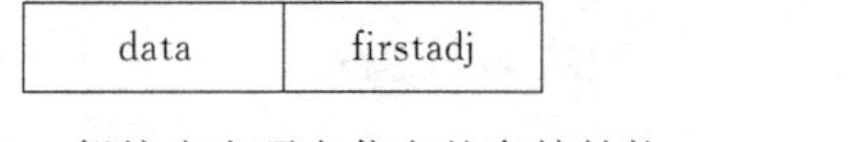

图 7.8 邻接表中顶点信息的存储结构

adjvex	info	nextadj

图 7.9 邻接表中边结点信息的存储结构

其中：

- 邻接点域(adjvex)：指示与顶点的邻接点在图中的位置，对应着一维数组中的索引号，对于有向图，存放的是该边结点所表示弧的弧头顶点在一维数组中的索引号。
- 数据域(info)：存储边或弧相关的信息，如权值等，当图中边(或弧)不含有信息时，该域可以省略。
- 链域(nextadj)：指向与该顶点相邻的下一个边结点的指针。

对于图 7.10(a)所示的无向图、图 7.10(b)所示的有向图，它们的邻接表存储结构分别如图 7.11(a)和图 7.11(b)所示。

(a) 无向图　　(b) 无向图

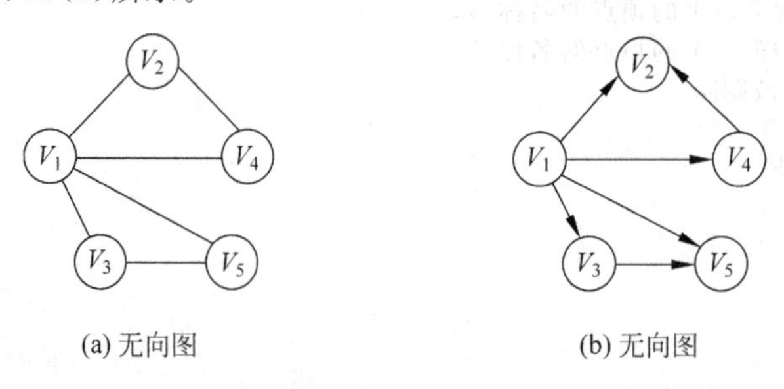

图 7.10 示例图

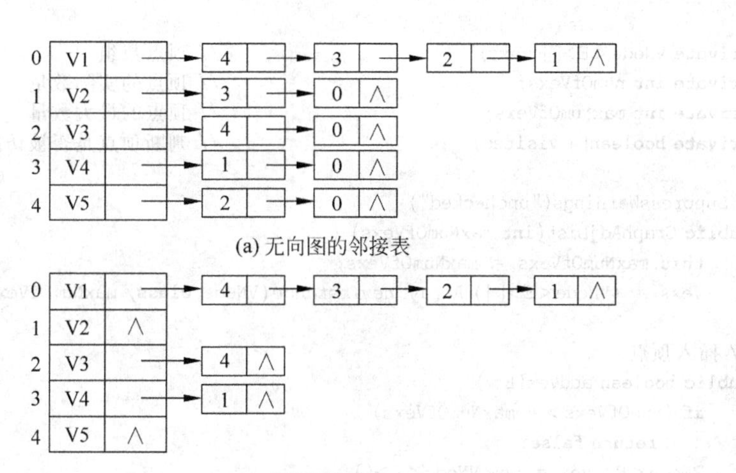

图 7.11　无权值图的邻接表示例图

图 7.7(a)中有权值图的邻接表如图 7.12 所示。

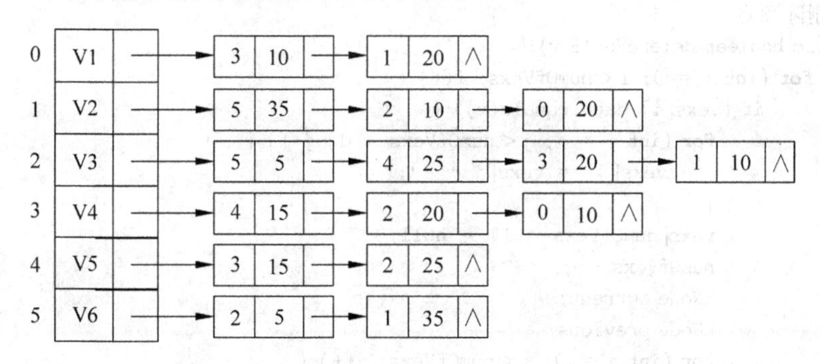

图 7.12　图 7.7(a)中有权值图的邻接表示例图

2. 邻接表的 Java 实现

实现代码如下：

```
public class GraphAdjList<E> implements IGraph<E> {
    // 邻接表中表对应的链表的顶点
    private static class ENode {
        int adjvex;                             // 邻接顶点序号
        int weight;                             // 存储边或弧相关的信息,如权值
        ENode nextadj;                          // 下一个邻接表结点

        public ENode(int adjvex, int weight) {
            this.adjvex = adjvex;
            this.weight = weight;
        }
    }
    // 邻接表中表的顶点
    private static class VNode<E> {
        E data;                                 // 顶点信息
        ENode firstadj;                         // //邻接表的第 1 个结点
    }
```

```
    private VNode<E>[] vexs;                    // 顶点数组
    private int numOfVexs;                      // 顶点的实际数量
    private int maxNumOfVexs;                   // 顶点的最大数量
    private boolean[] visited;                  // 判断顶点是否被访问过

    @SuppressWarnings("unchecked")
    public GraphAdjList(int maxNumOfVexs) {
        this.maxNumOfVexs = maxNumOfVexs;
        vexs = (VNode<E>[]) Array.newInstance(VNode.class, maxNumOfVexs);
    }
    // 插入顶点
    public boolean addVex(E v) {
        if (numOfVexs >= maxNumOfVexs)
            return false;
        VNode<E> vex = new VNode<E>();
        vex.data = v;
        vexs[numOfVexs++] = vex;
        return true;
    }
    // 删除顶点
    public boolean deleteVex(E v) {
        for (int i = 0; i < numOfVexs; i++) {
            if (vexs[i].data.equals(v)) {
                for (int j = i; j < numOfVexs - 1; j++) {
                    vexs[j] = vexs[j + 1];
                }
                vexs[numOfVexs - 1] = null;
                numOfVexs--;
                ENode current;
                ENode previous;
                for (int j = 0; j < numOfVexs; j++) {
                    if (vexs[j].firstadj == null)
                        continue;
                    if (vexs[j].firstadj.adjvex == i) {
                        vexs[j].firstadj = vexs[j].firstadj.nextadj;
                        continue;
                    }
                    current = vexs[j].firstadj;
                    while (current != null) {
                        previous = current;
                        current = current.nextadj;
                        if (current != null && current.adjvex == i) {
                            previous.nextadj = current.nextadj;
                            break;
                        }
                    }
                }
                for (int j = 0; j < numOfVexs; j++) {
                    current = vexs[j].firstadj;
                    while (current != null) {
                        if (current.adjvex > i)
                            current.adjvex--;
                        current = current.nextadj;
                    }
```

```
            }
            return true;
        }
    }
    return false;
}
// 定位顶点的位置
public int indexOfVex(E v) {
    for (int i = 0; i < numOfVexs; i++) {
        if (vexs[i].data.equals(v)) {
            return i;
        }
    }
    return -1;
}
// 定位指定位置的顶点
public E valueOfVex(int v) {
    if (v < 0 || v >= numOfVexs)
        return null;
    return vexs[v].data;
}
// 插入边
public boolean addEdge(int v1, int v2, int weight) {
    if (v1 < 0 || v2 < 0 || v1 >= numOfVexs || v2 >= numOfVexs)
        throw new ArrayIndexOutOfBoundsException();
    ENode vex1 = new ENode(v2, weight);

    // 索引为 index1 的顶点没有邻接顶点
    if (vexs[v1].firstadj == null) {
        vexs[v1].firstadj = vex1;
    }
    // 索引为 index1 的顶点有邻接顶点
    else {
        vex1.nextadj = vexs[v1].firstadj;
        vexs[v1].firstadj = vex1;
    }
    ENode vex2 = new ENode(v1, weight);
    // 索引为 index2 的顶点没有邻接顶点
    if (vexs[v2].firstadj == null) {
        vexs[v2].firstadj = vex2;
    }
    // 索引为 index1 的顶点有邻接顶点
    else {
        vex2.nextadj = vexs[v2].firstadj;
        vexs[v2].firstadj = vex2;
    }
    return true;
}
// 删除边
public boolean deleteEdge(int v1, int v2) {
    if (v1 < 0 || v2 < 0 || v1 >= numOfVexs || v2 >= numOfVexs)
        throw new ArrayIndexOutOfBoundsException();
    // 删除索引为 index1 的顶点与索引为 index2 的顶点之间的边
    ENode current = vexs[v1].firstadj;
```

```
        ENode previous = null;
        while (current != null && current.adjvex != v2) {
            previous = current;
            current = current.nextadj;
        }
        if (current != null && previous == null)
            vexs[v1].firstadj = current.nextadj;
        else
            previous.nextadj = current.nextadj;
        // 删除索引为 index2 的顶点与索引为 index1 的顶点之间的边
        current = vexs[v2].firstadj;
        previous = null;
        while (current != null && current.adjvex != v1) {
            previous = current;
            current = current.nextadj;
        }
        if (current != null && previous == null)
            vexs[v2].firstadj = current.nextadj;
        else
            previous.nextadj = current.nextadj;
        return true;
    }
    // 得到边
    public int getEdge(int v1, int v2) {
        if (v1 < 0 || v2 < 0 || v1 >= numOfVexs || v2 >= numOfVexs)
            throw new ArrayIndexOutOfBoundsException();
        ENode current = vexs[v1].firstadj;
        while (current != null) {
            if (current.adjvex == v2) {
                return current.weight;
            }
            current = current.nextadj;
        }
        return 0;
    }
    // 得到顶点的数目
    public int getNumOfVertex() {
      return numOfVexs;
    }
    // 得到边的数量
    public int getNumOfEdge(){
      int count = 0;
      ENode current = null;
      for (int i = 0; i < numOfVexs; i++) {
          current = vexs[i].firstadj ;
         while(current!= null){
             count++;
             current = current.nextadj;
         }
      }
     return count/2;
    }
    // 深度优先搜索遍历
    public String depthFirstSearch(int v) {
```

```
        /*参见 7.2.3*/
    }
    // 广度优先搜索遍历
    public String breadFirstSearch(int v) {
        /*参见 7.2.3*/
    }
    // 实现 Dijkstra 算法
    public int[] dijkstra(int v) {
        /*参见 7.2.4*/
    }
}
```

3. 测试邻接表基本操作

测试代码如下：

```
public class TestGraphAdjList {
    public static void main(String[] args){
        String[] vexs = {"V1","V2","V3","V4","V5","V6"};
        /*没有边的顶点用 0 表示,起点和终点相同的也用 0 表示。求解最短路径时会将非对角线上为零的边设成整数的最大值*/
        int[][] edges = {{0,20,0,10,0,0},
                        {20,0,10,0,0,35},
                        {0,10,0,20,25,5},
                        {10,0,20,0,15,0},
                        {0,0,25,15,0,0},
                        {0,35,5,0,0,0}
                        };
        IGraph<String> graph = new GraphAdjList<String>(10);
        //比实际长度长,以便插入操作
        Scanner sc = new Scanner(System.in);
        System.out.println("----------------------------------");
        System.out.println("操作选项菜单");
        System.out.println("1.添加顶点");
        System.out.println("2.添加边");
        System.out.println("3.显示邻接表");
        System.out.println("4.删除顶点");
        System.out.println("5.删除边");
        System.out.println("0.退出");
        System.out.println("----------------------------------");
        char ch;
        do {
            System.out.print("请输入操作选项：");
            ch = sc.next().charAt(0);
            switch (ch) {
            case '1':
                for (int i = 0; i < vexs.length; i++) {
                    graph.addVex(vexs[i]);
                }
                System.out.println("添加顶点完成!");
```

```
                break;
            case '2':
                for (int i = 0; i < edges.length; i++) {
                    for (int j = i + 1; j < edges.length; j++) {
                        if (edges[i][j] != 0)
                            graph.addEdge(i, j, edges[i][j]);
                    }
                }
                System.out.println("添加边完成!");
                break;
            case '3':
                int numOfVertex = graph.getNumOfVertex();
                if (numOfVertex == 0) {
                    System.out.println("图还没有创建!");
                    return;
                }
                System.out.println("该图的邻接矩阵是:");
                for (int i = 0; i < numOfVertex; i++) {
                    System.out.print(i + ":");
                    for (int j = 0; j < numOfVertex; j++) {
                        if (graph.getEdge(i, j) != 0)
                            System.out.print(graph.valueOfVex(i) + "->"
                                    + graph.valueOfVex(j) + ":"
                                    + graph.getEdge(i, j) + "\t");
                    }
                    System.out.println();
                }
                break;
            case '4':
                System.out.print("请输入要删除顶点的名称:");
                String vex = sc.next();
                graph.deleteVex(vex);
                System.out.println(vex + "删除成功");

                break;
            case '5':
                System.out.print("请输入要删除边的第一个的顶点的名称:");
                String vex1 = sc.next();
                System.out.print("请输入要删除边的第二个的顶点的名称:");
                String vex2 = sc.next();
                graph.deleteEdge(graph.indexOfVex(vex1),graph.indexOfVex(vex2));
                System.out.println(vex1 + "与" + vex2 + "之间的边被删除");
                break;
            }
        } while (ch != '0');
        sc.close();
    }
}
```

4. 运行结果

```
-------------------------------
操作选项菜单
1.添加顶点
2.添加边
3.显示邻接表
4.删除顶点
5.删除边
0.退出
-------------------------------
请输入操作选项: 1
添加顶点完成!
请输入操作选项: 2
添加边完成!
请输入操作选项: 3
该图的邻接矩阵是:
0:V1->V2:20     V1->V4:10
1:V2->V1:20     V2->V3:10     V2->V6:35
2:V3->V2:10     V3->V4:20     V3->V5:25     V3->V6:5
3:V4->V1:10     V4->V3:20     V4->V5:15
4:V5->V3:25     V5->V4:15
5:V6->V2:35     V6->V3:5
请输入操作选项: 4
请输入要删除顶点的名称:V1
V1 删除成功
请输入操作选项: 3
该图的邻接矩阵是:
0:V2->V3:10     V2->V6:35
1:V3->V2:10     V3->V4:20     V3->V5:25     V3->V6:5
2:V4->V3:20     V4->V5:15
3:V5->V3:25     V5->V4:15
4:V6->V2:35     V6->V3:5
请输入操作选项: 5
请输入要删除边的第一个的顶点的名称:V2
请输入要删除边的第二个的顶点的名称:V3
V2 与 V3 之间的边被删除
请输入操作选项: 3
该图的邻接矩阵是:
0:V2->V6:35
1:V3->V4:20     V3->V5:25     V3->V6:5
2:V4->V3:20     V4->V5:15
3:V5->V3:25     V5->V4:15
4:V6->V2:35     V6->V3:5
请输入操作选项: 0
```

7.2.3 图遍历算法的实现

图的遍历是指从图中的任一顶点出发,对图中的所有顶点访问一次且只访问一次。图的遍历是图的一种基本操作,图的许多其他操作都是建立在遍历操作的基础之上。在图中,没有特殊的顶点被指定为起始顶点，图的遍历可以从任何顶点开始。图的遍历主要有深度优先搜索和广度优先搜索两种方式。

下面通过图7.7(a)中顶点遍历过程的分析学习深度优先搜索和广度优先搜索。

1. 深度优先搜索算法

1）算法的思想

从图的某一顶点 x 出发，访问 x，然后遍历任何一个与 x 相邻的未被访问的顶点 y，再遍历任何一个与 y 相邻的未被访问的顶点 z……依次类推，直到到达一个所有邻接点都被访问的顶点为止；然后，依次回退到尚有邻接点未被访问过的顶点，重复上述过程，直到图中的全部顶点都被访问过为止。

2）算法实现的思想

深度优先遍历背后基于堆栈，有两种方式：第一种是程序中显示构造堆栈，利用压栈出栈操作实现；第二种是利用递归函数调用，基于递归程序栈实现。本章介绍第一种方式。

① 访问起始顶点 V_1，并将 V_1 压入栈，如图7.13(a)所示。

② 从栈中弹出顶点 V_1，将与 V_1 相邻的未被访问的所有顶点 V_4 和 V_2 压入栈，如图7.13(b)所示。

③ 从栈中弹出顶点 V_2，将与 V_2 相邻的未被访问所有顶点 V_6 和 V_3 压入栈，如图7.13(c)所示。

④ 从栈中弹出顶点 V_3，将与 V_3 相邻的所有未被访问顶点 V_6 和 V_5 压入栈，如图7.13(d)所示。

⑤ 从栈中弹出顶点 V_5，顶点 V_5 没有任何未被访问的邻接顶点，因此没有顶点入栈，如图7.13(e)所示。

⑥ 从栈中弹出顶点 V_6，顶点 V_6 没有任何未被访问的邻接顶点，因此没有顶点入栈，如图7.13(f)所示。

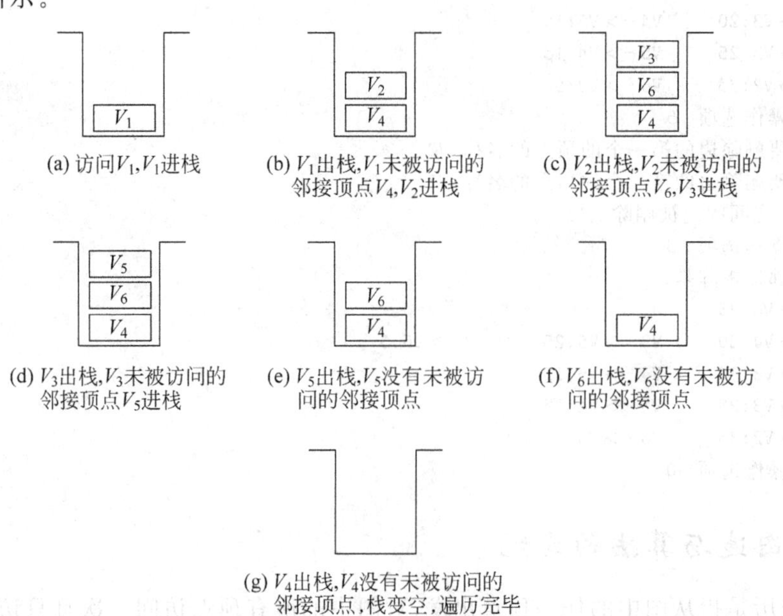

图7.13　深度优先搜索遍历过程示意图

⑦ 从栈中弹出顶点 V_4，顶点 V_4 没有任何未被访问的邻接顶点，因此没有顶点入栈。

在 V_4 弹出后，栈变空，遍历完成，如图 7.13(g)所示。遍历的顺序是$\{V_1, V_2, V_3, V_5, V_6, V_4\}$。

3）基于邻接矩阵的算法实现

将下面的代码添加到类 GraphAdjMatrix 中。

```
//深度优先搜索遍历
public String depthFirstSearch(int v) {
    if (v < 0 || v >= numOfVexs)
        throw new ArrayIndexOutOfBoundsException();
    visited = new boolean[numOfVexs];
    StringBuilder sb = new StringBuilder();
    Stack<Integer> stack = new Stack<Integer>();
    stack.push(v);
    visited[v] = true;
    while (!stack.isEmpty()) {
        v = stack.pop();
        sb.append(vexs[v] + ",");
        for (int i = numOfVexs - 1; i >= 0; i--) {
            if ((edges[v][i] != 0 && edges[v][i] != Integer.MAX_VALUE)
                    && !visited[i]) {
                stack.push(i);
                visited[i] = true;
            }
        }
    }
    return sb.length() > 0 ? sb.substring(0, sb.length() - 1) : null;
}
```

4）基于邻接表的算法实现

将下面的代码添加到类 GraphAdjList 中。

```
public String depthFirstSearch(int v) {
    if (v < 0 || v >= numOfVexs)
        throw new ArrayIndexOutOfBoundsException();
    visited = new boolean[numOfVexs];
    StringBuilder sb = new StringBuilder();
    Stack<Integer> stack = new Stack<Integer>();
    stack.push(v);
    visited[v] = true;
    ENode current;
    while (!stack.isEmpty()) {
        v = stack.pop();
        sb.append(vexs[v].data + ",");
        current = vexs[v].firstadj;
        while (current != null) {
            if (!visited[current.adjvex]) {
                stack.push(current.adjvex);
                visited[current.adjvex] = true;
```

```
                }
                current = current.nextadj;
            }
        }
        return sb.length() > 0 ? sb.substring(0, sb.length() - 1) : null;
    }
```

5）测试深度优先搜索算法

在 TestGraphAdjMatrix 类中添加如下的测试代码：

```
public class TestGraphAdjMatrix {
    public static void main(String[ ] args){
        ⋮
        System.out.println("------------------------------");
        System.out.println("操作选项菜单");
        ⋮
        System.out.println("6.深度优先搜索");
        System.out.println("0.退出");
        System.out.println("------------------------------");
        char ch;
        do {
            System.out.print("请输入操作选项：");
            ch = sc.next().charAt(0);
            switch (ch) {
            ⋮
            case '6':
                System.out.print("请输入出发的顶点名称:");
                vex = sc.next();
                String path = graph.depthFirstSearch(graph.indexOfVex(vex));
                System.out.print("深度优先遍历的结果是：");
                System.out.println(path);
                break;
            }
        } while (ch != '0');
        sc.close();
    }
}
```

然后，在 TestGraphAdjList 类中添加同样的测试代码。

6）运行结果

运行 TestGraphAdjMatrix 类，观察到的运行结果是：

```
------------------------------
操作选项菜单
1.添加顶点
2.添加边
3.显示邻接矩阵
4.删除顶点
5.删除边
6.深度优先搜索
0.退出
```

```
------------------------------
请输入操作选项：1
添加顶点完成!
请输入操作选项：2
添加边完成!
请输入操作选项：3
该图的邻接矩阵是:
V1  V2  V3  V4  V5  V6
 0  20   0  10   0   0
20   0  10   0   0  35
 0  10   0  20  25   5
10   0  20   0  15   0
 0   0  25  15   0   0
 0  35   5   0   0   0
请输入操作选项：6
请输入出发的顶点名称:V1
深度优先遍历的结果是：V1,V2,V3,V5,V6,V4
```

运行 TestGraphAdjList 类，观察到的运行结果是：

```
------------------------------
操作选项菜单
1.添加顶点
2.添加边
3.显示邻接表
4.删除顶点
5.删除边
6.深度优先搜索
0.退出
------------------------------
请输入操作选项：1
添加顶点完成!
请输入操作选项：2
添加边完成!
请输入操作选项：3
该图的邻接矩阵是:
0:V1->V2:20    V1->V4:10
1:V2->V1:20    V2->V3:10    V2->V6:35
2:V3->V2:10    V3->V4:20    V3->V5:25    V3->V6:5
3:V4->V1:10    V4->V3:20    V4->V5:15
4:V5->V3:25    V5->V4:15
5:V6->V2:35    V6->V3:5
请输入操作选项：6
请输入出发的顶点名称:V1
深度优先遍历的结果是：V1,V2,V3,V5,V6,V4
```

2. 广度优先搜索算法

1）算法的思想

图的广度优先搜索是从图的某个顶点 x 出发，访问 x。然后访问与 x 相邻接的所有未被访问的顶点 $x_1,x_2,\cdots,x_n$；接着再依次访问与 $x_1,x_2,\cdots,x_n$ 相邻接的未被访问过的所有顶点。依此类推,直至图的每个顶点都被访问。

从图7.9的第一个顶点V_1开始遍历。在访问了顶点V_1之后,访问与V_1邻接的所有顶点。与V_1邻接的顶点有V_2和V_4,可以以任何顺序访问顶点V_2和V_4,假设先访问顶点V_2,再访问顶点V_4。

遍历与V_2邻接的所有未被访问的顶点,与V_2邻接的未被访问的顶点是V_3和V_6,先访问V_3再访问V_6;然后访问与V_4邻接的顶点,与V_4邻接的未被访问的顶点是V_5。

依次遍历与顶点V_3、V_6和V_5邻接的未被访问的顶点,没有与V_3、V_6和V_5相邻接的未被访问的顶点。所有顶点都被遍历了。

图中所有顶点的访问顺序为$V_1 \to V_2 \to V_4 \to V_3 \to V_6 \to V_5$。

2) 算法实现的思想

可以使用队列来实现广度优先搜索算法,使用队列对图7.7(a)中的顶点进行的广度优先搜索过程如下。

(1) 访问起始顶点V_1,并将它插入队列,如图7.14(a)所示。

(2) 从队列中删除队头顶点V_1,访问所有它未被访问的邻接顶点V_2和V_4,并将它们插入到队列,如图7.14(b)所示。

(3) 从队列中删除队头顶点V_2,访问所有它未被访问的邻接顶点V_3和V_6,并将它们插入到队列,如图7.14(c)所示。

(4) 从队列中删除队头顶点V_4,访问所有它未被访问的邻接顶点V_5,并将它们插入到队列,如图7.14(d)所示。

(5) 从队列中删除队头顶点V_3。V_3没有任何未被访问的邻接顶点,因此没有顶点要访问或插入到队列,如图7.14(e)所示。

(6) 从队列中删除队头顶点V_6。V_6没有任何未被访问的邻接顶点,因此没有顶点要访问或插入到队列,如图7.14(f)所示。

(7) 从队列中删除队头顶点V_5。V_5没有任何未被访问的邻接顶点,因此没有顶点要访问或插入到队列,如图7.14(g)所示。

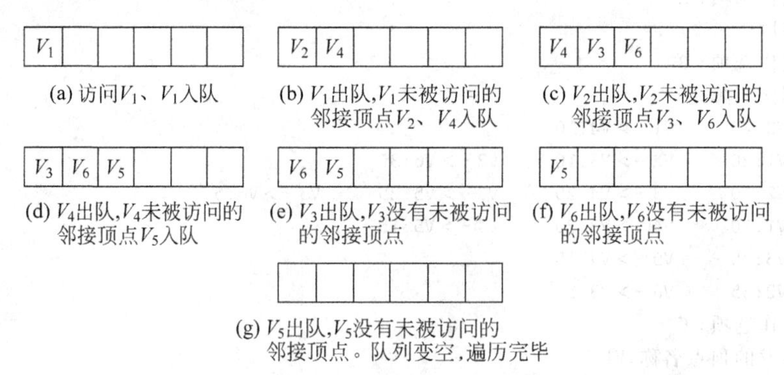

图7.14 图7.7(a)广度优先搜索遍历过程示意图

至此队列是空的,图遍历完成,遍历的顺序是$\{V_1, V_2, V_4, V_3, V_6, V_5\}$。

3) 基于邻接矩阵的算法实现

```
public String breadFirstSearch(int v) {
```

```java
        if (v < 0 || v >= numOfVexs)
            throw new ArrayIndexOutOfBoundsException();
        visited = new boolean[numOfVexs];
        StringBuilder sb = new StringBuilder();
        Queue<Integer> queue = new LinkedList<Integer>();
        queue.offer(v);
        visited[v] = true;
        while (!queue.isEmpty()) {
            v = queue.poll();
            sb.append(vexs[v] + ",");
            for (int i = numOfVexs - 1; i >= 0 numOfVexs; i--)
                if ((edges[v][i] != 0 && edges[v][i] != Integer.MAX_VALUE)
                        && !visited[i]) {
                    queue.offer(i);
                    visited[i] = true;
                }
            }
        }
        return sb.length() > 0 ? sb.substring(0, sb.length() - 1) : null;
    }
```

4) 基于邻接表的算法实现

将下面的代码添加到类 GraphAdjList 中。

```java
public String breadFirstSearch(int v) {
        if (v < 0 || v >= numOfVexs)
            throw new ArrayIndexOutOfBoundsException();
        visited = new boolean[numOfVexs];
        StringBuilder sb = new StringBuilder();
        Queue<Integer> queue = new LinkedList<Integer>();
        queue.offer(v);
        visited[v] = true;
        ENode current;
        while (!queue.isEmpty()) {
            v = queue.poll();
            sb.append(vexs[v].data + ",");
            current = vexs[v].firstadj;
            while (current != null) {
                if (!visited[current.adjvex]) {
                    queue.offer(current.adjvex);
                    visited[current.adjvex] = true;
                }
                current = current.nextadj;
            }
        }
        return sb.length() > 0 ? sb.substring(0, sb.length() - 1) : null;
    }
```

分别在类 TestGraphAdjMatrix 和 TestGraphAdjList 中，添加菜单“7.广度优先搜索”，参照对深度优先搜索算法的测试方法，对广度优先搜索算法进行测试。

7.2.4 图最短路径算法的实现

1. 最短路径的概念

最短路径问题是比较典型的应用问题。假设一游客想找出从图 7.7(a)的 V_1 到 V_6 的最短路径。分析图 7.7(a),可得出从顶点 V_1 到顶点 V_6 有 5 条路径:

$V_1 \to V_2 \to V_6$,距离=55(20+35)。

$V_1 \to V_2 \to V_3 \to V_6$,距离=35(20+10+5)。

$V_1 \to V_4 \to V_3 \to V_2 \to V_6$,距离=75(10+20+10+35)。

$V_1 \to V_4 \to V_3 \to V_6$,距离=35(10+20+5)。

$V_1 \to V_4 \to V_5 \to V_3 \to V_6$,距离=55(10+15+25+5)。

因此 V_1 到 V_6 的最短路径有两条,$V_1 \to V_2 \to V_3 \to V_6$ 和 $V_1 \to V_4 \to V_3 \to V_6$,它们的总距离都是 35。边的权值之和最小的那一条路径称为两点之间的最短路径,路径上的第一个顶点为源点,最后一个顶点为终点,狄克斯特拉(Dijkstra)提出了一种按长度递增的次序产生最短路径的算法。

2. Dijkstra 算法

1) Dijkstra 算法的思想

(1) 设置两个顶点集合 S 和 T,集合 S 中存放已经找到最短路径的顶点,集合 T 中存放当前还未找到最短路径的顶点。

(2) 初始状态时,集合 S 中只包含源点 V_1,T 中为除源点外的其余顶点,此时源点到各顶点的最短路径为两个顶点所连的边上的权值,如果源点 V_1 到该顶点没有边,则最短路径为无穷大。

(3) 从集合 T 中选取到源点 V_1 的路径长度最短的顶点 V_i 加入集合 S 中。

(4) 修改源点 V_1 到集合 T 中剩余顶点 V_j 的最短路径长度。新的最短路径长度值为 V_j 原来的最短路径长度值与顶点 V_i 的最短路径长度加上 V_i 到 V_j 的路径长度值中的较小值。

(5) 不断重复过程步骤(3)和(4),直到集合 T 的顶点全部加入集合 S 为止。

2) Dijkstra 算法的表示

下面通过图 7.7(a)的 V_1 到 V_6 的最短路径,理解 Dijkstra 算法的思想。设顶点 V_1 为开始顶点,从它开始到所有其他顶点的最短距离需要被确定。

设置一个一维数组 st 来标记找到最短路径的顶点的状态,并规定:

$$\mathrm{st}[\mathrm{i}]=\begin{cases}0 & \text{未找到源点到顶点 } V_i \text{ 的最短路径}\\ 1 & \text{已找到源点到顶点 } V_i \text{ 的最短路径}\end{cases}$$

数组 st 中,值为 1 的元素组成的集合表示 Dijkstra 算法中的 S 集合,值为 0 的元素组成的集合表示 Dijkstra 算法中的 T 集合。还需要另一个数组 distance,用它来存储从 V_1 到其他顶点的距离。距离可能是直接的或间接的,也就是说,如果顶点 V_1、V_2、V_3、V_4、V_5、V_6 被给定了索引 0、1、2、3、4 和 5,那么 distance[index]给出了从顶点 V_1 到索引为 index 的顶点的距离,当对应的 st[index]的值为 1 时,这个距离为从 V_1 到索引为 index 的顶点的最短距离。

Dijkstra 算法思想的步骤(3)伪代码表示如下：

```
if(st[Vi] == 0 && distance[Vi] = min{distance[Vj]})
{
  st[Vi] = 1;
}
```

Dijkstra 算法思想的步骤(4)伪代码表示如下：

```
if(distance[Vj]>distance[Vi] + matrix[Vi, Vj])
    distance[Vj] = distance[Vi] + matrix[Vi, Vj]
```

3) Dijkstra 算法的求解过程

下面详细地描述用 Dijkstra 算法来确定图 7.7(a)中从顶点 V_1 到其他顶点的最短距离。具体过程如下：

(1) 初始化数组 distance 和 st，如图 7.15(a)所示。

(2) 从未访问顶点中选路径长度最短的顶点加入访问集合。满足 st[index]=0 条件的 index 可取值{1,2,3,4,5}，分析图 7.15(a)的 distance 数组，可知 index 取值为 3 时，未访问顶点对应的 distance 中的距离最短，为 10，将 st[3]设为 1，如图 7.15(b)所示。

(3) 修改未访问顶点的最短路径长度。满足 st[index]=0 条件的 index 可取值{1,2,4,5}，判断 distance[index]是否小于 distance[3]+matrix[3,index]，如果不是，则 distance[index]=distance[3]+matrix[3,index]。

① index=1：distance[1]为 20，distance[3]+matrix[3,1]=10+∞=∞，前者小于后者，不用修改。

② index=2：distance[2]为∞，distance[3]+matrix[3,2]=10+20=30，前者大于后者，distance[2]修改为 30。

③ index=4：distance[4]为∞，distance[3]+matrix[3,4]=10+15=25，前者大于后者，distance[4]修改为 25。

④ index=5：distance[5]为∞，distance[3]+matrix[3,5]=10+∞=∞，两者相等，不用修改。

此次操作后，distance 发生变化，如图 7.15(c)所示。

(4) 从未访问顶点中选路径长度最短的顶点加入访问集合。满足 st[index]=0 条件的 index 可取值{1,2,4,5}，分析图 7.15(c)中的 distance 数组，可知 index 取值为 1 时，未访问顶点对应的 distance 中的距离最短，为 20，将 st[1]设为 1，如图 7.15(d)所示。

(5) 修改未访问顶点的最短路径长度。满足 st[index]=0 条件的 index 可取值{2,4,5}，判断 distance[index]是否小于 distance[1]+matrix[1,index]，如果不是，则 distance[index]=distance[1]+matrix[1,index]。

① index=2：distance[2]为 30，distance[1]+matrix[1,2]=20+10=30，两者相等，不用修改。

② index=4：distance[4]为 25，distance[1]+matrix[1,4]=20+∞=∞，前者小于后者，不用修改。

③ index=5：distance[5]为∞，distance[1]+matrix[1,5]=20+35=55，前者大于后

者，distance[5]修改为 55。

此次操作后，distance 发生变化，如图 7.15(e)所示

(6) 从未访问顶点中选路径长度最短的顶点加入访问集合。满足 st[index]=0 条件的 index 可取值{2,4,5}，分析图 7.15(e)中的 distance 数组，可知 index 取值为 4 时，未访问顶点对应的 distance 中的距离最短，为 25，将 st[4]设为 1，如图 7.15(f)所示。

(7) 修改未访问顶点的最短路径长度。满足 st[index]=0 条件的 index 可取值{2,5}，判断 distance[index]是否小于 distance[4]+matrix[4,index]，如果不是，则 distance[index]=distance[4]+matrix[4,index]。

① index=2：distance[2]为 30，distance[4]+matrix[4,2]=25+25=50，前者小于后者，不用修改。

② index=5：distance[5]为=55，distance[4]+matrix[4,5]=25+55=80，前者小于后者，不用修改。

此次操作后，distance 仍保持原有状态，如图 7.15(f)所示。

(8) 从未访问顶点中选路径长度最短的顶点加入访问集合。满足 st[index]=0 条件的 index 可取值{2,5}，分析图 7.15(f)的 distance 数组，可知 index 取值为 2 时，未访问顶点对应的 distance 中的距离最短，为 30，将 st[2]设为 1，如图 7.15(g)所示。

(9) 修改未访问顶点的最短路径长度。满足 st[index]=0 条件的 index 可取值{5}，判断 distance[index]是否小于 distance[2]+matrix[2,index]，如果不是，则 distance[index]=distance[2]+matrix[2,index]。

index=5：distance[5]为 55，distance[2]+matrix[2,5]−30+5=35，前者大于后者，distance[5]修改为 35。

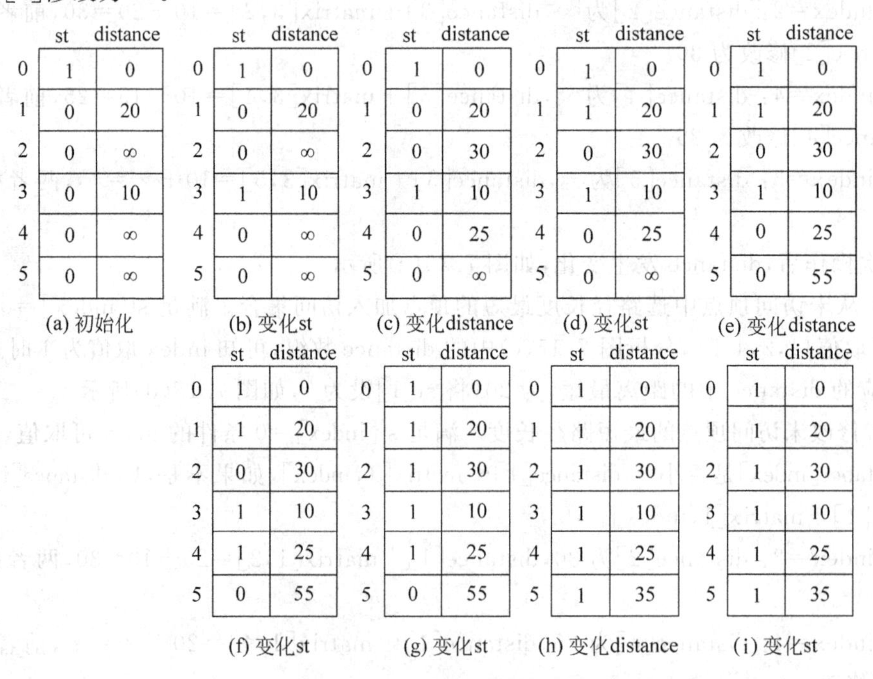

(a) 初始化

	st	distance
0	1	0
1	0	20
2	0	∞
3	0	10
4	0	∞
5	0	∞

(b) 变化st

	st	distance
0	1	0
1	0	20
2	0	∞
3	1	10
4	0	∞
5	0	∞

(c) 变化distance

	st	distance
0	1	0
1	0	20
2	0	30
3	1	10
4	0	25
5	0	∞

(d) 变化st

	st	distance
0	1	0
1	1	20
2	0	30
3	1	10
4	0	25
5	0	∞

(e) 变化distance

	st	distance
0	1	0
1	1	20
2	0	30
3	1	10
4	0	25
5	0	55

(f) 变化st

	st	distance
0	1	0
1	1	20
2	0	30
3	1	10
4	1	25
5	0	55

(g) 变化st

	st	distance
0	1	0
1	1	20
2	1	30
3	1	10
4	1	25
5	0	55

(h) 变化distance

	st	distance
0	1	0
1	1	20
2	1	30
3	1	10
4	1	25
5	1	35

(i) 变化st

	st	distance
0	1	0
1	1	20
2	1	30
3	1	10
4	1	25
5	1	35

图 7.15 用 Dijkstra 算法求解最短路径长度

此次操作后，distance 发生变化，如图 7.15(h)所示。

(10) 从未访问顶点中选路径长度最短的顶点加入访问集合。满足 st[index]=0 条件的 index 可取值{5}，分析图 7.15(h)中的 distance 数组，可知 index 取值为 5 时，未访问顶点对应的 distance 中的距离最短为 35，将 st[5]设为 1，如图 7.15(j)所示。

至此计算出了从源点 V_1 到所有其他顶点的最短路径长度，整个过程如图 7.15 所示。

3. Dijkstra 算法的实现

1) 基于邻接矩阵的算法实现

将下面的代码添加到类 GraphAdjMatrix 中。

```
public int[] dijkstra(int v) {
    if (v < 0 || v >= numOfVexs)
        throw new ArrayIndexOutOfBoundsException();
    boolean[] st = new boolean[numOfVexs];          // 默认初始为 false
    int[] distance = new int[numOfVexs];            // 存放源点到其他点的距离

    for (int i = 0; i < numOfVexs; i++)
        for (int j = i + 1; j < numOfVexs; j++) {
            if (edges[i][j] == 0) {
                edges[i][j] = Integer.MAX_VALUE;
                edges[j][i] = Integer.MAX_VALUE;
            }
        }
    for (int i = 0; i < numOfVexs; i++) {
        distance[i] = edges[v][i];
    }
    st[v] = true;
    // 处理从源点到其余顶点的最短路径
    for (int i = 0; i < numOfVexs; ++i) {
        int min = Integer.MAX_VALUE;
        int index =-1;
        // 比较从源点到其余顶点的路径长度
        for (int j = 0; j < numOfVexs; ++j) {
            // 从源点到 j 顶点的最短路径还没有找到
            if (st[j] == false) {
                // 从源点到 j 顶点的路径长度最小
                if (distance[j] < min) {
                    index = j;
                    min = distance[j];
                }
            }
        }
        //找到源点到索引为 index 顶点的最短路径长度
        if(index!=-1)
        st[index] = true;
        // 更新当前最短路径及距离
        for (int w = 0; w < numOfVexs; w++)
            if (st[w] == false) {
                if (edges[index][w] != Integer.MAX_VALUE
                        && (min + edges[index][w] < distance[w]))
```

```
                    distance[w] = min + edges[index][w];
                }
            }
        return distance;
    }   }   }
```

2) 基于邻接表的算法实现

将下面的代码添加到类 GraphAdjList 中。

```
public int[] dijkstra(int v) {
    if (v < 0 || v >= numOfVexs)
        throw new ArrayIndexOutOfBoundsException();
    boolean[] st = new boolean[numOfVexs];              // 默认初始为 false
    int[] distance = new int[numOfVexs];                // 存放源点到其他点的距离
    for (int i = 0; i < numOfVexs; i++) {
        distance[i] = Integer.MAX_VALUE;
    }
    ENode current;
    current = vexs[v].firstadj;
    while (current != null) {
        distance[current.adjvex] = current.weight;
        current = current.nextadj;
    }
    distance[v] = 0;
    st[v] = true;
    // 处理从源点到其余顶点的最短路径
    for (int i = 0; i < numOfVexs; i++) {
        int min = Integer.MAX_VALUE;
        int index = -1;
        // 比较从源点到其余顶点的路径长度
        for (int j = 0; j < numOfVexs; j++) {
            // 从源点到 j 顶点的最短路径还没有找到
            if (st[j] == false) {
                // 从源点到 j 顶点的路径长度最小
                if (distance[j] < min) {
                    index = j;
                    min = distance[j];
                }
            }
        }
        // 找到源点到索引为 index 顶点的最短路径长度
        if (index != -1)
            st[index] = true;
        // 更新当前最短路径及距离
        for (int w = 0; w < numOfVexs; w++)
            if (st[w] == false) {
                current = vexs[w].firstadj;
                while (current != null) {
                    if (current.adjvex == index)
                        if ((min + current.weight) < distance[w]) {
                            distance[w] = min + current.weight;
```

```
                    break;
                }
                current = current.nextadj;
            }
        }
    }
    return distance;
}
```

3）测试 Dijkstra 算法实现

在 TestGraphAdjMatrix 类中添加如下的测试代码：

```
public class TestGraphAdjMatrix {
    public static void main(String[ ] args){
        ⋮
        System.out.println("--------------------------------");
        System.out.println("操作选项菜单");
        ⋮
        System.out.println("8.求最短路径");
        System.out.println("0.退出");
        System.out.println("--------------------------------");
        char ch;
        do {
            System.out.print("请输入操作选项: ");
            ch = sc.next().charAt(0);
            switch (ch) {
            ⋮
            case '8':
                System.out.print("请输入出发的顶点名称:");
                vex = sc.next();
                int[ ] distance = graph.dijkstra(graph.indexOfVex(vex));
                System.out.println("顶点" + vex + "到各顶点的最短距离是: ");
                for (int i = 0; i < graph.getNumOfVertex(); i++) {
                    System.out.print(graph.valueOfVex(i) + "\t");
                }
                System.out.println();
                for (int i = 0; i < distance.length; i++) {
                    System.out.print(distance[i] + "\t");
                }
                System.out.println();
                break;          }
        } while (ch != '0');
        sc.close();
    }
}
```

然后在 TestGraphAdjList 类中添加同样的测试代码。

4）运行结果

运行 TestGraphAdjMatrix 类，观察到的运行结果是：

```
--------------------------------
```

```
操作选项菜单
1.添加顶点
2.添加边
3.显示邻接矩阵
4.删除顶点
5.删除边
6.深度优先搜索
7.广度优先搜索
8.求最短路径
0.退出
------------------------------
请输入操作选项:1
添加顶点完成!
请输入操作选项:2
添加边完成!
请输入操作选项:3
该图的邻接矩阵是:
V1  V2  V3  V4  V5  V6
 0  20   0  10   0   0
20   0  10   0   0  35
 0  10   0  20  25   5
10   0  20   0  15   0
 0   0  25  15   0   0
 0  35   5   0   0   0
请输入操作选项:8
请输入出发的顶点名称:V1
顶点 V1 到各顶点的最短距离是:
V1  V2  V3  V4  V5  V6
 0  20  30  10  25  35
```

请读者运行 TestGraphAdjList,观察运行结果。

7.3 图的应用

当询问 GPS 时,GPS 系统会指出一条两地之间的路线,这就是利用了图的存储和遍历运算,求出最优解。在现实生活中很多复杂的关系都可以用图来描述并利用图去解决一些问题。本节使用图来遍历高速公路交通网,求解任意两点的最短距离。

7.3.1 用邻接矩阵解决高速公路交通网的编程

1. 设计思路

将如图 7.1 所示的高速公路交通网中的城市抽象为图的顶点,城市间距离抽象为图的边,用邻接矩阵存储边的信息,构建邻接矩阵为 matrix,如图 7.16 所示。

$$
matrix[i,j]=
\begin{array}{c}
\\ A \\ B \\ C \\ D \\ E \\ F
\end{array}
\begin{array}{c}
\begin{array}{cccccc} A & B & C & D & E & F \end{array} \\
\begin{bmatrix}
0 & 90 & \infty & 150 & \infty & 180 \\
90 & 0 & 60 & 50 & \infty & \infty \\
\infty & 60 & 0 & \infty & 230 & 80 \\
150 & 50 & \infty & 0 & 110 & 280 \\
\infty & \infty & 230 & 110 & 0 & 30 \\
180 & \infty & 80 & 280 & 30 & 0
\end{bmatrix}
\end{array}
$$

图 7.16　高速公路交通网邻接矩阵

使用邻接矩阵类 GraphAdjMatrix<E>的深度优先搜索方法 depthFirstSearch 和广度优先搜索方法 breadFirstSearch 实现城市的遍历并用

Dijkstra 方法算出最短的旅行路线，求解过程如图 7.17 所示。

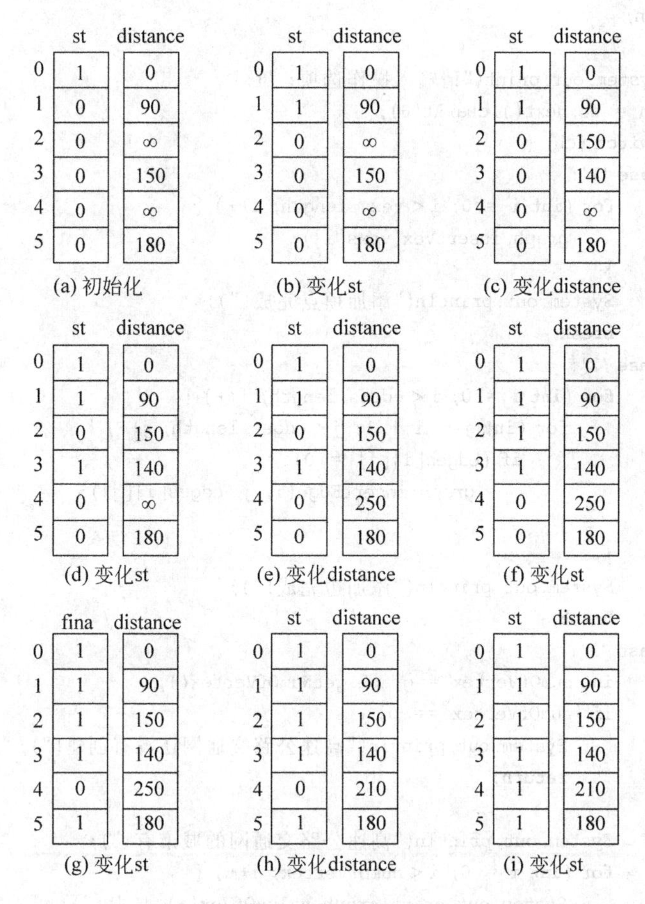

图 7.17　用 Dijkstra 算法求解城市间最短路径过程示意图

2. 编码实现

```
public class AdjMatrixApp {
    public static void main(String[] args) {
        String[] vexs = { "A", "B", "C", "D", "E", "F" };
        /* 没有边的顶点用 0 表示，起点和终点相同的也用 0 表示。求解最短路径时会将非对角
线上为零的边设成整数的最大值 */
        int[][] edges = { { 0, 90, 0, 150, 0, 180 }, { 90, 0, 60, 50, 0, 0 },
                { 0, 60, 0, 0, 230, 80 }, { 150, 50, 0, 0, 110, 280 },
                { 0, 0, 230, 110, 0, 30 }, { 180, 0, 80, 280, 30, 0 } };
        Scanner sc = new Scanner(System.in);
        IGraph<String> graph = new GraphAdjMatrix<String>(vexs.length, String.class);
        System.out.println("--------------------------------");
        System.out.println("操作选项菜单");
        System.out.println("1.添加顶点");
        System.out.println("2.添加边");
        System.out.println("3.显示邻接矩阵");
        System.out.println("4.深度优先遍历");
        System.out.println("5.广度优先遍历");
        System.out.println("6.求最短路径");
        System.out.println("7.退出");
```

```
            System.out.println("-------------------------------");
            char ch;
            do {
                System.out.print("请输入操作选项: ");
                ch = sc.next().charAt(0);
                switch (ch) {
                case '1':
                    for (int i = 0; i < vexs.length; i++) {
                        graph.insertVex(vexs[i]);
                    }
                    System.out.println("添加顶点完成!");
                    break;
                case '2':
                    for (int i = 0; i < edges.length; i++) {
                        for (int j = i + 1; j < edges.length; j++) {
                            if (edges[i][j] != 0)
                                graph.insertEdge(i, j, edges[i][j]);
                        }
                    }
                    System.out.println("添加边完成!");
                    break;
                case '3':
                    int numOfVertex = graph.getNumOfVertex();
                    if (numOfVertex == 0) {
                        System.out.println("高速公路交通网还没有创建!");
                        return;
                    }
                    System.out.println("高速公路交通网的城市有:");
                    for (int i = 0; i < numOfVertex; i++) {
                        System.out.print(graph.valueOfVex(i) + "\t");
                    }
                    System.out.println();

                    for (int i = 0; i < graph.getNumOfVertex(); i++) {
                        for (int j = 0; j < graph.getNumOfVertex(); j++)
                            System.out.print(graph.getEdge(i, j) + "\t");
                        System.out.println("\n");
                    }
                    break;
                case '4':
                    System.out.print("请输入出发的城市名称:");
                    String city = sc.next();
                    String path = graph.depthFirstSearch(graph.indexOfVex(city));
                    System.out.print("深度优先遍历的结果是: ");
                    System.out.println(path);
                    break;
                case '5':
                    System.out.print("请输入出发的城市名称:");
                    city = sc.next();
                    path = graph.breadFirstSearch(graph.indexOfVex(city));
                    System.out.print("广度优先遍历的结果是: ");
```

```java
                System.out.println(path);
                break;
            case '6':
                System.out.print("请输入出发的城市名称:");
                city = sc.next();
                int[] distance = graph.dijkstra(graph.indexOfVex(city));
                System.out.println(city + "到各城市的距离是: ");
                for (int i = 0; i < graph.getNumOfVertex(); i++) {
                    System.out.print(graph.valueOfVex(i) + "\t");
                }
                System.out.println();
                for (int i = 0; i < distance.length; i++) {
                    System.out.print(distance[i] + "\t");
                }
                System.out.println();
                break;
            }
        } while (ch != '7');
        sc.close();
    }
}
```

3. 运行效果

```
--------------------------------
操作选项菜单
1.添加顶点
2.添加边
3.显示邻接矩阵
4.深度优先遍历
5.广度优先遍历
6.求最短路径
7.退出
--------------------------------
请输入操作选项: 1
添加顶点完成!
请输入操作选项: 2
添加边完成!
请输入操作选项: 3
高速公路交通网的城市有:
  A    B    C    D    E    F
  0   90    0  150    0  180
 90    0   60   50    0    0
  0   60    0    0  230   80
150   50    0    0  110  280
  0    0  230  110    0   30
180    0   80  280   30    0

请输入操作选项: 4
请输入出发的城市名称:A
深度优先遍历的结果是: A,B,C,E,D,F
```

```
请输入操作选项：5
请输入出发的城市名称:A
广度优先遍历的结果是：A,B,D,F,C,E
请输入操作选项：6
请输入出发的城市名称:A
城市 A 到各城市的最短距离是：
A    B    C    D    E    F
0   90   150  140  210  180
```

7.3.2 用邻接表解决高速公路交通网的编程

1. 设计思路

将图 7.1 高速公路交通网中的城市抽象为图的顶点，城市间距离抽象为图的边，用邻接表存储边的信息，构建的邻接表如图 7.18 所示。

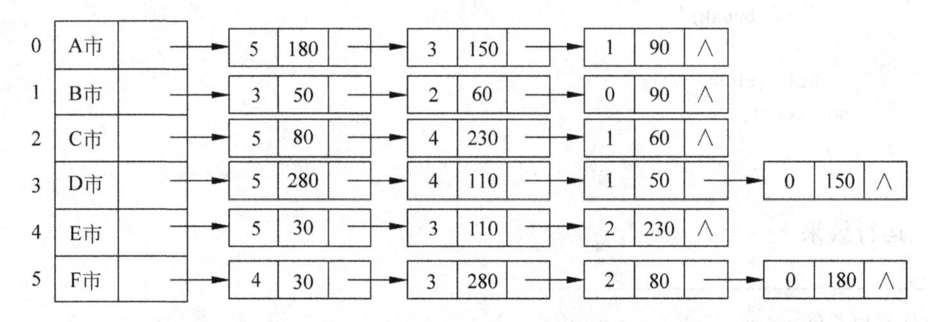

图 7.18 高速公路交通网邻接表

使用邻接矩阵类 GraphAdjList<E>的深度优先搜索方法 depthFirstSearch 和广度优先搜索方法 breadFirstSearch 实现城市的遍历并用 Dijkstra 方法算出最短的旅行路线。

2. 编码实现

下面的代码与用邻接矩阵实现的代码基本相同，不同的是 IGraph 要声明为 GraphAdjList 类型变量，操作选项菜单选项"3-显示邻接表"中的代码与领接矩阵的实现方式不同，其他都是一样的。

```
public class GraphAdjListApp {
    public static void main(String[ ] args) {
        String[ ] vexs = { "A", "B", "C", "D", "E", "F" };
        // 没有边的顶点用 0 表示,起点和终点相同的也用 0 表示
        int[ ][ ] edges = { { 0, 90, 0, 150, 0, 180 }, { 90, 0, 60, 50, 0, 0 },
                { 0, 60, 0, 0, 230, 80 }, { 150, 50, 0, 0, 110, 280 },
                { 0, 0, 230, 110, 0, 30 }, { 180, 0, 80, 280, 30, 0 } };
        Scanner sc = new Scanner(System.in);
        IGraph<String> graph = new GraphAdjList<String>(vexs.length);
        System.out.println("----------------------------------");
        System.out.println("操作选项菜单");
        System.out.println("1.添加顶点");
        System.out.println("2.添加边");
        System.out.println("3.显示邻接表");
        System.out.println("4.深度优先遍历");
```

```
System.out.println("5.广度优先遍历");
System.out.println("6.求最短路径");
System.out.println("7.退出");
System.out.println("------------------------------");
char ch;
do {
    System.out.print("请输入操作选项：");
    ch = sc.next().charAt(0);
    switch (ch) {
    case '1':
        for (int i = 0; i < vexs.length; i++) {
            graph.insertVex(vexs[i]);
        }
        System.out.println("添加顶点完成!");
        break;
    case '2':
        for (int i = 0; i < edges.length; i++) {
            for (int j = i + 1; j < edges.length; j++) {
                if (edges[i][j] != 0)
                    graph.insertEdge(i, j, edges[i][j]);
            }
        }
        System.out.println("添加边完成!");
        break;
    case '3':
        int numOfVertex = graph.getNumOfVertex();
        if (numOfVertex == 0) {
            System.out.println("高速公路交通网还没有创建!");
            return;
        }
        System.out.println("高速公路交通网的城市有:");

        for (int i = 0; i < numOfVertex; i++) {
            System.out.print(i + ":");
            for (int j = 0; j < numOfVertex; j++) {
                if (graph.getEdge(i, j) != 0)
                    System.out.print(graph.valueOfVex(i) + "->"
                            + graph.valueOfVex(j) + ":"
                            + graph.getEdge(i, j) + "\t");
            }
            System.out.print("\n");
        }
        break;
    case '4':
        System.out.print("请输入出发的城市名称:");
        String city = sc.next();
        String path = graph.depthFirstSearch(graph.indexOfVex(city));
        System.out.print("深度优先遍历的结果是: ");
        System.out.println(path);
        break;
    case '5':
        System.out.print("请输入出发的城市名称:");
        city = sc.next();
        path = graph.breadFirstSearch(graph.indexOfVex(city));
```

```
                    System.out.print("广度优先遍历的结果是: ");
                    System.out.println(path);
                    break;
                case '6':
                    System.out.print("请输入出发的城市名称:");
                    city = sc.next();
                    int[] distance = graph.dijkstra(graph.indexOfVex(city));
                    System.out.println(city + "到各城市的距离是: ");
                    for (int i = 0; i < graph.getNumOfVertex(); i++) {
                        System.out.print(graph.valueOfVex(i) + "\t");
                    }
                    System.out.println();
                    for (int i = 0; i < distance.length; i++) {
                        System.out.print(distance[i] + "\t");
                    }
                    System.out.println();
                    break;
            }
        } while (ch != '7');
        sc.close();
    }
}
```

3. 运行效果

```
--------------------------------
操作选项菜单
1.添加顶点
2.添加边
3.显示邻接表
4.深度优先遍历
5.广度优先遍历
6.求最短路径
7.退出
--------------------------------
请输入操作选项: 1
添加顶点完成!
请输入操作选项: 2
添加边完成!
请输入操作选项: 3
高速公路交通网的城市有:
0:A->B:90     A->D:150     A->F:180
1:B->A:90     B->C:60     B->D:50
2:C->B:60     C->E:230     C->F:80
3:D->A:150     D->B:50     D->E:110     D->F:280
4:E->C:230     E->D:110     E->F:30
5:F->A:180     F->C:80     F->D:280     F->E:30
请输入操作选项: 4
请输入出发的城市名称:A
深度优先遍历的结果是: A,B,C,E,D,F
请输入操作选项: 5
请输入出发的城市名称:A
广度优先遍历的结果是: A,F,D,B,E,C
请输入操作选项: 6
```

```
请输入出发的城市名称:A
城市 A 到各城市的最短距离是:
A  B   C    D    E    F
0  90  150  140  210  180
```

7.3.3 独立实践

1. 问题描述

图 7.19 所示是某城市的交通网络干线图,其中的顶点代表该市的交通要点,顶点间的有向连线代表有方向交通线路,线上的数字表示两个交通要点的距离。

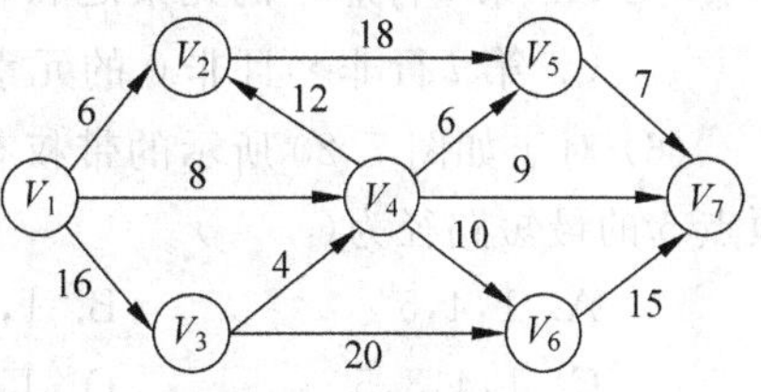

图 7.19　有向图

2. 基本要求

根据图 7.19,编程实现:

(1) 分别用邻接矩阵和邻接存储图,并显示存储的结果。

(2) 分别计算 V_4 和 V_6 的入度和出度。

(3) 分别用深度优先搜索和广度优先搜索遍历该交通干线图。

(4) 给定图中的任一交通要点,用 Dijkstra 算法求出从该点到其余各顶点的最短路径。

本章小结

(1) 图是由一系列顶点和边(弧)组成的数据结构。

(2) 有两种类型的图:有向图和无向图。

(3) 存储图的两种最常用的方法是邻接矩阵和邻接表。

(4) 遍历图是指访问图中的所有顶点。图的遍历可以从任何顶点开始。

(5) 遍历图的两种最常用的方法是深度优先搜索(DFS)和广度优先搜索(BFS)。

(6) Dijkstra 算法能够找到给定的开始顶点到图中其他所有顶点间的最短路径。

综合练习

1. 选择题

(1) 具有 n 个顶点的有向图最多有(　　)条边。

A. n　　　B. $n(n-1)$　　　C. $n(n+1)$　　　D. n^2

(2) 对于一个有向图,若一个顶点的入度为 k_1、出度为 k_2,则对应邻接表中该顶点的单链表中的结点数为(　　)。

A. k_1　　　B. k_2　　　C. k_1-k_2　　　D. k_1+k_2

(3) 在一个无权值无向图中,若两个顶点之间的路径长度为 k,则该路径上的顶点数为(　　)。

A. k　　　B. $k+1$　　　C. $k+2$　　　D. $2k$

(4) 下面关于图的存储的叙述中,(　　)是正确的。

A. 用相邻矩阵法存储图,占用的存储空间数只与图中结点个数有关,而与边数无关

B. 用相邻矩阵法存储图,占用的存储空间数只与图中边数有关,与结点个数无关

C. 用邻接表法存储图,占用的存储空间数只与图中结点个数有关,与边数无关

D. 用邻接表法存储图,占用的存储空间数只与图中边数有关,与结点个数无关

(5) 带权有向图 G 用邻接矩阵 A 存储,则顶点 i 的入度等于 A 中(　　)。

A. 第 i 行非∞的元素之和　　B. 第 i 列非∞的元素之和

C. 第 i 行非∞且非 0 的元素个数　　D. 第 i 列非∞且非 0 的元素个数

(6) 对于如图 7.20 所示的带权有向图,从顶点 1 到顶点 5 的最短路径为(　　)。

A. 1,4,5　　B. 1,2,3,5

C. 1,4,3,5　　D. 1,2,4,3,5

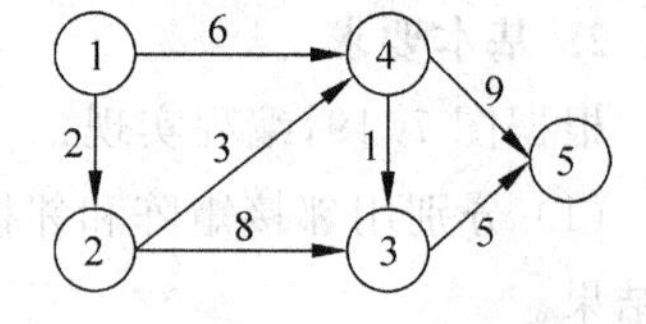

图 7.20　选择题(6)中用的有向图的

2. 问答题

(1) 简述图的存储方法:邻接矩阵和邻接表。

(2) 已知一个无向图的邻接表如图 7.21 所示,分别写出用 DFS 和 BFS 算法从顶点 V_0 开始的遍历该图后所得到的遍历序列。

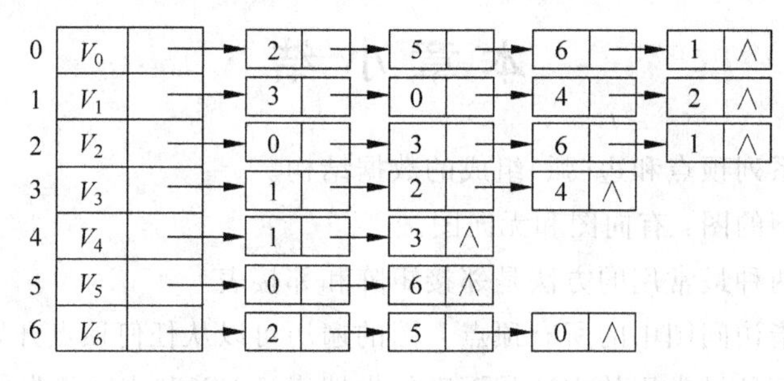

图 7.21　邻接表

3. 编程题

如图 7.22 所示的带权有向图 G,试回答以下问题:

(1) 编程计算出从顶点点 V_1 出发按深度优先搜索遍历 G 和按广度优先搜索遍历 G 所得的结点序列。

(2) 编程计算从结点 V_1 到结点 V_8 的最短路径。

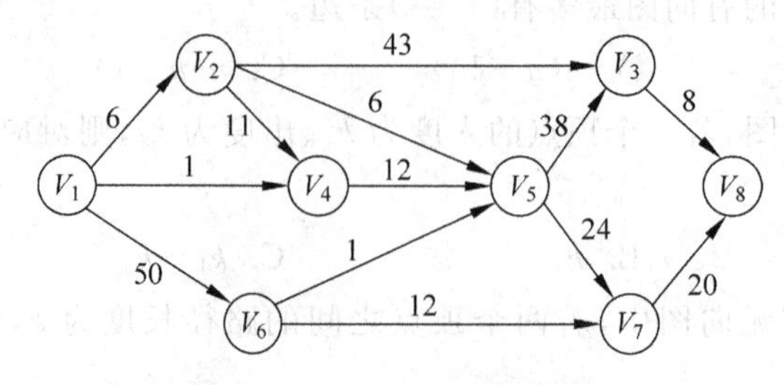

图 7.22　带权有向图

第8章 排 序

学习情境：实现第29届奥运会奥运奖牌的排名

问题描述：作为各国竞技运动实力的数字化体现，奖牌榜以一种简单而快捷的方式实现了信息的有效传播，增加了各国民众对奥运的关注。尽管没有任一排名得到奥委会的官方认可，但排行榜仍是媒体报道奥运、民众解读奥运的一个重要组成部分。不同的排名方式，体现了不同的利益诉求和价值倾向。以金牌数量为基准的排名，通俗点说，就是一种“永远争第一”的心态，体现了一种不断超越自我、超越对手的决心，以及对世界巅峰和人类运动极限的不懈追求。而以奖牌数为基准的排名，则相对客观，反映了一个国家对其竞技能力的成长性和延续性的关注。图8.1所示是各国奥运奖牌按金牌数量为基础的排名。

排名	国家和地区	英文缩写	金	银	铜	总
1	中国	CHN	51	21	28	100
2	美国	USA	36	38	36	110
3	俄罗斯	RUS	23	21	28	72
4	英国	GBR	19	13	15	47
5	德国	GER	16	10	15	41
6	澳大利亚	AUS	14	15	17	46
7	韩国	KOR	13	10	8	31
8	日本	JPN	9	6	10	25
9	意大利	ITA	8	10	10	28
10	法国	FRA	7	16	17	40
11	乌克兰	UKR	7	5	15	27
12	荷兰	NED	7	5	4	16
13	牙买加	JAM	6	3	2	11
14	西班牙	ESP	5	10	3	18
15	肯尼亚	KEN	5	5	4	14

图8.1　奥运奖牌按金牌数量排名示意图

根据上面的描述，编写程序实现奥运奖牌不同要求的排名：

(1) 按奥运金牌总数排名，当金牌总数相同时，按银牌总数排名，当银牌总数也相同时，按铜牌总数排名，如果三种奖牌数据都相同，按英文字母顺序排序。

(2) 按奥运奖牌总数排名，当奖牌总数相同时，依次比较金牌数、银牌数和铜牌数。

8.1 认识排序

对奥运奖牌排序要用到数据结构排序的算法。排序(Sort)是计算机程序设计中的一种重要操作，也是日常生活中经常遇到的问题。例如，学生成绩表的排序、电话号码的排序、字典中单词排序。同样，存储在计算机中数据的排序，对于处理这些数据的算法的速度和简便性而言，也具有非常深远的意义。有多种不同的排序算法可以按特定的顺序排序数据，即使两个算法具有相同的效率，也可能在不同的工作情况下有所差异。

8.1.1 排序概念

排序是计算机内经常进行的一种操作,其目的是将一组"无序"的记录序列调整为"有序"的记录序列,使之按关键字递增(或递减)次序排列起来。

例如,将下列关键字序列

```
52, 49, 80, 36, 14, 58, 61, 23, 97, 75
```

调整为

```
14, 23, 36, 49, 52, 58, 61 ,75, 80, 97
```

一般情况下,假设含 n 个记录的序列为

$$\{R_1, R_2, \cdots, R_n\}$$

其相应的关键字序列为

$$\{K_1, K_2, \cdots, K_n\}$$

这些关键字相互之间可以进行比较,即在它们之间存在着这样一个关系

$$Kp_1 \leqslant Kp_2 \leqslant \cdots \leqslant Kp_n$$

按此固有关系将记录序列重新排列为

$$\{Rp_1, Rp_2, \cdots, Rp_n\}$$

的操作称作排序。

被排序的对象由一组记录组成。记录则由若干个数据项(或域)组成。其中有一项用来标识一个记录,称为关键字项。该数据项的值称为关键字(Key)。关键字用来作排序运算依据的关键字,可以是数字类型,也可以是字符类型。

关键字的选取应根据问题的要求而定。

在奥运奖牌排行榜中将每个国家或地区的获奖情况作为一个记录。每条记录由排名、国家和地区的中文名称、英文缩写、金牌、银牌、铜牌、奖牌总数 7 项组成。若要唯一地标识一条记录,则必须用中文或英文名称作为关键字。若要按照金牌总数排名,则需用"金牌"作为关键字,而要按奖牌总数排名,则需用"奖牌总数"作为关键字。

8.1.2 排序的分类

1. 按涉及数据的内、外存交换分类

在排序过程中,若整个文件都是放在内存中处理,排序时不涉及数据的内、外存交换,则称为内部排序(简称内排序);反之,若排序过程中要进行数据的内、外存交换,则称为外部排序(简称外排序)。

注意:

- 内排序适用于记录个数不很多的小文件;
- 外排序则适用于记录个数太多,不能一次将其全部记录放入内存的大文件。

2. 按策略划分内部排序方法

按策略可将内部排序分为 5 类:插入排序、选择排序、交换排序、归并排序和分配排序。

1) 插入排序

每次将一个待排序的记录,按其关键字大小插入到前面已经排好序的子列表中的适当

位置，直到全部记录插入完成为止。

2）选择排序

每一趟从待排序的记录中选出关键字最小或最大的记录，顺序放在已排好序的子列表的最后，直到全部记录排序完毕。

3）交换排序

两两比较待排序记录的关键字，发现两个记录的次序相反时即进行交换，直到没有反序的记录为止。

4）归并排序

将两个或两个以上的有序子序列"归并"为一个有序序列。

5）分配排序

无须比较关键字，通过"分配"和"收集"过程实现排序。

为了让读者的注意力集中在各种排序算法的学习上，本章将假设存储单元中只存放记录的关键码，并且关键码的数据类型是整型，将以图 8.2 中所列出的数字元素列表讲解各种排序算法。待排序的这组数字以一组连续的存储单元存放，即使用数据元素是整型的数组存放。最后在理解各种排序算法的基础上，实现对奖牌排行榜的排序。

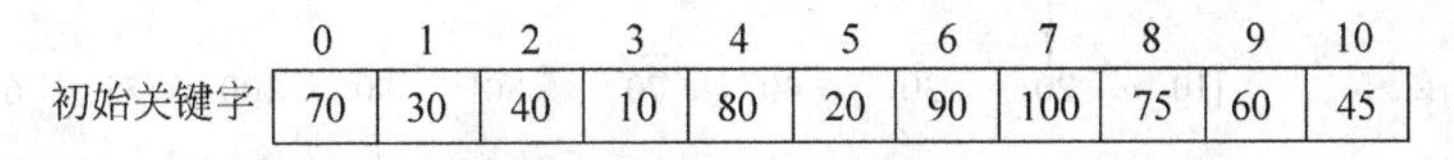

	0	1	2	3	4	5	6	7	8	9	10
初始关键字	70	30	40	10	80	20	90	100	75	60	45

图 8.2　未排序的元素列表

排序有非递增排序和非递减排序两种。为了不失一般性，本章讨论的所有排序算法都是按关键码非递减有序设计的。

8.2　插入排序

插入排序(Insertion Sort)的基本思想是，每次将一个待排序的记录，按其关键字大小插入到前面已经排好序的数据序列的适当位置，直到全部记录插入完成为止。本节介绍两种插入排序方法：直接插入排序和希尔排序。

8.2.1　直接插入排序

1. 直接插入排序的基本思想

假设待排序的记录存放在数组 data[0…$n-1$]中。初始时，data[0]自成 1 个有序区，无序区为 data[1…$n-1$]。从 $i=1$ 起直至 $i=n-1$ 为止，依次将 data[i]插入当前的有序区 data[0…$i-1$]中，生成含 n 个记录的有序区。

通常将一个记录 data[i]($i=1,2,\cdots,n-1$)插入到当前的有序区，使得插入后仍保证该区间里的记录是按关键字有序的操作称第 i 趟直接插入排序。

排序过程的某一中间时刻，data 被划分成两个子区间 data[0…$i-1$](已排好序的有序区)和 data[i…$n-1$](当前未排序的部分，可称无序区)。

直接插入排序的基本操作是将当前无序区的第 1 个记录 data[i]插人到有序区 data[0…$i-1$]中适当的位置上，使 data[0…i]变为新的有序区。因为这种方法每次使有序区增加 1

个记录,通常称增量法。

插入排序与打扑克时整理手上的牌非常类似。摸来的第一张牌无须整理,此后每次从桌上的牌(无序区)中摸最上面的一张并插入左手的牌(有序区)中正确的位置上。为了找到这个正确的位置,要自左向右(或自右向左)将摸来的牌与左手中已有的牌逐一比较。

图 8.2 中未排序的元素列表用直接插入排序法排序的过程如图 8.3 所示。

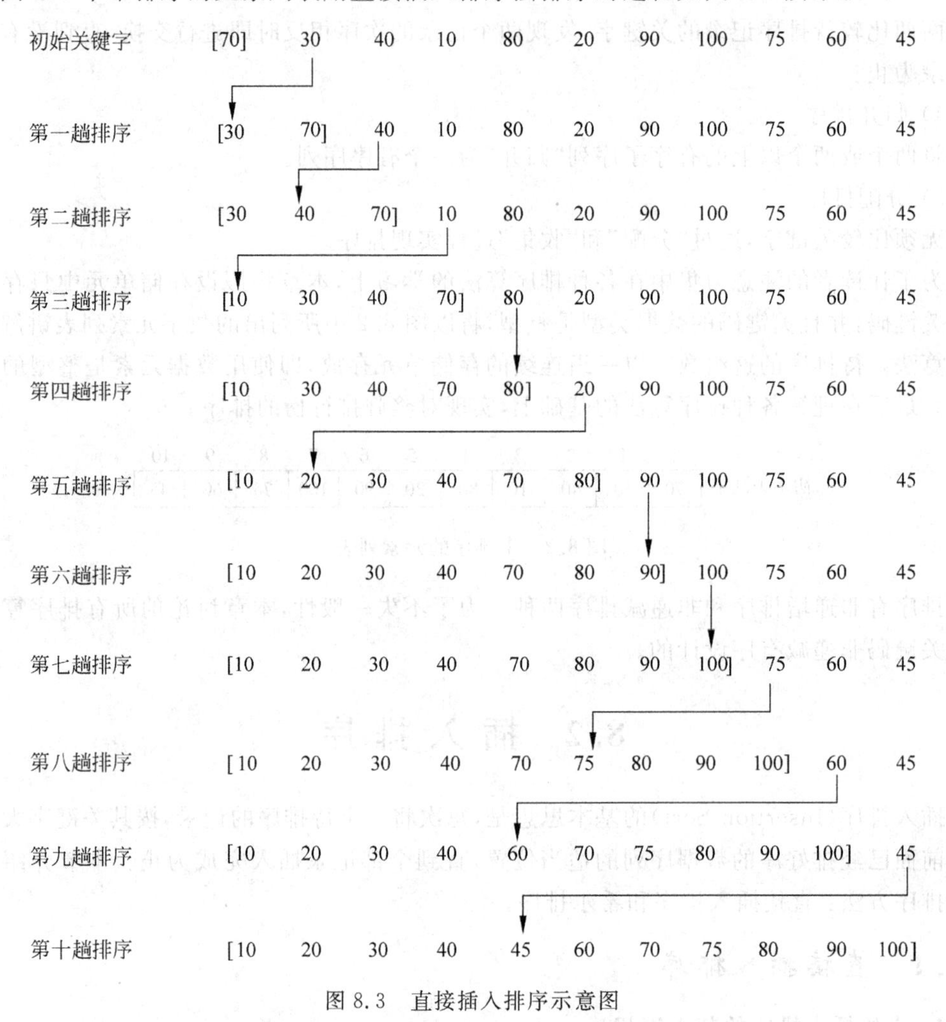

图 8.3　直接插入排序示意图

2. 直接插入排序的算法实现

直接插入排序算法的实现如下。

```
/* 直接插入排序算法 */
public int[] insertSort(int[]  data)
{
  for (int i = 1; i < data.length; i++)
  {
    //判断无序区的第一个元素是否小于有序区的最后一个元素(即有序区最大的元素)
    if (data[i]< data[i - 1])
    {
      int temp = data[i];
```

```
            int j = 0;
            //将有序区的元素向后移动,为待插入元素留出位置
            for (j = i - 1; j >= 0 && temp < data[j]; j-- )
            {
            data[j+1] = data[j];
            }
            data[j + 1] = temp;          //将 data[i]插入到有序区的位置上
        }
    }
  return data;
  }
```

上述算法定义在类 SortArithMetic 中,在类 TestSortArithMetic 中测试直接插入排序算法,代码如下:

```
public class TestSortArithMetic {
    public static void main(String[] args) {
        int[] data = { 70, 30, 40, 10, 80, 20, 90, 100, 75, 60, 45 };
        System.out.println("原始的数字序列: ");
        for (int i = 0; i < data.length; i++) {
            System.out.print(data[i] + " ");
        }
        System.out.println();
        SortArithMetic sort = new SortArithMetic();
        data = sort.insertSort(data);
        System.out.println("排序后的数字序列:");
        for (int i = 0; i < data.length; i++) {
            System.out.print(data[i] + " ");
}
```

运行上述代码,得到下面的运行结果。

```
原始的数字序列:
70 30 40 10 80 20 90 100 75 60 45
排序后的数字序列:
10 20 30 40 45 60 70 75 80 90 100
```

3. 直接插入排序的时间复杂度

直接插入排序算法的时间复杂度分为最好、最坏和随机三种情况。

(1) 最好的情况是关键字在序列中顺序有序。这时,外层循环的比较次数为 $n-1$,if 条件的比较次数为 $n-1$,内层循环的次数为 0。这样,外层循环中每次记录的比较次数为 2,整个序列的排序所需的记录关键字的比较次数为 $2(n-1)$,移动次数为 0,所以直接插入排序算法在最好情况下的时间复杂度为 $O(n)$。

(2) 最坏情况是关键字在记录序列中逆序有序。这时内层循环的循环系数每次均为 i。这样,整个外层循环的比较次数为

$$\sum_{i=1}^{n-1}(i+1)=\frac{(n-1)(n+2)}{2}$$

移动的次数为

$$\sum_{i=1}^{n-1}(i+2)=\frac{(n-1)(n+4)}{2}$$

因此，直接插入排序算法在最坏情况下的时间复杂度为 $O(n^2)$。

(3) 如果顺序表中的记录的排列是随机的，则记录的期望比较次数为 $n^2/4$。因此，直接插入排序算法在一般情况下的时间复杂度为 $O(n^2)$。

可以证明，顺序表中的记录越接近于有序，直接插入排序算法的时间效率越高，其时间效率在 $O(n)$ 到 $O(n^2)$ 之间。

总的说来，直接插入排序所需进行关键字间的比较次数和记录移动的次数均为 $n^2/4$，所以直接插入排序的时间复杂度为 $O(n^2)$。

8.2.2 希尔排序

希尔排序(Shell Sort)是插入排序的一种。因 D. L. Shell 于 1959 年提出而得名。

1. 希尔排序的基本思想

对待排记录序列先作"宏观"调整，再作"微观"调整。

所谓"宏观"调整，指的是"跳跃式"的插入排序。将记录序列 data[0…$n-1$]分成若干子序列，每个子序列分别进行插入排序。关键是，这种子序列不是由相邻的记录构成的。假设增量为 d，将 n 个记录分成 d 子序列，每个子序列有 k 个元素，则这 d 个子序列分别为

{ data[0], data[$0+d$], data[$0+2d$], …, data[$0+(k-1)d$] }

{ data[1], data[$1+d$], data[$1+2d$], …, data[$1+(k-1)d$] }

⋮

{ data[$d-1$], data[$d-1+d$], data[$d-1+2d$], …, data[$d-1+(k-1)d$] }

其中，d 称为增量，它的值在排序过程中从大到小逐渐缩小，直至最后一趟排序减为 1。

图 8.2 中未排序的元素列表用希尔排序法排序的过程如图 8.4 所示。

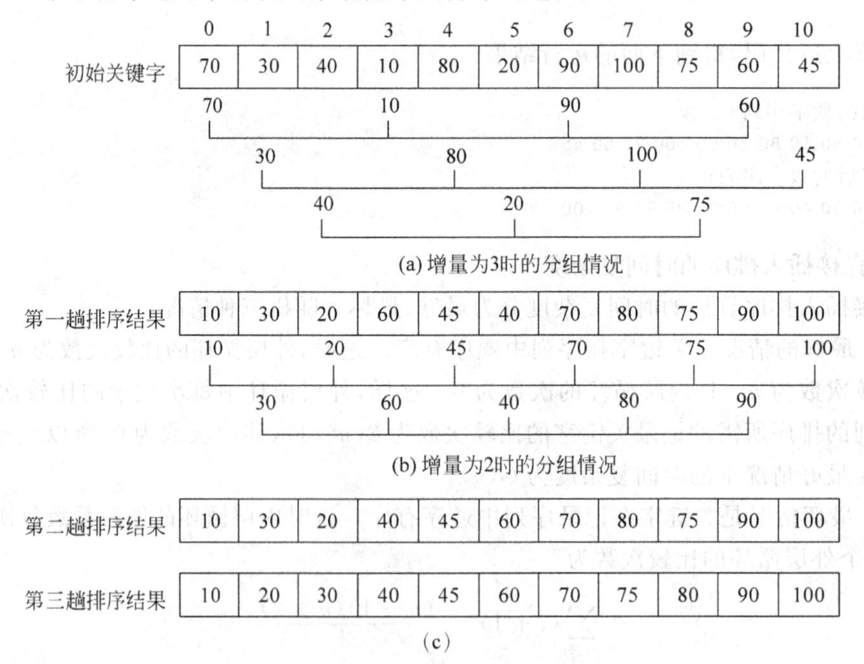

图 8.4　希尔排序示意图

通过图 8.4,分析希尔排序的过程。初始关键字列表是一组没有排序的数字列表,最初增量设为三,将数字列表分成了三个子序列{70,10,90,60}、{30,80,100,45}、{40,20,75},分别对三个子序列进行直接插入排序,得出第一趟排序结果。然后设增量为 2,将数字列表分成了两个子序列{10,20,45,70,75,100}、{30,60,40,80,90},分别对两个子序列进行直接插入排序,得出第二趟排序结果。最后增量为 1,这将对数字列表进行完全的排序,得出第三趟排序结果。

2. 希尔排序的算法实现

```
/* 希尔排序 */
public int[] shellSort(int[] data) {
    int increment = data.length / 3;        //增量的起始值取数字序列总长度的 1/3
    for (int d = increment; d >= 1; d--) {
        for (int i = d; i < data.length; i++)
            if (data[i] < data[i - d]) {
                int temp = data[i];
                int j = 0;
                for (j = i - d; j >= 0 && temp < data[j]; j = j - d) {
                    data[j + d] = data[j];
                }
                data[j + d] = temp;         // 插入 data[i]到正确的位置上
            }
    }
    return data;
}
```

上述算法定义在类 SortArithMetic 中,在类 TestSortArithMetic 中测试希尔排序算法,测试方法与直接插入排序的测试方法相同,只须将:

```
data = sort.insertSort(data);
```

替换为

```
data = sort.shelltSort (data);
```

运行测试程序后,输出结果与直接插入排序测试程序运行结果相同。

3. 希尔排序的时间复杂度

希尔排序的时间复杂度分析是一个复杂的问题,它实际所需要的时间取决于各次排序时增量的取法,即增量的个数和它们的取值。大量研究证明,若增量序列的取值比较合理,希尔排序时关键字比较次数和记录移动次数接近于 $O(n(\mathrm{lb}n)^2)$。由于该分析涉及一些复杂的数字问题,超出了本书的范围,这里不做详细的推导。

由于希尔排序法是按增量分组进行的排序,所以希尔排序是不稳定的排序。希尔排序法适用于中等规模记录序列排序的情况。

8.3 选择排序

选择排序(Selection Sort)的基本思想是,每一趟从待排序的记录中选出关键字最小(或最大)的记录,顺序放在已排好序的记录序列的最后,直到全部记录排序完毕。常用的选择排序方法有直接选择排序和堆排序。

8.3.1 直接选择排序

1. 直接选择排序的基本思想

直接选择排序是一种简单且直观的排序方法。直接选择排序的做法是:从待排序的记录序列中选择关键码最小(或最大)的记录并将它与序列中的第一个记录交换位置;然后从不包括第一个位置上的记录序列中选择关键码最小(或最大)的记录并将它与序列中的第二个记录交换位置;如此重复,直到序列中只剩下一个记录为止。

在直接选择排序中,每次排序完成一个记录的排序,也就是找到了当前剩余记录中关键字最小的记录的位置,$n-1$ 次排序就对 $n-1$ 个记录进行了排序,此时剩下的一个记录必定是原始序列中关键码最大(或最小)的,应排在所有记录的后面,因此具有 n 个记录的序列要做 $n-1$ 次排序。

图 8.2 中未排序的元素序列用直接选择排序法排序的过程如图 8.5 所示。

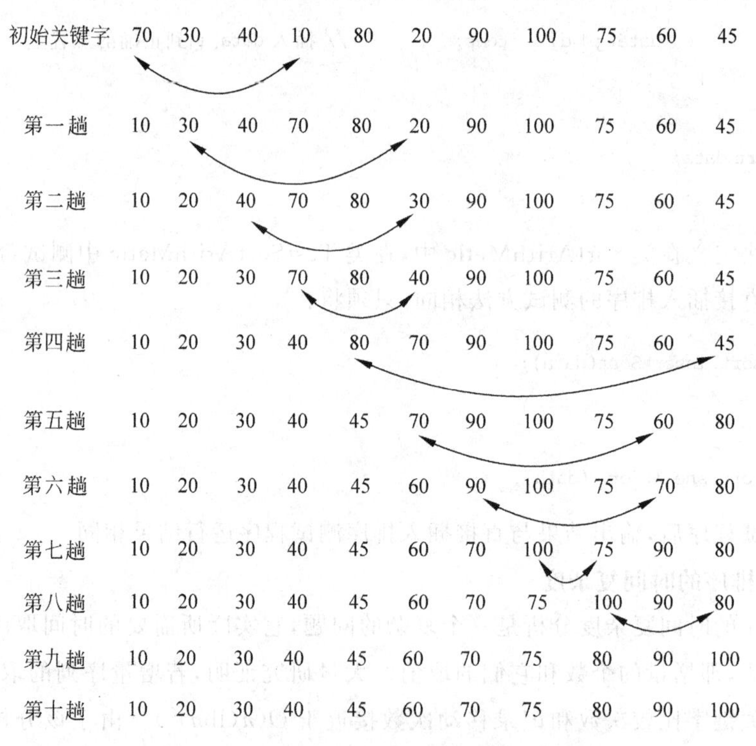

图 8.5 直接选择排序示意图

在初始关键字序列中,10 是当前最小的关键字,因此在第一趟排序过程中,10 和 70 互换;在第二趟排序时,20 是从第二个记录 30 开始的最小关键字,互换 20 与 30;以此类推……

2. 直接选择排序的算法实现

```
public int[] selectSort(int[] data) {
    int k;                                          //k 记下目前找到的最小关键字所在的位置
    int temp;
    for (int i = 0; i < data.length - 1; i++) {  // 做第 i 趟排序
        k = i;
        for (int j = i + 1; j < data.length; j++)
            if (data[j] < data[k])
                k = j;
        if (k != i) {                               // 交换
            temp = data[i];
            data[i] = data[k];
            data[k] = temp;
        }
    }
    return data;
}
```

上述算法定义在类 SortArithMetic 中，在类 TestSortArithMetic 中测试直接选择排序算法，测试方法与直接插入排序的测试方法相同，将

```
data = sort.insertSort(data);
```

替换为

```
data = sort.selectSort (data);
```

运行测试程序后，输出结果与直接插入排序测试程序运行结果相同。

3. 直接选择排序的时间复杂度

在直接选择排序中，第一次排序要进行 $n-1$ 次比较，第二次排序要进行 $n-2$ 次比较，第 $n-1$ 次排序要进行 1 次比较，所以总的比较次数为

$$\sum_{i=0}^{n-2}(n-1-i)=\frac{n(n-1)}{2}$$

在各次排序时，记录的移动次数最好 0 次，最坏为 3 次。所以，如果 data[0…$n-1$]原来的顺序是从小到大排序的，总的移动次数最好为 0 次；如果每次选择都要进行交换，则移动次数达到最大值，最坏为 $3(n-1)$次。因此，直接选择排序算法的时间复杂度为 $O(n^2)$。

直接选择排序算法需要一个辅助空间用于交换记录，所以直接选择排序算法是一种稳定的排序方法。

8.3.2 堆排序

1. 堆排序的基本思想

1) 问题的提出

堆排序是在直接选择排序法的基础上借助于完全二叉树结构而形成的一种排序方法。从数据结构的观点看，堆排序是完全二叉树的顺序存储结构的应用。

在直接选择排序中,为找出关键字最小的记录需要作 $n-1$ 次比较,然后为寻找关键字次小的记录要对剩下的 $n-1$ 个记录进行 $n-2$ 次比较。在这 $n-2$ 次比较中,有许多次比较在第一次排序的 $n-1$ 次比较中已做了。事实上,直接选择排序的每次排序除了找到当前关键字最小的记录外,还产生了许多比较结果的信息,这些信息在以后各次排序中还有用,但由于没有保存这些信息,所以每次排序都要对剩余的全部记录的关键字重新进行一遍比较,这样就大大增加了时间开销。

堆排序是针对直接选择排序所存在的上述问题的一种改进方法。它在寻找当前关键字最小记录的同时,还保存了本次排序过程中所产生的其他比较信息。

2) 堆的定义

设有 n 个元素组成的序列 data[0…$n-1$],若满足下面的条件:

(1) 这些元素是一棵完全二叉树的结点,且对于 $i=0,1,\cdots,n-1$,data[i]是该完全二叉树编号为 i 的结点。

(2) 满足下列不等式:

$$\begin{cases}\text{data}[i] \geqslant \text{data}[2i+1] \\ \text{data}[i] \geqslant \text{data}[2i+2]\end{cases} \tag{a}$$

或

$$\begin{cases}\text{dada}[i] \leqslant \text{data}[2i+1] \\ \text{data}[i] \leqslant \text{data}[2i+2]\end{cases} \tag{b}$$

则称该序列为一个堆。堆分为最大堆和最小堆两种。满足不等式(a)的为最大堆,满足不等式(b)的为最小堆。

图 8.6(a)所示是一棵完全二叉树,图 8.6(b)所示是与 8.6(a)对应的最大堆。

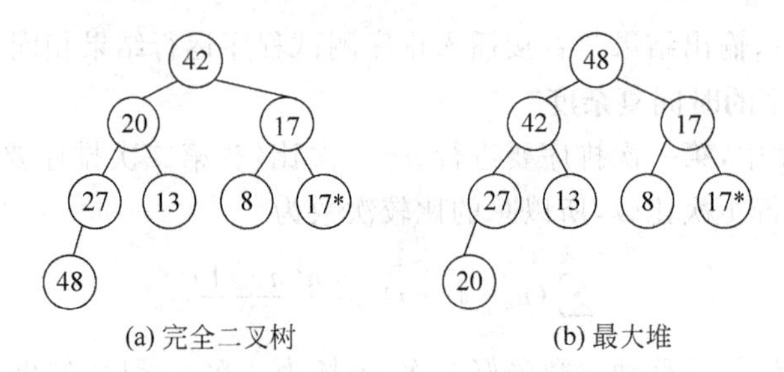

图 8.6 完全二叉树和最大堆示意图

图 8.7(a)所示是一棵完全二叉树,图 8.7(b)所示是与图 8.7(a)对应的一个最小堆。

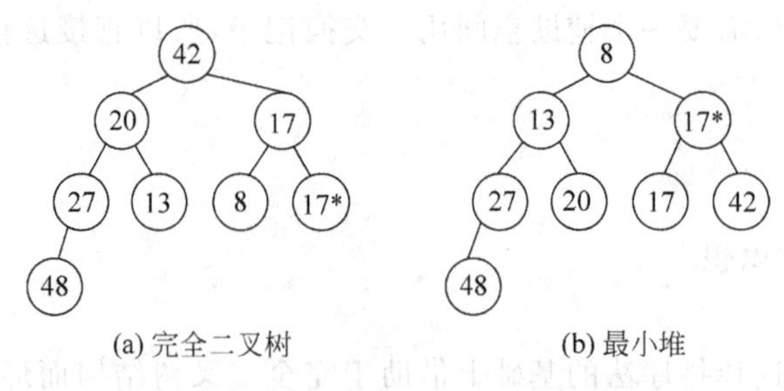

图 8.7 完全二叉树和最小堆示意图

3）堆的性质

由堆的定义可知，堆有如下两个性质：

（1）最大堆的根结点是堆中关键码最大的结点，最小堆的根结点是堆中关键码最小的结点，称堆的根结点记录为堆顶记录。

（2）对于最大堆，从根结点到每个叶子结点的路径上，结点组成的序列都是递减有序的；对于最小堆，从根结点到每个叶子结点的路径上，结点组成的序列都是递增有序的。

4）堆排序的基本思想

将待排序的记录序列建成一个堆，并借助于堆的性质进行排序的方法叫做堆排序。堆排序的基本思想是：设有 n 个记录，首先将这 n 个记录按关键码建成堆，将堆顶记录输出，得到 n 个记录中关键码最大（或最小）的记录；调整剩余的 $n-1$ 个记录，使之成为一个新堆，再输出堆顶记录；如此反复，当堆中只有一个元素数时，整个序列的排序结束，得到的序列便是原始序列的非递减或非递增序列。

从堆排序的基本思想可看出，在堆排序的过程中，主要包括两方面的工作：

（1）如何将原始的记录序列按关键码建成堆。

（2）输出堆顶记录后，调整剩下记录，使其按关键码成为一个新堆。

首先，以最大堆为例讨论第一个问题：如何将 n 个记录的序列按关键码建成堆。图 8.8 所示为图 8.2 中的数字序列对应的完全二叉树及最大堆示意图.

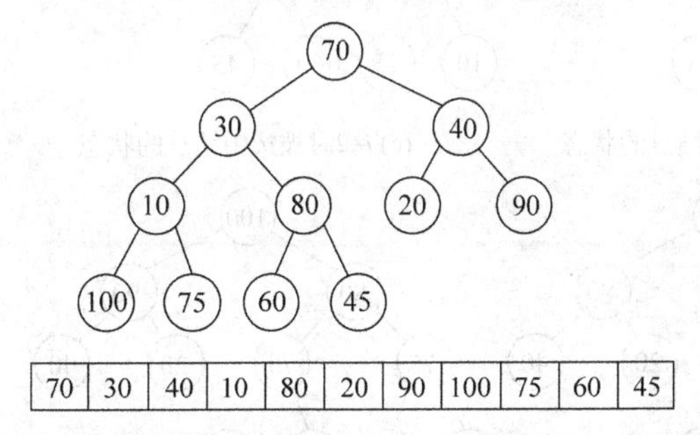

(a) 图8.2中的数字序列所对应的二叉树

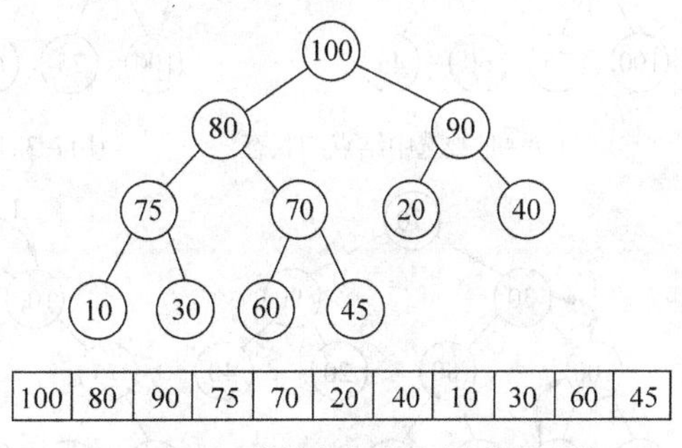

(b) 图8.2的数字序列所对应的最大堆

图 8.8　图 8.2 中的数字序列的完全二叉树和最大堆示意图

根据前面的定义，将 n 个记录构成一棵完全二叉树，所有的叶子结点都满足最大堆的定义。对于第 1 个非叶子结点（通常从 $i=(n-1)/2$ 开始），找出第 $2i+1$ 记录和 $2i+2$ 记录中关键码的较大者，然后与 i 记录的关键码进行比较，如果第 i 记录的关键码大于或等于第 $2i+1$ 和 $2i+1$ 的记录的关键码，则以 i 个记录为根结点的完全二叉树已满足最大堆的定义；否则，对换第 i 条记录和关键码较大的记录，对换后以第 i 条记录为根结点的完全二叉树满足最大堆的定义。按照这样的方法，再调整第 2 个非叶子结点（$i=(n-1)/2-1$），第 3 个非叶子结点……直到根结点。当根结点调整后，这棵完全二叉树就是一个最大堆了。

图 8.9 说明了如何把图 8.8(a)中的完全二叉树建成图 8.8(b)中的最大堆的过程。

（1）$i=(n-1)/2=(11-1)/2=5$ 对应的关键码为 20，$2i+1=11$ 和 $2i+1=12$ 超出顺序表的最大下标 10，不需要调整。

（2）$i=(n-1)/2-1=(11-1)/2-1=4$ 对应的关键码值为 80，$2i+1=9$ 对应的关键码值为 60，$2i+2=10$ 对应的关键码值为 45，不需要调整，如图 8.9(a)所示。

(3) $i=(n-1)/2-2=(11-1)/2-2=3$ 对应的关键码为 10，$2i+1=7$ 对应的关键码为 100，$2i+2=8$ 对应的关键码为 75，交换关键码 10 和 100 的位置，如图 8.9(b)所示。

(4) $i=(n-1)/2-3=(11-1)/2-3=2$ 对应的关键码为 40，$2i+1=5$ 对应的关键码为 20，$2i+2=6$ 对应的关键码为 90，交换关键码 40 和 90 的位置，如图 8.9(c)所示。

(5) $i=(n-1)/2-4=(11-1)/2-4=1$ 对应的关键码为 30，$2i+1=3$ 对应的关键码为 100，$2i+2=4$ 对应的关键码为 80，交换关键码 30 和 100 的位置，这导致 $i=3$ 所对应的关键码 30 小于 $i=8$ 所对应的关键码 75，交换关键码 30 和 75 的位置，如图 8.9(d)所示。

(6) $i=(n-1)/2-5=(11-1)/2-5=0$ 对应的关键码为 70，$2i+1=1$ 对应的关键码为 100，$2i+2=2$ 对应的关键码为 90，交换关键码 70 和 100 的位置，这导致 $i=1$ 所对应的关键码 70 小于 $i=3$ 和 $i=4$ 所对应的关键码 75 和 80，交换关键码 70 和 80 的位置，如图 8.9(e)所示。

经过这个过程建立了以关键码 100 为根结点的完全二叉树，它是一个最大堆，如图 8.9(f)所示。

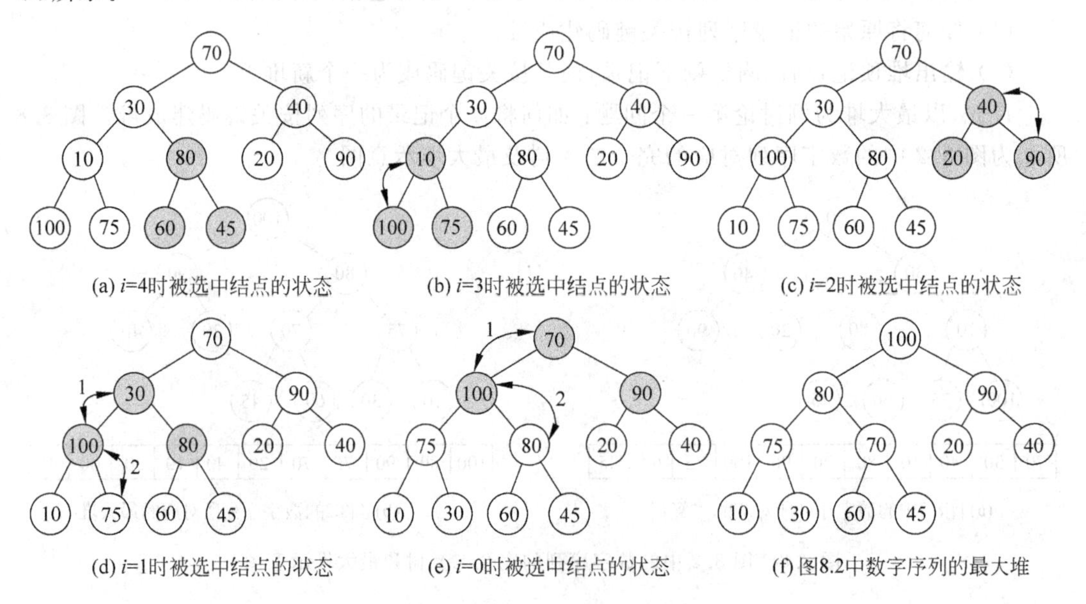

(a) i=4时被选中结点的状态　(b) i=3时被选中结点的状态　(c) i=2时被选中结点的状态

(d) i=1时被选中结点的状态　(e) i=0时被选中结点的状态　(f) 图8.2中数字序列的最大堆

图 8.9　完全二叉树构建最大堆过程示意图

2. 堆排序的算法实现

把顺序表中的记录建好堆后，就可以进行堆排序了。在实现堆排序算法之前，先要实现将完全二叉树构建成最大堆的算法，算法实现如下：

```
public void createHeap(int[] data, int low, int high) {
    if ((low < high) && (high < data.length)) {
        int j = 0;
        int k = 0;
        int tmp = 0;
        for (int i = high / 2; i >= low; --i) {
            tmp = data[i];
            k = i;
            j = 2 * k + 1;
```

```
            while (j <= high) {
                if ((j < high) && (j + 1 <= high)
                        && (data[j] < data[j + 1])) {
                    ++j;
                }
                if (tmp < data[j]) {
                    data[k] = data[j];
                    k = j;
                    j = 2 * k + 1;
                } else {
                    break;
                }
            }
            data[k] = tmp;
        }
    }
}
```

在实现构建堆算法的基础上，实现堆排算法，算法实现如下：

```
public int[] heapSort(int[] data) {
    int tmp = 0;
    createHeap(data, 0, data.length - 1);
    for (int i = data.length - 1; i > 0; --i) {
        tmp = data[0];
        data[0] = data[i];
        data[i] = tmp;
        createHeap(data, 0, i - 1);
    }
    return data;
}
```

上述算法定义在类 SortArithMetic 中，在类 TestSortArithMetic 中测试堆排序算法，测试方法与直接插入排序的测试方法相同，将

```
data = sort.insertSort(data);
```

替换为

```
data = sort.heapSort (data);
```

运行测试程序后，输出结果与直接插入排序测试程序运行结果相同。

3. 堆排序的时间复杂度

对深度为 k 的堆，“筛选”所需进行的关键字比较的次数至多为 $2(k-1)$；

对 n 个关键字，建成深度为 $h=\log_2 n+1$ 的堆，所需进行的关键字比较的次数至多为 $4n$。

调整“堆顶”$n-1$ 次，共进行的关键字比较的次数不超过

$$2(\log_2(n-1)+\log_2(n-2)+\cdots+\log_2 2)<2n(\log_2 n)$$

因此，堆排序在最坏的情况下，时间复杂度为 $O(n\log_2 n)$，这是堆的最大优点。堆排序方法在记录较少的情况下并不适用，但对于记录较多的数据列表还是很有效的，其运行时间

主要耗费在建初始堆和调整新建堆时进行的反复筛选。

8.4 交换排序

交换排序的基本思想是：两两比较待排序记录的关键字，发现两个记录的次序相反时即进行交换，直到没有反序的记录为止。

应用交换排序基本思想的主要排序方法有冒泡排序和快速排序。

8.4.1 冒泡排序

1. 冒泡排序的基本思想

将排序记录的关键字垂直排列，首先将第一个数据元素的关键字与第二个数据元素的关键字进行比较，若前者大于后者，则交换两个数据元素，然后比较第二个数据元素与第三个数据元素的关键字，依次类推，直到第 $n-1$ 个数据元素与第 n 个元素的关键字比较为止。上述过程称为第一趟冒泡排序，其结果使得关键字最大的数据元素被安排在最后一个数据元素的位置上。然后进行第二趟冒泡排序，对前 $n-1$ 个数据元素进行同样的排序，使得关键字次大的数据元素被安排在第 $n-1$ 的位置上。对于数据序列 data[0…$n-1$]，第 i 趟冒泡排序从第一个数据元素 data[0]～第 data[$n-i$]个数据元素依次比较相邻两个数据元素的关键字，并在逆序时交换相邻记录，其结果使得 $n-i+1$ 个数据元素中关键字最大的记录被交换到 data[$n-i$]的位置上。整个排序过程需要 K 次排序($1\leqslant K\leqslant n-1$)趟冒泡排序，判断冒泡排序结束的条件是在一趟冒泡排序的过程中，没有进行记录交换的操作。图 8.10 所示是未排序数字序列的冒泡排序，从图 8.10 中可见，在冒泡排序的过程中，关键字较小的记录像水中的气泡逐渐向上飘浮，而关键字较大的记录好比石块逐渐向下沉，每次有一块最大的石块沉到底。

初始关键字	第一趟排序后	第二趟排序后	第三趟排序后	第四趟排序后	第五趟排序后	第六趟排序后	第七趟排序后
70	30	30	10	10	10	10	10
30	40	10	30	20	20	20	20
40	10	40	20	30	30	30	30
10	70	20	40	40	40	40	40
80	20	70	70	70	60	45	45
20	80	80	75	60	45	60	
90	90	75	60	45	70		
100	75	60	45	75			
75	60	45	80				
60	45	90					
45	100						

图 8.10 冒泡排序示意图

2. 冒泡排序的算法实现

```
//冒泡排序
  public int[] bubbleSort(int[] data) {
    boolean exchange;                        // 交换标志
    int tmp;
    int n = data.length;
    for (int i = 1; i < n; i++) {            // 最多做 n - 1 趟排序
      exchange = false;                      // 本趟排序开始前,交换标志应为假
      for (int j = 0; j < n - i; j++)
        // 对当前无序区 data[0..n - i]自下向上扫描
        if (data[j] > data[j + 1]) {         // 交换记录
          tmp = data[j + 1];
          data[j + 1] = data[j];
          data[j] = tmp;
          exchange = true;                   // 发生了交换,故将交换标志置为真
        }
      if (!exchange)                         // 本趟排序未发生交换,提前终止算法
        break;
    }
    return data;
}
```

上述算法定义在类 SortArithMetic 中,在类 TestSortArithMetic 中测试冒泡排序算法,测试方法与直接插入排序的测试方法相同,将

```
data = sort.insertSort(data);
```

替换为

```
data = sort.bubbleSort (data);
```

运行测试程序后,输出结果与直接插入排序测试程序运行结果相同。

3. 冒泡排序的时间复杂度

冒泡排序算法的最好情况是记录已全部排序,这时,第一次循环时,因没有数据交换而退出。冒泡排序算法的最坏情况是记录全部逆序存放,这时,循环 $n-1$ 次,比较和移动次数计算如下:

$$总比较次数 = \sum_{i=n-1}^{1} i = (n-1)+(n-2)+(n-3)+\cdots+3+2+1 = n(n-1)/2$$

$$总移动次数 = 3\sum_{i=n-1}^{1} i = 3n(n-1)/2$$

因此,冒泡排序算法是阶 $O(n^2)$ 的算法,这意味着执行算法所用的时间会按照元素个数的增加而呈二次方增长,冒泡排序是一种稳定的排序。

8.4.2 快速排序

快速排序是 C. R. A. Hoare 于 1962 年提出的一种分区交换排序。它采用一种分治法(Divide and Conquer)策略,分治法的基本思想是:将原问题分解为若干个规模更小但结构

与原问题相似的子问题。递归地解决这些子问题,然后将这些子问题的解组合为原问题的解。快速排序是目前已知的平均速度最快的一种排序方法,是对冒泡排序的一种改进。

1. 快速排序的基本思想

快速排序方法的基本思想是:首先将待排序记录中的所有记录作为当前待排序区域,从中任选取一个记录(通常选取第1个记录)作为基准记录,并以该基准记录的关键字值为基准,从位于待排序记录右左两端开始,逐渐向中间靠拢,交替与基准记录的关键字值进行比较、交换。通过一趟快速排序后,用基准记录将待排序记录分割成独立的两部分,前一部分记录的关键字值均小于或等于基准记录,后一部分的关键字值均大于或等于轴值,然后分别对这两部分进行快速排序,直到每个部分为空或只包含一个记录,整个快速排序结束。

假设待排序记录存放在顺序表 data[0…$n-1$]中,设置两个指示器,一个指示器 low,指向顺序表的低端(第1个记录所在位置);一个指示器 high,指向顺序表的高端(最后一个记录所在位置)。设置两个变量 i 和 j,它们的初值为当前待排序子序列中第一个记录位置号 low 的下一条记录和最后一条记录的位置号 high。将第一个记录作为标准放到临时变量 pivot 中,然后从子序列的两端开始逐步向中间扫描,在扫描的过程中,变量 i 和 j 代表当前扫描到左、右两端记录在序列中的位置号。

在序列的右端扫描时,从序列的右端当前位置 j 开始,把基准记录的关键字值与 data[j]比较,若 data[j]大于或等于基准记录的关键字值,令 $j=j-1$,继续进行比较,如此下去,直到 $i=j$ 或者 data[j]小于基准记录的关键字。

在序列的左端扫描时,从序列的左端当前位置 i 开始,将基准记录的关键字与 data[i]比较,若 data[i]小于或等于基准记录的关键字值,令 $i=i+1$,继续进行比较,直到 $i=j$ 或者 data[i]大于基准记录的关键字。

如果 i 小于 j,交换位置 i 和 j 的值。

上述步骤反复交替执行,当 $i \geqslant j$ 时,扫描结束,i(或 j)便为第一个记录在记录序列中应放置的位置。

未排序的元素序列用快速排序法排序的过程如图8.11所示。

在图8.11的排序过程中,首先从右向左移动,搜索小于标准值的第一个元素,这里 $j=10$ 的位置所对应的元素45小于标准值;从左向右移动搜索大于标准值的第一个元素,$i=4$ 的位置所对应的元素80大于标准值70;因为 $i<j$,所以交换 $j=10$ 和 $i=4$ 位置上的元素值。这样就完成了第一趟排序的第一次交换。接着继续第二次交换,第二次交换发生在 $j=9$ 和 $i=6$ 的位置上,这时它们的值分别为90和60,交换后结果如图8.11中的进行二次交换后的那一行所示;接着 j 继续移动,当 $j=6$ 时所对应的元素值60小于标准值70,j 停止移动,i 开始移动,但因 i 和 j 的值都为6,停止本趟移动。交换标准值所在位置和 i 所在位置的值,完成一趟快速排序。

2. 快速排序的算法实现

```
public int[] quickSort(int[] data) {
    return quickSort(data, 0, data.length - 1);
}
public int[] quickSort(int[] data, int low, int high) {
    int pivot = data[low];
    int i = low + 1;
```

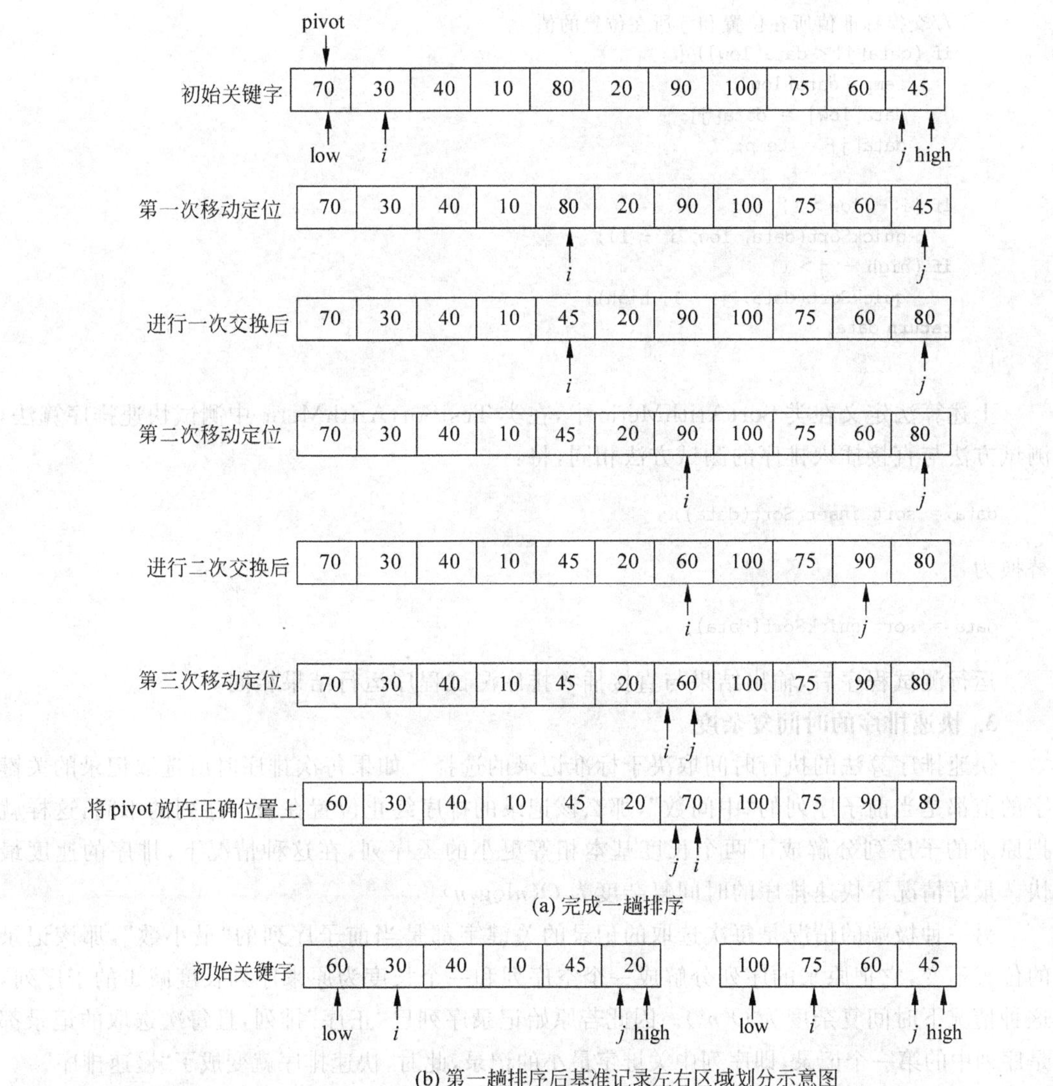

(b) 第一趟排序后基准记录左右区域划分示意图

图 8.11 快速排序示意图

```
    int j = high;
    int temp;
    while (i < j) {
        while ((j > i) && pivot <= data[j]) {
            --j;
        }
        while ((i < j) && (pivot >= data[i])) {
            ++i;
        }
        if (i < j) {
            temp = data[i];
            data[i] = data[j];
            data[j] = temp;
        }
    }
```

```
        //交换标准值所在位置和 j 所在位置的值
        if (data[j] < data[low]) {
            temp = data[low];
            data[low] = data[j];
            data[j] = temp;
        }
        if (i - low > 1)
            quickSort(data, low, i - 1);
        if (high - j > 1)
            quickSort(data, j + 1, high);
        return data;
    }
```

上述算法定义在类 SortArithMetic 中，在类 TestSortArithMetic 中测试快速排序算法，测试方法与直接插入排序的测试方法相同，将：

```
data = sort.insertSort(data);
```

替换为

```
data = sort.quickSort(data);
```

运行测试程序后，输出结果与直接插入排序测试程序运行结果相同。

3. 快速排序的时间复杂度

快速排序算法的执行时间取决于标准记录的选择。如果每次排序时所选取记录的关键字的值都是当前子序列的“中间数”，那么该记录的排序终止位置在该子序列的中间，这样就把原来的子序列分解成了两个长度基本相等更小的子序列，在这种情况下，排序的速度最快。最好情况下快速排序的时间复杂度为 $O(n\log_2 n)$

另一种极端的情况是每次选取的记录的关键字都是当前子序列的“最小数”，那该记录的位置不变，它把原来的序列分解成一个空序列和一个长度为原来序列长度减 1 的子序列，这种情况下时间复杂度为 $O(n^2)$。因此若原始记录序列已“正序”排列，且每次选取的记录都是序列中的第一个记录，即序列中关键字最小的记录，此时，快速排序就变成了“慢速排序”。

由此可见，快速排序时记录的选取是非常重要的。在一般情况下，序列中各记录关键字的分布是随机的，所以每次选取当前序列中的第一个记录不会影响算法的执行时间，因此算法的平均比较次数为 $O(n\log_2 n)$。快速排序是一种不稳定的排序方法。

8.5 归并排序

对于大列表数据的排序，一个有效的排序算法是归并排序。类似于快速排序算法，其使用的是分治法来排序。归并排序的基本思想是，将两个或两个以上的有序子序列“归并”为一个有序序列。在内部排序中，通常采用的是二路归并排序，即将两个位置相邻的有序子序列“归并”为一个有序序列。

1. 二路归并排序的基本思想

将有 n 个记录的原始序列看作 n 个有序子序列，每个子序的长度为 1，然后从第一个子序列开始，把相邻的子序列两两合并后排序，得到 n/2 个长度为 2 或 1 的有序子序列(当子序列的个数为奇数时，最后一组合并得到的序列长度为1），把这一过程称为一次归并排序，对一次归并排序的n/2个子序列采用上述方法继续顺序成对归并排序，如此重复，当最后得到长度为n的一个子序列时，该子序列便是原始序列归并排序后的有序序列。

未排序的元素序列用归并排序法排序的过程如图8.12所示。

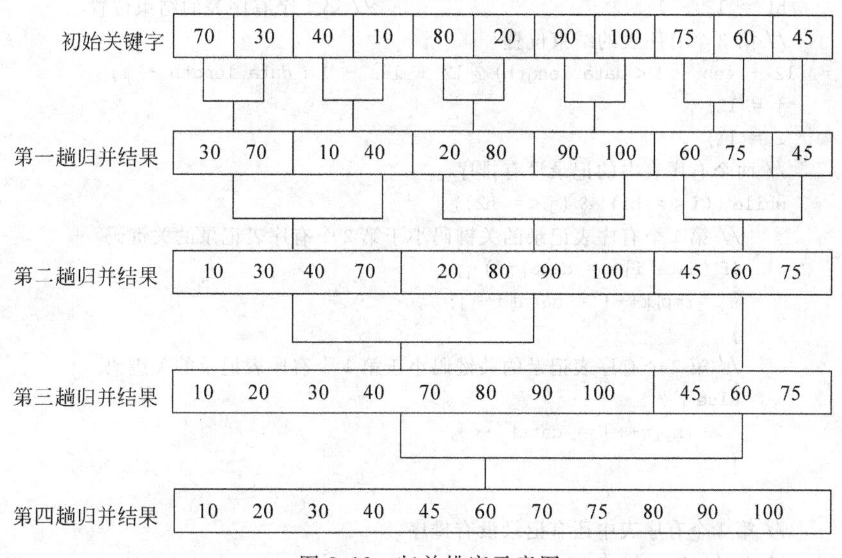

图8.12　归并排序示意图

第1趟，将列表中的11个元素看成11个有序的子序列，每个子序列的长度为1，然后两两归并，得到5个长度为2和1个长度为1的有序子序列。

第2趟，将6个有序子序列两两归并，得到2个长度为4和1个长度为3的有序子序列。

第3趟，将2个长度为4的有序子序列归并，得到1个长度为8和1个长度为3的有序子序列。

第4趟，将长度为8有序子序列和长度为3的有序子序列归并，得到长度为11的一个有序子序列，归并排序结束。

2. 二路归并排序的算法实现

```
public int[] mergeSort(int[] data) {
    int k = 1;                                   // 归并增量
    while (k < data.length) {
        merge(data, k);
        k *= 2;
    }
    return data;
}
public void merge(int[] data, int len) {
    int m = 0;                                   // 临时顺序表的起始位置
    int l1 = 0;                                  // 第1个有序表的起始位置
    int h1;                                      // 第1个有序表的结束位置
    int l2;                                      // 第2个有序表的起始位置
    int h2;                                      // 第2个有序表的结束位置
    int i = 0;
    int j = 0;
```

```
        // 临时表,用于临时将两个有序表合并为一个有序表
        int[] tmp = new int[data.length];
        // 归并处理
        while (l1 + len < data.length) {
            l2 = l1 + len;                          // 第2个有序表的起始位置
            h1 = l2 - 1;                            // 第1个有序表的结束位置
            // 第2个有序表的结束位置
    h2 = (l2 + len - 1 < data.length) ? l2 + len - 1 : data.length - 1;
            j = l2;
            i = l1;
            // 两个有序表中的记录没有排序
            while ((i <= h1) && (j <= h2)) {
                // 第1个有序表记录的关键码小于第2个有序表记录的关键码
                if (data[i] <= data[j]) {
                    tmp[m++] = data[i++];
                }
                // 第2个有序表记录的关键码小于第1个有序表记录的关键码
                else {
                    tmp[m++] = data[j++];
                }
            }
            // 第1个有序表中还有记录没有排序
            while (i <= h1) {
                tmp[m++] = data[i++];
            }
            // 第2个有序表中还有记录没有排序
            while (j <= h2) {
                tmp[m++] = data[j++];
            }
            l1 = h2 + 1;
        }
        i = l1;
        // 原顺序表中还有记录没有排序
        while (i < data.length) {
            tmp[m++] = data[i++];
        }
        // 临时顺序表中的记录复制到原顺序表,使原顺序表中的记录有序
        for (i = 0; i < data.length; ++i) {
            data[i] = tmp[i];
        }
    }
```

上述算法定义在类SortArithMetic中,在类TestSortArithMetic中测试二路归并排序算法,测试方法与直接插入排序的测试方法相同,将:

```
data = sort.insertSort(data);
```

替换为

```
data = sort.mergeSort (data);
```

运行测试程序后,输出结果与直接插入排序测试程序运行结果相同。

3. 二路归并排序的时间复杂度

对于 n 个记录的顺序表，将这 n 个记录看作叶子结点，若将两两归并生成的子表看作它们的父结点，则归并过程对应于由叶子结点向根结点生成一棵二叉树的过程。所以，归并趟数约等于二叉树的高度减 1，即 $\log_2 n$，每趟归并排序记录关键码比较的次数都约为 $n/2$，记录移动的次数为 $2n$（临时顺序表的记录复制到原顺序表中记录的移动次数为 n）。因此，二路归并排序的时间复杂度为 $O(n\log_2 n)$。二路归并排序使用了 n 个临时内存单元存放记录，所以二路归并排序算法的空间复杂度为 $O(n)$。

8.6 基 数 排 序

前面介绍的排序方法主要是通过关键码的比较和记录的移动两种操作来实现排序，都属于“比较性”的排序法，也就是每次排序时，都比较整个键值的大小来进行排序。基数排序则是属于“分配式排序”，排序过程无须比较关键字值，而是通过“分配”和“收集”过程来实现排序。

1. 基数排序的基本思想

按待排序记录关键字的组成成分进行排序的一种方法，即依次比较各个记录关键字相应“位”的值，进行排序，直到比较完所有的“位”，得到一个有序的序列。

设序列中有 n 个记录，每个记录包含 d 个关键码$\{k^1, k^2, \cdots, k^d\}$，序列有序指的是对序列中的任意两个记录 r_i 和 $r_j(1\leqslant i\leqslant j\leqslant n)$，$(k_i^1, k_i^2, \cdots, k_i^d) < (k_j^1, k_j^2, \cdots, k_j^d)$。

其中，k^1 称为最主位关键码；k^d 称为最次位关键码。

多关键码排序方法按照从最主位关键码到最次位关键码或从最次位关键码到最主位关键码的顺序进行排序，分为两种排序方法：

(1) 最高位优先法(MSD 法)。先按 k^1 排序，将序列分成若干子序列，每个子序列中的记录具有相同的 k^1 值；再按 k^2 排序，将每个子序列分成更小的子序列；然后，对后面的关键码继续同样的排序分成更小的子序列，直到按 k^d 排序分组分成最小的子序列后，最后将各个子序列连接起来，便可得到一个有序的序列。

(2) 最次位优先法(LSD 法)。先按 k^d 排序，将序列分成若干子序列，每个子序列中的记录具有相同的 k^d 值；再按 k^{d-1} 排序，将每个子序列分成更小的子序列；然后，对后面的关键码继续同样的排序分成更小的子序列，直到按 k^1 排序分组分成最小的子序列后，最后将各个子序列连接起来，便可得到一个有序的序列。前面介绍的扑克牌先按面值再按花色进行排序的方法就是 LSD 法。

这里介绍一种基于 LSD 方法的链式基数排序方法。其基本思想是用“多关键字排序”的思想实现“单关键字排序”。对数字型或字符型的单关键字，可以看作由多个数位或多个字符构成的多关键字，此时可以采用“分配-收集”的方法进行排序，这一过程称作基数排序法，其中每个数字或字符可能的取值个数称为基数。

未排序的元素序列用基数排序法排序的过程如图 8.13 所示。

在该基数排序中，基数的个数为 0～9 之间的数。首先从最低位关键码起，按关键码的不同值将待排序序列中的数字分配到 10 个链表中，每个链表设立一个指向链表的头引用，如在第一次分配过程中，所有个位为 0 的数字都分配到头指针为 head[0]的链表中。分配

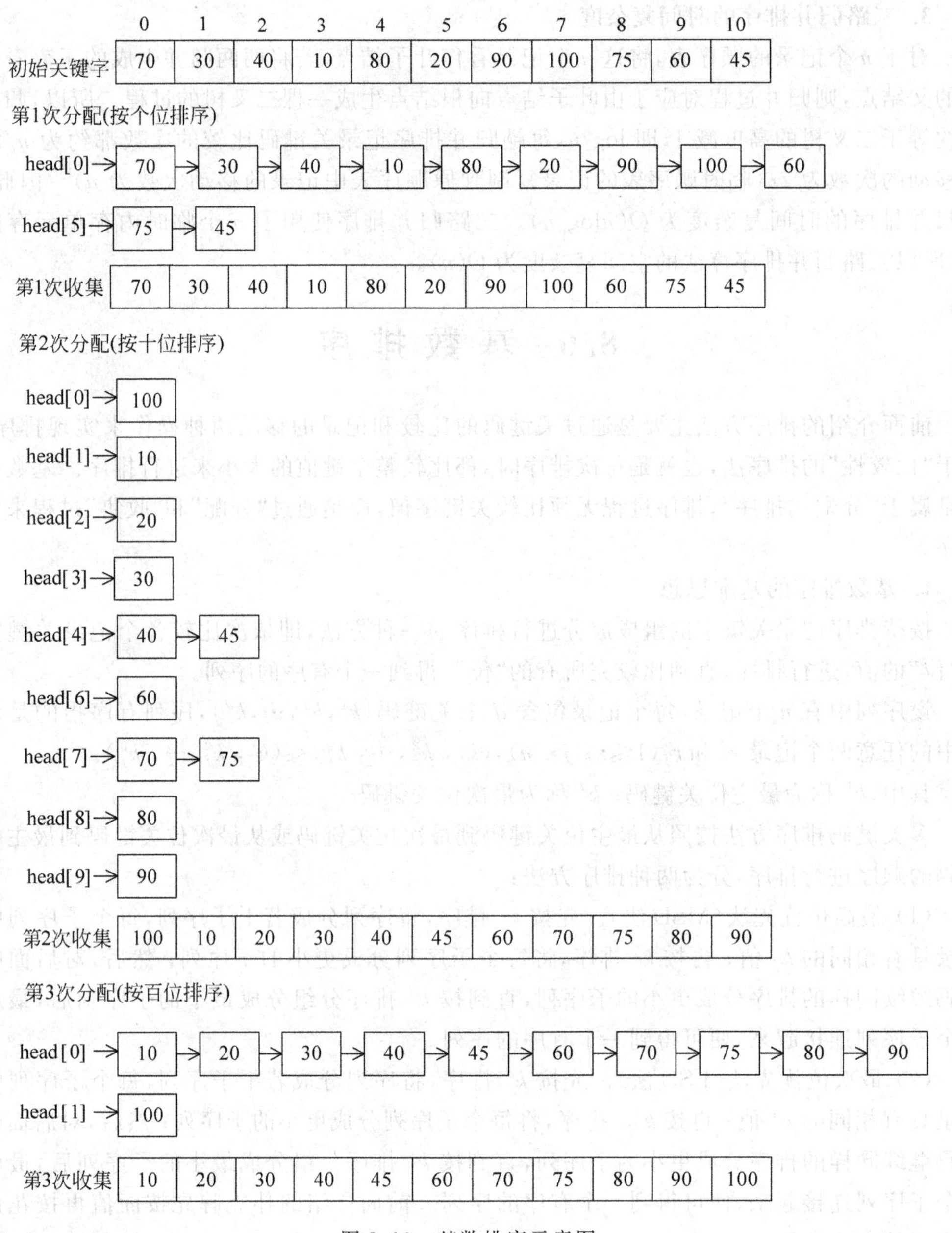

图 8.13　基数排序示意图

后，再按从小到大将记录依次收集。这时，n 个记录已经按最低位关键码有序。依次类推，直至最高位关键码的次数为关键码的个数，这样就得到了一个有序的序列。

2. 基数排序的算法实现

```
public int[] radixSort(int[] data) {
    int k, l, power;
    RadixNode p, q;
    RadixNode[] head = new RadixNode[10];
    power = 1;
```

```
        // 首先确定排序的趟数
        int max = data[0];
        for (int i = 1; i < data.length; i++) {
            if (data[i] > max) {
                max = data[i];
            }
        }
        int d = 0;                                      // 关键码的位数
        // 判断位数
        while (max > 0) {
            max /= 10;
            d++;
        }
        //进行 d 次分配和收集
        for (int i = 0; i < d; i++) {
            if (i == 0)
                power = 1;
            else
                power = power * 10;
            for (int j = 0; j < 10; j++) {
                head[j] = new RadixNode();
            }
            //分配数组元素
            for (int j = 0; j < data.length; j++) {
                k = data[j] / power - (data[j] / (power * 10)) * 10;
                q = new RadixNode();
                q.data = data[j];
                q.next = null;
                p = head[k].next;
                if (p == null)
                    head[k].next = q;
                else {
                    while (p.next != null)
                        p = p.next;
                    p.next = q;
                }
            }
            //收集链表元素
            l = 0;
            for (int j = 0; j < 10; j++) {
                p = head[j].next;
                while (p != null) {
                    data[l] = p.data;
                    l++;
                    p = p.next;
                }
            }
        }
        return data;
    }
    static class RadixNode {
```

```
        public int data;                            // 数据域
        public RadixNode next;                      // 引用域
    }
```

上述算法定义在类SortArithMetic中，在类TestSortArithMetic中测试基数排序算法，测试方法与直接插入排序的测试方法相同，将：

```
data = sort.insertSort(data);
```

替换为

```
data = sort.radixSort (data);
```

运行测试程序后，输出结果与直接插入排序测试程序的运行结果相同。

3. 基数排序的时间复杂度

设待排序列为n个记录，d个关键码，关键码的取值范围为radix，则进行链式基数排序的时间复杂度为$O(d(n+\text{radix}))$，其中，一趟分配时间复杂度为$O(n)$，一趟收集时间复杂度为$O(\text{radix})$，共进行d趟分配和收集。

8.7 排序的应用

8.7.1 编程实现第29届奥运会奥运奖牌的排名

第29届奥运奖牌的排名为按多关键字的排名，优先选择基数排序算法，因考虑到次关键字英文名称的类型不为整数，因此先用冒泡排序法按英文名称对奖牌榜排序，然后再用链式基数法实现多关键字的排序。

1. 定义数据结构的结点类型

```
public class OlyNode {
  public int rank;                              //排名
  public String cName;                          //中文名称
  public String eName;                          //英文缩写
  public int golden;                            //金牌数
  public int silver;                            //银牌数
  public int copper;                            //铜牌数
 public int total;                              //奖牌总数
}
```

2. 实现排序算法

```
public class OlympicsSort {
    class RadixNode {
    public OlyNode data;                        // 数据域
    public RadixNode next;                      // 引用域
    }
    /* 用冒泡法按英文名称排序国家和地区名 */
    public void BubbleSortEN(OlyNode[ ] data) {
    boolean exchange;                           // 交换标志
    OlyNode temp;
```

```
int n = data.length;
for (int i = 1; i < n; i++) {                    // 最多做 n - 1 趟排序
    exchange = false;                            // 本趟排序开始前,交换标志应为假
    for (int j = 0; j < n - i; j++)
        // 对当前无序区 R[0..n - i]自下向上扫描
        if (data[j].eName.compareTo(data[j + 1].eName) > 0) {// 交换记录
            temp = data[j + 1];
            data[j + 1] = data[j];
            data[j] = temp;
            exchange = true;                     // 发生了交换,故将交换标志置为真
        }

    if (!exchange)
        break;                                   // 本趟排序未发生交换,提前终止算法
}
}
/ * 用基数排序对按金牌总数排名 * /
public void radixSortG(OlyNode[ ] data)
{
  int  k = 0;
  int n = data.length;
  RadixNode p, q;
  RadixNode[ ] head = new RadixNode[10];
  for (int i = 0; i < 6; i++)
  {

    for (int j = 0; j < 10; j++)
    {
      head[j] = new RadixNode(); ;
    }
    for (int l = 0; l < n; l++)
    {
      switch(i)
      {
        case 0:
          k = data[l].copper - data[l].copper / 10 * 10;
          break;
        case 1:
          k = data[l].copper/10 ;
          break;
        case 2:
          k = data[l].silver   - data[l].silver / 10 * 10;
          break;
        case 3:
          k = data[l].silver/10 ;
          break;
        case 4:
          k = data[l].golden   - data[l].golden  / 10 * 10;
          break;
        case 5:
          k = data[l].golden /10 ;
```

```
                break;
            }
            q = new RadixNode();
            q.data = data[l];
            q.next = null;
            p = head[k].next;
            if (p == null)
              head[k].next = q;
            else
            {
              while (p.next != null) p = p.next;
              p.next = q;
            }
          }
          /* 按照链的顺序收回各记录 */
          int l = 0;
          for (int j = 9; j>= 0; j-- )
          {
            p = head[j].next;
            while (p != null)
            {
              data[l] = p.data;
              l++;
              p = p.next;
            }
          }
        }
      }
      /* 用基数排序对按奖牌总数排名 */
      public void radixSortT(OlyNode[] data)
      {
        int  k = 0;
        int n = data.length;
        RadixNode p, q;
        RadixNode[] head = new RadixNode[10];
        for (int i = 0; i < 9; i++)
        {

          for (int j = 0; j < 10; j++)
          {
            head[j] = new RadixNode(); ;
          }
          for (int l = 0; l < n; l++)
          {
            switch (i)
            {
              case 0:
                k = data[l].copper - data[l].copper / 10 * 10;
                break;
              case 1:
                k = data[l].copper / 10;
```

```
            break;
          case 2:
            k = data[l].silver - data[l].silver / 10 * 10;
            break;
          case 3:
            k = data[l].silver / 10;
            break;
          case 4:
            k = data[l].golden - data[l].golden / 10 * 10;
            break;
          case 5:
            k = data[l].golden / 10;
            break;
          case 6:
            k = data[l].total - data[l].total  / 10 * 10;
            break;
          case 7:
            k = data[l].total/ 10 - data[l].total/100 * 10;
            break;
          case 8:
            k = data[l].total / 100;
            break;
        }
        q = new RadixNode();
        q.data = data[l];
        q.next = null;
        p = head[k].next;
        if (p == null)
          head[k].next = q;
        else
        {
          while (p.next != null) p = p.next;
          p.next = q;
        }
      }
      /*按照链的顺序收回各记录*/
      int l = 0;
      for (int j = 9; j >= 0; j-- )
      {
        p = head[j].next;
        while (p != null)
        {
         data[l] = p.data;
          l++;
          p = p.next;
        }
      }
    }
  }
}
```

3. 应用排序算法实现排序功能

```
import java.io.BufferedReader;
import java.io.FileReader;
import java.io.IOException;
import java.util.ArrayList;
import java.util.Scanner;
import ds.sort.*;
public class OlympicsSortApp {
    public static void main(String[] args) throws
    NumberFormatException,  IOException {
    OlyNode[] data = null;
    ArrayList<OlyNode> list = new ArrayList<OlyNode>();
    BufferedReader br = new BufferedReader(new FileReader("rank.txt"));
    String str = br.readLine();
    String[] tempstr;
    while ((str = br.readLine()) != null) {
        OlyNode node = new OlyNode();
        tempstr = str.split("\t");
        node.rank = Integer.parseInt(tempstr[0].trim());
        node.cName = tempstr[1].trim();
        node.eName = tempstr[2].trim();
        if (!tempstr[3].equals(""))
            node.golden = Integer.parseInt(tempstr[3].trim());
        else
            node.golden = 0;
        if (!tempstr[4].equals(""))
            node.silver = Integer.parseInt(tempstr[4].trim());
        else
            node.silver = 0;
        if (!tempstr[5].equals(""))
            node.copper = Integer.parseInt(tempstr[5].trim());
        else
            node.copper = 0;
        node.total = node.golden + node.silver + node.copper;
        list.add(node);
    }
    br.close();
    data = new OlyNode[list.size()];
    list.toArray(data);
    /* 对奖牌榜按条件排序 */
    char seleflag = '';
    Scanner sc = new Scanner(System.in);
    while (true) {
        System.out.println("请输入操作选项: ");
        System.out.println("1.按金牌总数排名");
        System.out.println("2.按奖牌总数排名");
        System.out.println("3.显示排行榜");
        System.out.println("4.退出");
        seleflag = sc.nextLine().charAt(0);
        OlympicsSort sort = new OlympicsSort();
```

```
        switch (seleflag) {
        /* 按金牌总数排名 */
        case '1': {
            sort.BubbleSortEN(data);
            sort.radixSortG(data);
            break;
        }
        /* 按奖牌总数排名 */
        case '2': {
            sort.BubbleSortEN(data);
            sort.radixSortT(data);
            break;
        }
        case '3': {
System.out.println("国家和地区\t\t\t英文缩写\t金\t银\t铜\t总数");
            for (int j = 0; j < data.length; j++) {
                //对齐输出的中文名称
                if (data[j].cName.length() <= 6) {
                  System.out.println(
                  String.format("%s\t\t\t%s\t%d\t%d\t%d\t%d",
                  data[j].cName,     data[j].eName, data[j].golden,
                  data[j].silver,data[j].copper, data[j].total));
                }
                else {
                System.out.println(
                String.format(   "%s\t\t%s\t%d\t%d\t%d\t%d",
                data[j].cName,     data[j].eName, data[j].golden,
                data[j].silver,data[j].copper,data[j].total));
                }
            }
            System.out.println();
            break;
        }
        /* 退出应用程序 */
        case '4': {
            sc.close();
            return;
        }
        }
        System.out.println("按任意键继续......");
    }
}
}
```

8.7.2 独立实践

1. 问题描述

表 8.1 所示为一个学生成绩表，其中某个学生记录包括学号、姓名及考试成绩等数据

项。在排序时,如果按成绩由低到高来排序,则会得到一个有序序列;如果按学号进行排序,则会得到另一个有序序列。

表 8.1　学生成绩表

学　号	姓　名	考试成绩
071133106	吴宾	76
071133104	张立	78
071133105	徐海	86
071133101	李勇	89
071133102	刘震	90
071133103	王敏	99
⋮	⋮	⋮

2. 基本要求

根据上面的描述,实现下面的功能:

(1) 按学生成绩的输入顺序将其存储在计算机中。

(2) 根据用户的请求,分别对考试成绩表按学号或考试成绩排序。

本章小结

(1) 排序是计算机内经常进行的一种操作,其目的是将一组"无序"的记录序列调整为"有序"的记录序列,使之按关键字递增(或递减)次序排列起来。

(2) 在排序过程中,若整个文件都是放在内存中处理,排序时不涉及数据的内、外存交换,则称为内部排序(简称内排序);反之,若排序过程中要进行数据的内、外存交换,则称为外部排序(简称外排序)。

(3) 按策略可将内部排序分为 5 类:插入排序、选择排序、交换排序、归并排序和分配排序。

(4) 插入排序的基本思想是:每次将一个待排序的记录,按其关键字大小插入到前面已经排好序的子文件中的适当位置,直到全部记录插入完成为止。插入排序方法有直接插入排序和希尔排序两种。

(5) 交换排序的基本思想是:两两比较待排序记录的关键字,发现两个记录的次序相反时即进行交换,直到没有反序的记录为止。应用交换排序基本思想的主要排序方法有冒泡排序和快速排序。

(6) 选择排序的基本思想是:每一趟从待排序的记录中选出关键字最小的记录,顺序放在已排序子文件的最后,直到全部记录排序完毕。常用的选择排序方法有直接选择排序和堆排序。

(7) 归并排序的基本思想是:将两个或两个以上的有序子序列"归并"为一个有序序列。在内部排序中,通常采用的是二路归并排序,即将两个位置相邻的有序子序列。归并为一个有序子序列。

综合练习

1. 选择题

(1) n 个记录直接插入排序所需的记录最小比较次数是(　　)。

A. $n-1$　　B. $2(n-1)$

C. $(n+2)(n-1)/2$　　D. n

(2) 若用冒泡排序对关键字序列(18,16,14,12,10,8)进行从小到大的排序,所需进行的关键字比较总次数是(　　)。

A. 10　　B. 15　　C. 21　　D. 34

(3) 在所有排序方法中,关键字比较次数与记录的初始排列无关的是(　　)。

A. 希尔排序　　B. 冒泡排序　　C. 插入排序　　D. 选择排序

(4) 一组记录的关键字为(45,80,55,40,42,85),则利用堆排序的方法建立的初始堆为(　　)。

A. (80,45,55,40,42,85)　　B. (85,80,55,40,42,45)

C. (85,80,55,45,42,40)　　D. (85,55,80,42,45,40)

(5) 一组记录的关键字为(45,80,55,40,42,85),则利用快速排序的方法,以第一个记录为基准得到一次划分结果是(　　)。

A. (40,42,45,55,80,85)　　B. (42,40,45,80,55,85)

C. (42,40,45,55,80,85)　　D. (42,40,45,85,55,80)

(6) 一组记录的关键字为(25,50,15,35,80,85,20,40,36,70),其中含有 5 个长度为 2 的有序表,用归并排序方法对该序列进行一趟归并后的结果为(　　)。

A. (15,25,35,50,20,40,80,85,36,70)

B. (15,25,35,50,80,20,85,40,70,36)

C. (15,25,50,35,80,85,20,36,40,70)

D. (15,25,35,50,80,20,36,40,70,85)

2. 问答题

(1) 已知序列基本有序,问对此序列最快的排序方法是什么?此时平均复杂度是多少?

(2) 设有 n 个值不同的元素存于顺序结构中,试问能否用比 $2n-3$ 少的比较次数选出这 n 个元素中的最大值和最小值?若能请说明如何实现(不需写算法)。在最坏情况下至少需进行多少次比较?

(3) 设有 15 000 个无序的元素,希望用最快的速度挑选其中前 10 个最大元素。在快速排序、堆排序、归并排序、希尔排序这些方法中,采用哪种方法最好?并说明理由。

3. 编程题

(1) 一个线性表中的数据元素为正整数或负整数。试设计一算法,将正整数和负整数分开,使线性表的前一部分的数据元素为负整数,后一部分的数据元素为正整数。不要求对这些数据元素排序,但要求尽量减少交换的次数。

(2) 假设有 10 000 个 1～10 000 的互不相同的数构成一无序集合。试设计一个算法实现排序,要求以尽可能少的比较次数和移动次数实现。

第9章　查　找

学习情境：编程实现查找和管理某公司员工信息

问题描述：某公司员工信息表如图 9.1(a)所示，它由多条记录组成，每条记录由职工号、姓名、岗位三个字段组成，其中职工号为每条记录的主键，用于唯一地标识文件中的每个职工的记录。对员工信息表常有的操作是查询、添加、修改和删除。

为了对员工信息进行查询、修改和删除操作，首先要定位所要操作的记录。定位的第一种方式就是从文件的第一条记录开始查找，直到发现需要的记录。这就是顺序访问。在这种情况下，如果记录位于文件的末尾，搜索过程将十分耗时。因此必须寻找一种新的方法，以使访问记录能通过指定的键值来完成。

在日常生活中，人们常会借助各种索引(如图书资料索引、词典索引等)快速找到所需要的资料，同样也可以为数据文件建立索引表。索引表由关键字及与记录存放的物理地址两项组成，如图 9.1(b)所示。索引按升序排序键值段中的值，为了访问一条特定的记录，需要指定它的键值。如果键值存在于索引表中，就提取相应条目的物理位置，在获取了记录的物理位置后，就可以直接从文件中访问那条记录了。假设需要访问职工号为 38 号的记录，需要搜索索引表来寻找这个键值，并获取相应的物理地址 105，这样就可以从物理地址 105 处开始访问所要读取的记录了。

	职工号	姓名	岗位
101	29	张瑾	程序员
103	05	李四	分析师
104	02	王红	维修员
105	38	刘琪	程序员
108	31	张玉	测试员
109	43	张三	实施员
110	17	王二	程序员
112	48	刘好	设计师

(a) 数据表

关键字	物理关键字
02	104
05	103
17	110
29	101
31	108
38	105
43	109
48	112

(b) 索引表

图 9.1　数据文件和索引文件示意图

为了确保数据表和索引表一致，当对员工信息表插入新记录或删除记录时，索引表也需同时更新。根据上面的描述，编程实现查找和管理员工信息。

9.1 认识查找

查找是指根据给定的某个值，在给定的数据结构中查找指定数据元素的过程。若该数据结构中存在指定数据元素，则称查找是成功的，否则认为查找不成功。查找是数据处理领域中的一个重要内容，查找的效率将直接影响到数据处理的效率。

若在查找的同时对表做修改操作(如插入和删除)，则相应的表称为动态查找表，否则称为静态查找表。

从逻辑上来说，查找基于的数据结构是集合，集合中的记录之间没有本质关系。但为了获得较高的查找性能，通常将查找集合组织成表、树等结构。对应不同的数据结构，有线性表、树表和哈希表三种查找技术。

查找运算的主要操作是关键字的比较，所以通常把查找过程中对关键字需要执行的平均比较次数(也称为平均查找长度)作为衡量一个查找算法效率优劣的标准。

平均查找长度 ASL(Average Search Length)定义为：

$$ASL = \sum_{i=1}^{n} p_i c_i$$

其中：

① n 是结点的个数；

② p_i 是查找第 i 个结点的概率。若不特别声明，认为每个结点的查找概率相等，即 $p_1 = p_2 \cdots = p_n = 1/n$。

③ c_i 是找到第 i 个结点所需进行的比较次数。

为了让读者更多地关注各种查找算法，本章将以图 9.2 中列出的数字元素列表讲解各种查找算法，最后在理解各种查找算法的基础上，实现对公司员工信息的查询。

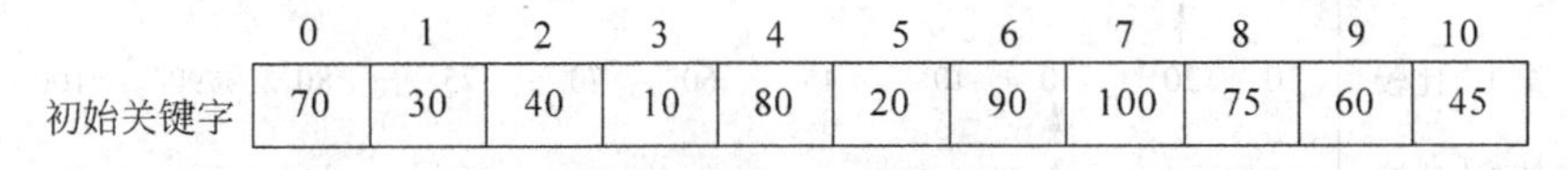

	0	1	2	3	4	5	6	7	8	9	10
初始关键字	70	30	40	10	80	20	90	100	75	60	45

图 9.2 未排序的元素列表

9.2 线性表查找技术

线性表查找是指进行查找运行的查找表所采用的存储结构是线性表的存储结构，当图 9.2 的数字列表在内存中用顺序表或单链表进行存储时，在其上所进行的查找为线性表的查找。在线性表查找技术中，对数据元素的查找又有顺序查找、二分查找和分块查找三种方法。

9.2.1 顺序查找

1. 顺序查找的基本思想

顺序查找是最简单的查询方法，它的基本思想是：从表的一端开始，顺序扫描线性表，依次将扫描到结点关键字与给定值 Key 相比较。若当前扫描到的结点关键字与 Key 相等，则查找成功，返回该结点的索引下标；若扫描结束后，仍未找到关键字等于 Key 的结点，则查找失败,返回−1。

图 9.3(a)记录了在指定元素列素中查找关键字 75 的过程,比较 8 次后找到关键字 75 所在的下标位置为 7。图 9.3(b)记录了在指定元素列素中查找关键字 65 的过程,比较 11 次后到元素列表的最后一个元素,仍没有找到关键字 65,返回−1。

初始状态	10	20	30	40	45	60	70	75	80	90	100
第1次比较	10	20	30	40	45	60	70	75	80	90	100
第2次比较	10	20	30	40	45	60	70	75	80	90	100
第3次比较	10	20	30	40	45	60	70	75	80	90	100
第4次比较	10	20	30	40	45	60	70	75	80	90	100
第5次比较	10	20	30	40	45	60	70	75	80	90	100
第6次比较	10	20	30	40	45	60	70	75	80	90	100
第7次比较	10	20	30	40	45	60	70	75	80	90	100
第8次比较	10	20	30	40	45	60	70	75	80	90	100

查找成功，返回下标7

(a) 查找关键字为75

初始状态	10	20	30	40	45	60	70	75	80	90	100
第1次比较	10	20	30	40	45	60	70	75	80	90	100
第2次比较	10	20	30	40	45	60	70	75	80	90	100
第3次比较	10	20	30	40	45	60	70	75	80	90	100
第4次比较	10	20	30	40	45	60	70	75	80	90	100
第5次比较	10	20	30	40	45	60	70	75	80	90	100
第6次比较	10	20	30	40	45	60	70	75	80	90	100
第7次比较	10	20	30	40	45	60	70	75	80	90	100
第8次比较	10	20	30	40	45	60	70	75	80	90	100
第9次比较	10	20	30	40	45	60	70	75	80	90	100
第10次比较	10	20	30	40	45	60	70	75	80	90	100
第11次比较	10	20	30	40	45	60	70	75	80	90	100

查找65失败，返回−1

(b) 查找关键字为65

图 9.3　顺序查找过程

2. 顺序查找的算法实现

```
public int seqSearch(int[] data,int key)
    {
        int index;
        for (index = 0;index < data.length ;++index)
            if (key == data[index]) return index;    //找到,返回下标
        return -1;                                   //未找到,返回 -1
    }
```

算法中的 data 为数据列表,key 为要查找的关键字。假定上述算法定义在类 LinearListSearch 中,在类 TestLinearListSearch 中测试顺序查找算法,代码如下:

```
public class TestLinearListSearch {
    public static void main(String[] args) {
        int[] data = {70,30,40,10,80,20,90,100,75,60,45};
        System.out.println("初始的数字列表是: ");
        for(int i = 0;i < data.length;i++){
            System.out.print(data[i] + " ");
        }
        System.out.println();
        LinearListSearch search = new LinearListSearch();
        System.out.println("关键字 80 在数据列表中的下标是: " + search.seqSearch(data,80));
        System.out.println("关键字 65 在数据列表中的下标是: " + search.seqSearch(data,65));
    }
}
```

运行上述代码,得到下面的运行结果:

```
初始的数字列表是:
70 30 40 10 80 20 90 100 75 60 45
关键字 80 在数据列表中的下标是: 4
关键字 65 在数据列表中的下标是: -1
```

查找到关键字 80 所在位置的下标为 4,关键字 65 所在位置的下标为−1,说明关键字 65 在数字列表中不存在。

3. 顺序查找的效率

在顺序查找时,若线性表中的第一个元素就是被查找元素,则只需做一次比较就可查找成功,查找效率最高;但如果被查的元素是线性表中的最后一个元素,或被查元素根本不在线性表中,则为了查找这个元素需要与线性表中所有的元素进行比较,这是顺序查找的最坏情况。在平均情况下,利用顺序查找法在线性表中查找一个元素,大约要与线性表中一半的元素进行比较。因此,对于大的线性表来说,顺序查找的效率是很低的。

假设顺序表中每个记录的查找概率相同,即 $p_i=1/n(1\leqslant i\leqslant n)$,查找表中第 i 个记录所需进行比较的次数 $C_i=i$,则顺序查找算法查找成功时的平均查找长度为

$$\mathrm{ASL}_{\mathrm{sq}}=\sum_{i=1}^{n}p_ic_i=\sum_{i=1}^{n}(n-i+1)=np_1+(n-1)p_2+\cdots+2p_{n-1}+p_n$$

在等概率情况下,成功的平均查找长度为

$$(n+\cdots+2+1)/n=(n+1)/2$$

即查找成功时的平均比较次数约为表长的一半。在查找失败时,算法的平均查找长度为

$$\mathrm{ASL}_{\mathrm{sq}} = \sum_{i=1}^{n} \frac{1}{n} \times n = n$$

虽然顺序查找的效率不高,但在下列两种情况下只能采用顺序查找:

(1) 如果顺序表为无序表,那么只能用顺序查找。

(2) 采用链式存储结构的线性表,只能采用顺序查找。

9.2.2 二分查找

二分查找又称折半查找,是一种效率较高的查找方法。二分查找要求线性表是有序表,即表中结点按关键字有序排列,并且要用顺序表作为表的存储结构。不妨设有序表是递增有序的。

1. 二分查找的基本思想

设顺序表存储在有序表 data 中,各记录的关键字满足下列条件:

$$\text{data}[0].\text{key} \leqslant \text{data}[1].\text{key} \leqslant \cdots \text{data}[n-1].\text{key}$$

设置三个变量 low、high 和 mid,它们分别指向表的当前待查范围的下界、上界和中间位置。初始时,low=0,high=$n-1$,设待查数据元素的关键字为 key。

(1) 令 $\text{mid}=\frac{\text{low}+\text{high}}{2}$。

(2) 比较 key 与 data[mid].key 值的大小,具体情况如下:

① data[mid].key=key,则查找成功,结束查找。

② data[mid].key<key,表明关键字为 key 的记录可能位于记录 data[mid]的右边,修改查找范围,令下界指示变量 low=mid+1,上界指示变量 high 的值保持不变。

③ data[mid].key>key,表明关键字为 key 的记录可能位于记录 data[mid]的左边,修改查找范围,令上界指示变量 high=mid−1,下界指示变量 low 的值保持不变。

(3) 比较当前变量 low 与 high 的值,若 low≤high,重复步骤(1)和(2),若 low>high,表明整个查找完毕,线性表中不存在关键字为 key 的记录,查找失败,返回−1。

将图 9.2 中的数字列表排序后,用二分查找法查找关键字 75 过程如图 9.4(a)所示。

在如图 9.4(a)中,在进行第 1 次查找时,low=0,high=10,因此 $\text{mid}=\frac{0+10}{2}=5$,在这个位置上的数字为 60,将 60 与 75 比较,说明 75 只可能排在 mid 的右边,所以令 low=mid+1=6;在进行第 2 次查找时,low=6,high=10,因此 $\text{mid}=\frac{6+10}{2}=8$,在这个位置上的数字为 80,将 80 与 75 比较,说明 75 只可能排在 mid 的左边,所以令 high=mid−1=7;在进行第 3 次查找时,low=6,high=7,因此 $\text{mid}=\frac{6+7}{2}=6$,在这个位置上的数字为 70,将 70 与 75 比较,说明 75 只可能排在 mid 的右边,所以令 low=mid+1=6+1=7;在进行第 4 次查找时,low=7,high=7,因此 $\text{mid}=\frac{7+7}{2}=7$,在这个位置上的数字为 75,将 75 与 75 比较,查找成功,关键字为 75 的记录在顺序表中的序号为 7+1=8,返回下标 7。

图 9.4(b)中,在进行第 1 次查找时,low=0,high=10,因此 $\text{mid}=\frac{0+10}{2}=5$,在这个位

初始状态	10	20	30	40	45	60	70	75	80	90	100
第1次比较	10	20	30	40	45	60	70	75	80	90	100
	low					mid					high
第2次比较	10	20	30	40	45	60	70	75	80	90	100
							low		mid		high
第3次比较	10	20	30	40	45	60	70	75	80	90	100
							low mid	high			
第4次比较	10	20	30	40	45	60	70	75	80	90	100
								low mid high	查找成功,返回下标7		

(a) 查找关键字为75

初始状态	10	20	30	40	45	60	70	75	80	90	100
第1次比较	10	20	30	40	45	60	70	75	80	90	100
	low					mid					high
第2次比较	10	20	30	40	45	60	70	75	80	90	100
							low		mid		high
第3次比较	10	20	30	40	45	60	70	75	80	90	100
							low mid	high			
第4次比较	10	20	30	40	45	60	70	75	80	90	100
						high	low	查找失败,返回-1			

(b) 查找关键字为65

图 9.4　二分查找过程

置上的数字为 60,将 60 与 65 比较,说明 65 只可能排在 mid 的右边,所以令 low＝mid＋1＝6；在进行第 2 次查找时,low＝6,high＝10,因此 mid＝$\frac{6+10}{2}$＝8,在这个位置上的数字为 80,将 80 与 65 比较,说明 65 只可能排在 mid 的左边,所以令 high＝mid－1＝7；在进行第 3 次查找时,low＝6,high＝7,因此 mid＝$\frac{6+7}{2}$＝6,在这个位置上的数字为 70,将 70 与 65 比较,说明 65 只可能排在 mid 的左边,所以令 high＝mid－1＝5；在进行第 4 次查找时,low＝6,high＝5, low＞high,表明整个查找完毕,线性表中不存在关键字为 key 的记录,查找失败,返回－1。

2. 二分查找的算法实现

```
public int binSearch(int[] data,int key)
 {
   int low = 0,high = data.length - 1,mid;
      while ( high >= low)
      {
   mid = (low + high)/2;
```

```
        if (key == data[mid])
          {
            return mid;
          }
        else if (key > data[mid])
            low = mid + 1;
        else high = mid - 1;
      }
  return -1;
```

在该算法中，假设顺序表 data 为有序列表，所要查找的关键字为 key，函数返回该记录在表中的索引号，当返回为−1 时，表示查找失败。

假定上述算法定义在类 LinearListSearch 中，在类 TestLinearListSearch 中测试二分查找算法，代码如下。

```
public class TestLinearListSearch {
    public static void main(String[] args) {
        int[] data = {70,30,40,10,80,20,90,100,75,60,45};
        System.out.println("初始的数字列表是: ");
        for(int i = 0;i < data.length;i++){
            System.out.print(data[i] + " ");
        }
        System.out.println();
        System.out.println("排序后的数字列表是: ");
        Arrays.sort(data);
        for(int i = 0;i < data.length;i++){
            System.out.print(data[i] + " ");
        }
        System.out.println();
        LinearListSearch search = new LinearListSearch();
        System.out.println("关键字 80 在数据列表中的下标是" + search.binSearch(data,80));
        System.out.println("关键字 65 在数据列表中的下标是: " + search.binSearch(data,65));
    }
}
```

运行上述代码，得到下面的运行结果。

```
初始的数字列表是:
70 30 40 10 80 20 90 100 75 60 45
排序后的数字列表是:
10 20 30 40 45 60 70 75 80 90 100
关键字 80 在数据列表中的下标是: 8
关键字 65 在数据列表中的下标是: -1
```

查找到关键字 80 所在的下标位置为 8，关键字 65 所在的下标位置为−1，说明关键字 65 在数字列表中不存在。

3. 二分查找的查找效率

二分查找通常可用一个二叉判定树表示。对于图 9.4 所给的长度为 11 的有序表，它的二叉查找判定树如图 9.5 所示。树中的每个圆形结点表示一个记录，结点中的值为记录在表中的位置，方形结点表示外部结点，外部结点中的值表示查找不成功时给定值在记录中所对应的记录序号的范围。

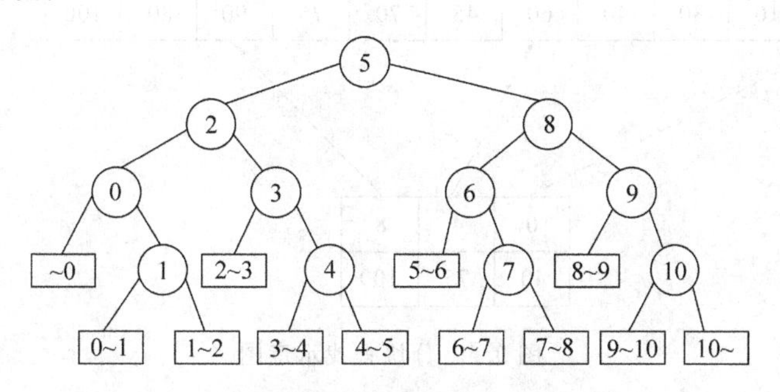

图 9.5　描述二分查找过程的二叉判定树

从判定树上可见，查找 75 的过程恰好是走了一条从根结点到结点⑦的路径，和给定值进行比较的关键字为该路径上的结点数或结点⑦在判定树上的层次数。类似地，找到有序表中任一记录的过程就是走了一条从根结点到该记录相应的结点的路径，和给定值进行比较的关键字个数恰为该结点在判定树上的层次数。因此二分查找成功时进行比较的关键字个数最多不超过树的深度。例如，查找关键字 75 的记录所走的路径为⑤→⑧→⑥→⑦，所做的比较次数为 4。

假设有序表中记录的个数恰好为

$$n = 2^0 + 2^1 + \cdots + 2^{k-1} = 2^k - 1$$

则相应的二叉判定树的深度为 $k=\log_2(n+1)$ 的满二叉树。在树的第 i 层上共有 2^{i-1} 个记录结点，查找该层上的每个结点需要进行 i 次比较。因此当表中的每个记录的查找概率相等时，查找成功的平均查找长度为

$$\mathrm{ASL}_{\mathrm{bins}} = \sum_{i=1}^{n} \frac{1}{n} \times 2^{i-1} \times i = \frac{n+1}{n}\log_2(n+1) - 1 \approx \log_2(n+1) - 1$$

从分析的结果可看出，二分查找法平均查找长度小，查找速度快，尤其当 n 值较大时，它的查找效率较高，但它为此付出的代价是需要在查找之前将顺序表按记录关键字的大小排序。这种排序过程也需要花费一定的时间，所以二分查找适合于长度较大且经常进行查找的顺序表。

9.2.3　分块查找

分块查找(Blocking Search)又称索引顺序查找，是一种性能介于顺序查找和二分查找之间的查找方法。

1. 分块查找的基本思想

分块查找要求把顺序表分成若干块，每一块中的键值存储顺序是任意的，但要求"分块有序"，前一块中的最大键值小于后一块中最小键值，即块间结点有序，块内结点无序。另外，还需要建立一个索引表，索引表中的每一项对应顺序表的一块，索引项由关键字域和链域组成，关键字域存放对应块内结点的最大键值，链域存放对应块首结点的位置。索引表中的索引项是按键值递增顺序存放。

抽取各块中的最大关键字及其起始位置构成一个索引表，索引表按关键字排序，所以索引表是一个递增有序表。

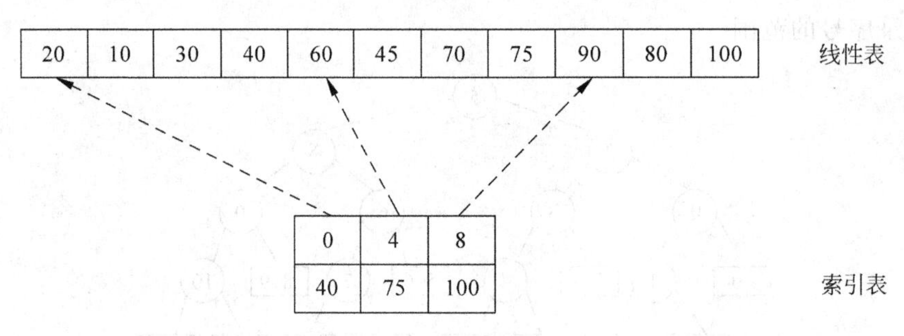

图 9.6　分块查找示意图

在带索引表的顺序表中查找关键字等于 key 的记录时，需要按如下步骤进行。

(1) 首先查找索引表，确定待查记录所在块。索引表是有序表，可采用二分查找或顺序查找，以确定待查的结点的位置。

(2) 在已确定的块中进行顺序查找。当块内的记录是任意排列的，只能用顺序查找。

在图 9.6 中，对于给定的关键字 70，先将 70 与索引表中各最大关键字进行比较，因为 40<70<75，则关键字为 70 的记录若存在，必定在第二块中。由于同一索引项中的指针指示第二块中的第一个记录的是顺序号为 4，则自顺序号为 4 的记录起进行顺序查找，直到顺序号为 6 的记录的关键字等于 70 为止。

2. 分块查找的算法实现

```
/*块查找*/
public int blockSearch(int[] data,int key){
    BlockInfo[] blocks = getBlockArray(data);
    int blockindex =-1;
    for(int i = 0;i < blocks.length - 1;i++){
      if(key >= blocks[i].blockMaxValue &&
        key <= blocks[i + 1].blockMaxValue )
        {
            blockindex = i + 1;
            break;
        }
    }
    if(blockindex!=-1){
        int index;
        for (index = blocks[blockindex].blockBeginIndex;
            index < blocks[blockindex].blockEndIndex ;++index)
            if (key == data[index]) return index;      //找到,返回下标
    }
    return -1;
}
//定义一个内部类,表示索引表结点类型
static class BlockInfo {
    int blockBeginIndex;                                //块的起始下标
    int blockEndIndex;                                  //块的结束下标
    int blockMaxValue;                                  //块中最大关键字
}
```

```
//创建分块查找的索引表
public BlockInfo[] getBlockArray(int[] data){
    int length = data.length;
    int n = (int)Math.ceil(Math.sqrt(length));
    int m = (int)Math.ceil(length * 1.0/n);
    BlockInfo[] blocks = new BlockInfo[m];
    for(int i = 0;i < m;i++){
        BlockInfo block = new BlockInfo();
        block.blockBeginIndex = i * n;
        if(i * n + n - 1 < length - 1)
          block.blockEndIndex = i * n + n - 1;
        else
          block.blockEndIndex = length - 1;
        int maxValue = data[block.blockBeginIndex];
        for(int j = block.blockBeginIndex;
               j <= block.blockEndIndex;j++){
            if(maxValue < data[j]) maxValue = data[j];
        }
        block.blockMaxValue = maxValue;
        blocks[i] = block;
    }
    return blocks;
}
```

假定上述算法定义在类 LinearListSearch 中,在类 TestLinearListSearch 中测试分块查找算法,代码如下。

```
public class TestLinearListSearch {
    public static void main(String[] args) {
        int[] data = {70,30,40,10,80,20,90,100,75,60,45};
        System.out.println("初始的数字列表是: ");
        for(int i = 0;i < data.length;i++){
            System.out.print(data[i] + " ");
        }
        System.out.println();
        LinearListSearch search = new LinearListSearch(); }
System.out.println("关键字 80 在数据列表中的下标是: " + search.blockSearch(data,80));
        System.out.println("关键字 65 在数据列表中的下标是: " + search.blockSearch(data,65));
    }
}
```

运行上述代码,得到下面的运行结果。

```
初始的数字列表是:
70 30 40 10 80 20 90 100 75 60 45
关键字 80 在数据列表中的下标是: 4
关键字 65 在数据列表中的下标是: -1
```

查找到关键字 80 所在的下标位置为 4,关键字 65 所在的下标位置为-1,说明关键字 65 在数字列表中不存在。

3. 分块查找的查找效率

分块查找的过程分为两部分,一部分是在索引表中确定等查记录所在块;另一部分是在块里寻找待查的记录。因此,分块查找法的平均查找长度是两部分分平均查找长度的和,即

$$ASL_{blocks} = ASL_{b} + ASL_{wW}$$

其中,ASL_b 是确定待查块的平均查找长度;ASL_{wW}是在块内查找某个记录所需的平均查找长度。

假定长度为 n 的顺序表要分成 b 块,且每块的长度相等,那么块长 $l=n/b$。若假定表中各记录的查找概率相等,仅考虑成功的查找,那么每块的查找概率为 $1/b$,块内各记录的查找概率为 $1/l$。当在索引表内对块的查找以及在块内对记录的查找都采用顺序查找时,有

$$ASL_{b} = \sum_{i=1}^{b} \frac{1}{b} i = \frac{b+1}{2}$$

$$ASL_{wW} = \sum_{i=1}^{l} \frac{1}{l} i = \frac{l+1}{2}$$

因此,有

$$ASL_{blocks} = \frac{b+1}{2} + \frac{l+1}{2} = \frac{1}{2}\left(\frac{n}{l} + l\right) + 1$$

由此可见,分块查找时的平均查找长度不但和表的长度有关,而且和块的长度也有关。当 $l=\sqrt{n}$时,ASL_{blocks}取得最小值,有

$$ASL_{blocks} = \sqrt{n} + 1 \approx \sqrt{n}$$

从上述分析的结果可以看出,分块查找是介于顺序查找和二分查找之间的一种查找方法,它的速度要比顺序查找法的速度快,但付出的代价增加辅助存储空间和将顺序表分块排序;同时它的速度要比二分查找法的速度慢,但优点是不需要对全部记录进行排序。

9.3 树表查找技术

从前面介绍的查找方法可知,二分查找较顺序查找速度快,但二分查找要求表中记录必须有序,因此当插入记录时需要时间为 $O(n)$。因为,当在已排序的表中找到新记录恰当的位置时,需要移动许多记录以便为新记录腾出位置,这会降低二分查找的优势。如果要提高动态查找表的效率,可采用特殊的二叉树作为表的存储结构,本节介绍基于二叉排序数的查找方法。

9.3.1 认识二叉排序树

1. 二叉排序树的定义

二叉排序树或者是一棵空树,或者是具有下列性质的二叉树:

(1) 若左子树不空,则左子树上所有结点的值均小于它根结点的值。

(2) 若右子树不空,则右子树上所有结点的值均大于或等于它根结点的值。

(3) 左、右子树也分别为二叉排序树。

(4) 没有键值相等的结点。

图 9.7 所示为一棵二叉排序树。构造一棵二叉排序树的目的，不是为了排序，而是为了提高查找、插入和删除关键字的速度。在一个有序的数据集上查找，速度总是要快于无序的数据集，二叉排序树的这种非线性结构，也有利于插入和删除的实现。

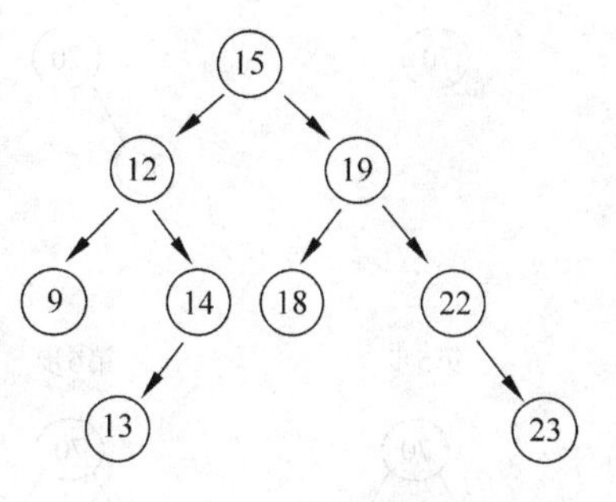

图 9.7 二叉排序树示例

2. 二叉排序树的基本操作

二叉排序树是一种动态树表，其特点是，树的结构通常不是一次生成的，而是在查找过程中，当树中不存在关键字等于给定值的结点时再进行插入。二叉排序树有以下几种基本操作。

(1) 初始化：创建一个空的二叉排序树。

(2) 查找：在二叉排序树中查找关键字为 key 的结点，若查找成功，则返回该结点，否则返回 null。

(3) 插入：在二叉排序树中插入关键字为 key 的结点，若插入成功，则返回 true，否则返回 false。

(4) 删除：在二叉排序树中删除关键字为 key 的结点，若删除成功，则返回 true，否则返回 false。

(5) 遍历：遍历二叉排序树。

3. 二叉排序树的抽象数据类型

根据对二叉排序树逻辑结构及基本操作的认识，得到二叉排序树的抽象数据类型。

ADT 二叉排序树(Binary Search Tree)

数据元素 具有相同特性的数据元素的集合。各个数据元素均含有类型相同，可唯一标识数据元素的关键字。

数据关系 数据元素同属一个集合。

数据操作 将对二叉排序树的基本操作有：

```
E search(int key);              //查找元素
boolean insert(int key);        //插入元素
boolean remove(int key);        //删除元素
printTree()                     //输出树中所有的元素
```

9.3.2 构建二叉排序树

1. 构建二叉排序树的思想

(1) 把第一个元素作为根结点。

(2) 把第二个元素拿出来与第一个元素做比较，如果比根结点大就放在根结点的右子树；如果比根结点小就放在根结点的左子树。

重复步骤(2)，将列表中所有其他的数据元素添加到二叉排序树中。未排序的元素列表构建二叉排序树的过程如图 9.8 所示。

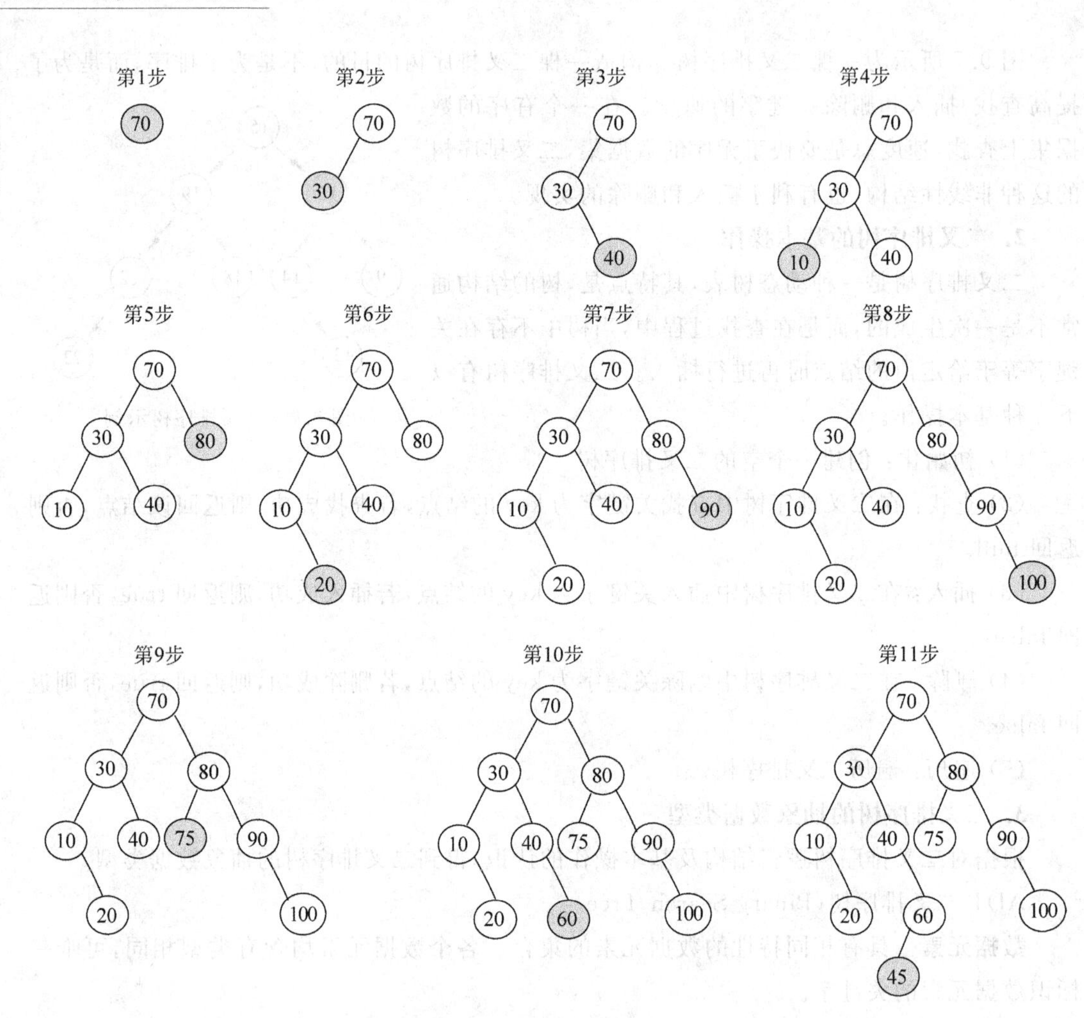

图 9.8　二叉排序树构建过程

2. 二叉排序树的算法实现

```
public class BinarySearchTree {
    // 树结点
    private static class TreeNode {
        int key;
        TreeNode left;          // 左子树
        TreeNode right;         // 右子树
        TreeNode(int key, TreeNode left, TreeNode right) {
            this.key = key;
            this.left = left;
            this.right = right;
        }
    }
    private TreeNode root;   // 根
    public BinarySearchTree() {
```

```java
    root = null;
}
// 树置空
public void makeEmpty() {
    root = null;
}
// 判断树是否为空
public boolean isEmpty() {
    return root == null;
}
// 是否包含某个元素
public boolean search(int key) {
    return search(key, root);
}
private boolean search(int key, TreeNode t) {
    if (t == null) {
        return false;
    }
    if (key < t.key) {
        return search(key, t.left);
    } else if (key > t.key) {
        return search(key, t.right);
    }
    return true;
}
// 给树添加一个新结点
public void insert(int key) {
    root = insert(key, root);
}
private TreeNode insert(int key, TreeNode t) {
    if (t == null) {
        return new TreeNode(key, null, null);
    }
    if (key < t.key) {
        t.left = insert(key, t.left);
    } else if (key > t.key) {
        t.right = insert(key, t.right);
    }
    return t;
}
// 移除一个结点
public void remove(int key) {
    root = remove(key, root);
}
private TreeNode remove(int key, TreeNode t) {
```

```java
        if (t == null) {
            return null;
        }
        if (key < t.key) {
            t.left = remove(key, t.left);
        } else if (key > t.key) {
            t.right = remove(key, t.right);
        } else {
            if(t.right != null)
             t = t.right;
            else if (t.left!= null)
              t = t.left;
            else
              t = null;
        }
        return t;
    }
```

在类 TestBinarySearchTree 中测试二叉排序树搜索算法,代码如下。

```java
public class TestBinarySearchTree {
    public static void main(String[] args) {
        BinarySearchTree bst = new BinarySearchTree();
        bst.insert(70);
        bst.insert(30);
        bst.insert(40);
        bst.insert(10);
        bst.insert(80);
        bst.insert(20);
        bst.insert(90);
        bst.insert(100);
        bst.insert(75);
        bst.insert(60);
        bst.insert(45);
        System.out.println("遍历二叉排序树:");
        bst.printTree();
        System.out.println("have 80 -->" + bst.search(80));
        System.out.println("have 65 -->" + bst.search(65));
    }
}
```

运行上述代码,得到下面的运行结果。

```
遍历二叉排序树:
10 20 30 40 45 60 70 75 80 90 100
have 80 -->true
have 65 -->false
```

查找到关键字 80 返回 true,查找关键字 65 返回 false。

3. 二叉排序树的查找效率

对于含有同样关键字序列的一组结点,结点插入的先后顺序不同,所构成的二叉排序树的形态和深度不同。二叉排序树的平均查找长度 ASL 与二叉排序数的形态有关,其各分支越均衡,树的深度浅,其平均查找长度 ASL 越小。最坏情况下,当插入的关键字有序时,构成的二叉排序树蜕变为单支树,树的深度为其平均查找长度$(n+1)/2$,和顺序查找相同;就平均时间性能而言,二叉排序树的查找和二分查找类似,平均执行时间为 $O(\log_2 n)$,但在表的维护方面,二叉排序树更为有效,无须移动记录,只需修改其相应的指针即可完成结点的插入和删除操作。

9.4 哈希表查找技术

在用线性查找和二分查找的过程中需要依据关键字进行若干次的比较判断,确定数据集合中是否存在关键字等于某个给定关键字的记录以及该记录在数据表中的位置,查找的效率与比较的次数密切相关。在查找时需要不断进行比较的原因是建立数据表时,只考虑了各记录的关键字之间的相对大小,记录在表中的位置及其关键字无直接关系。如果在记录的存储位置及其关键字之间建立某种直接关系,那么在进行查找时,就无须比较或只做很少的比较就能直接由关键字找到相应的记录。哈希(Hash)表正是基于这种思想。

9.4.1 认识哈希表

1. 哈希表的概念

假定要搜索与给定记录中某个给定关键字相对应的记录,需要顺序地搜索整个记录直到找到所需键值的记录。该方法十分耗时,尤其当列表非常大时耗时严重。

在这种情况下,查找该记录的一个有效解决方法是计算所需记录的偏移地址,并且在产生的偏移地址处读取记录。

如果给定一个记录的偏移地址值,就能在一个盘上方便地检索该记录,无须浪费时间进行搜索。例如,假设文件中的键是 $0\sim n-1$ 的连续数,如果给定一个键,就能通过以下公式方便地计算与其对应的记录的偏移地址:

键×记录长度

在实际情况中,键是有更多含义的,而不只是连续的整数值。字段(如客户代码、产品代码等)会用作键。当这样的字用作键时,一种称为哈希(也称散列)技术能够将键值转换为偏移地址。

哈希技术是查找和检索与唯一标识键相关信息的最好方法之一。它的基本原理是将给定的键值转换为偏移地址来检索记录。

键转换为地址是通过一种关系(公式)来完成的,这就是哈希(散列)函数。哈希函数对键执行操作,从而给定一个哈希值,该值代表可以找到该记录的位置。

哈希法的基本思想是:设置一个长度为 m 的表 T,用一个函数将数据集合中 n 个记录的关键字尽可能唯一地转换成 $0 \sim m-1$ 范围内的数值,即对于集合中任意记录的关键字 K_i,有

$$0 \leqslant H(K_i) \leqslant m-1 (0 \leqslant i < n)$$

图 9.9 所示为用哈希函数 h 将关键字映射到哈希表的示意图。

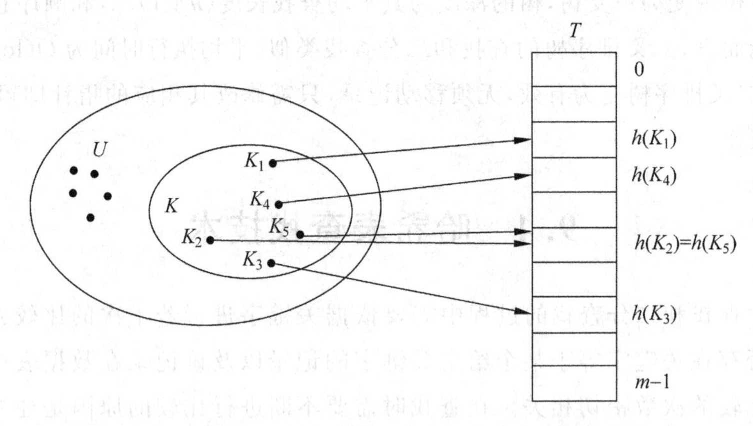

图 9.9　用哈希函数 h 将关键字映射到哈希表示意图

2. 哈希表的冲突现象

虽然哈希表是一种有效的搜索技术,但是它还有些缺点。两个不同的关键字,由于哈希函数值相同,因而被映射到同一表位置上。该现象称为冲突(Collision)或碰撞,发生冲突的两个关键字称为该哈希函数的同义词(Synonym)。

用下面的例子说明此情况。

假设散列函数是:

$$h(k) = \text{key} \% 4$$

对于键 3、5、8 和 10 使用该函数,这些键分散了,如图 9.10 所示。

如果要散列的键是 3、4、8 和 10,则会产生冲突,如图 9.11 所示。

键 4 和 8 就散列到相同的位置,因此导致了冲突。

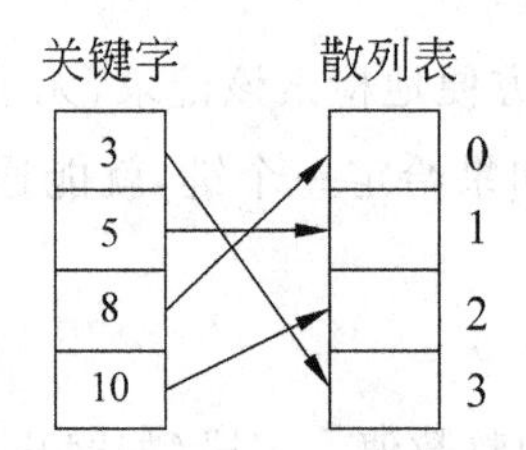

图 9.10　用哈希函数将关键字映射到哈希表中(无冲突的情况)

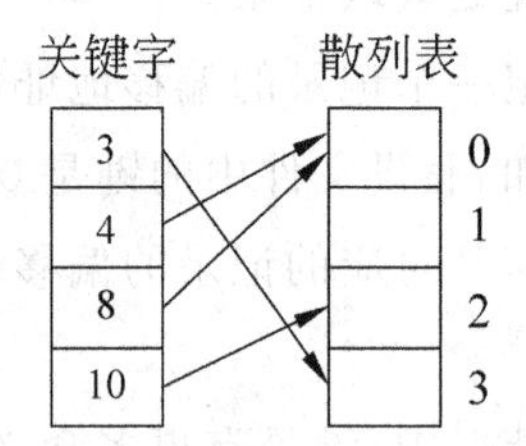

图 9.11　用哈希函数将关键字映射到哈希表中(发生冲突的情况)

尽管冲突现象是难免的,但还是希望能找到尽可能产生均匀映射的哈希函数,从而降低冲突的概率,另外当冲突发生时,还必须有相应的解决冲突的方法。因此,构造哈希函数和建立解决冲突的方法是建立哈希表的两大任务。

9.4.2 构造哈希函数

构造哈希函数的方法很多,但如何构造一个“好”的哈希函数是带有很强的技术性和实践性的问题。好的哈希函数的选择有两条标准:

(1) 简单并且能够快速计算。

(2) 能够在地址空间中获取键的均匀分布。

均匀指对于关键字集合中的任一关键字,哈希函数能以等概率将其映射到表空间的任何一个位置上。也就是说,散列函数能将子集 K 随机均匀地分布在表的地址集$\{0,1,\cdots,m-1\}$上,以使冲突最小化。

下面介绍几种常用的构造哈希函数的方法。

1. 平方取中法

具体做法是,先通过求关键字的平方值扩大相近数的差别,然后根据表长度取中间的几位数作为哈希函数值。因为,一个乘积的中间几位数和乘数的每一位都相关,所以由此产生的散列地址较为均匀。

例如,将一组关键字(0100,0110,1010,1001,0111)平方后得(0010000,0012100,1020100,1002001,0012321),若取表长为1000,则可取中间的三位数作为散列地址集(100,121,201,020,123)。

相应的哈希函数用Java实现如下:

```
int Hash(int key)
{   //假设 key 是 4 位整数
    key * = key; key/ = 100;   //先求平方值,后去掉末尾的两位数
    return key % 1000;         //取中间三位数作为散列地址返回
}
```

2. 除余法

除余法是用关键字 key 除以一个不大于哈希表长度 m 的正整数 p 所得的余数作为哈希地址的方法。哈希函数的形式如下:

$$h(\text{key}) = \text{key}\%p$$

该方法产生哈希函数的好坏取决于 p 值的选取。实践证明,若散列表表长为 m,当 p 为小于 m 并最接近 m 的某个质数时,产生的哈希函数最好。

例如,有一组关键字(36475611,47566933,75669353,34547579,46483499),哈希表的大小是43,则上述键的地址是:

```
36475611 % 43 = 1
47566933 % 43 = 32
75669353 % 43 = 17
34547579 % 43 = 3
46483499 % 43 = 26
```

3. 折叠移位法

根据哈希表长将关键字尽可能分成若干段,然后将这几段的值相加,并将最高位的进位舍去,所得结果即为其哈希地址。相加时有两种方法,一种是顺折法,即把每一段中的各位值对齐相加,称为移位法;另一种是对折法,像折纸一样,把原来关键字中的数字按照划分的中界向中间段折叠,然后求和,称为折叠法。

例如,有一组关键字(4766934,5656975,4685637,3547807,7569664),将这些数拆成2位、4位和1位数,然后再把它们相加,如图9.12所示。

现在根据哈希表的大小取结果数。假如表的大小是1000,散列地址将为0~999。在给定的示例中,结果由4个数字组成。因此可以截掉第一个数字获取一个地址,如图9.13所示。

关键字	拆分键	结果
4766934	47+6693+4	6744
5656975	56+5697+5	5758
4685637	46+8563+7	8616
3547807	35+4780+7	4822
7569664	75+6966+4	7045

图9.12 用折叠移位法构造哈希函数示意图

关键字	地址
4766934	744
5656975	758
4685637	616
3547807	822
7569664	045

图9.13 哈希表示意图

上述哈希技术可能通过各种方法组合起来以建立一个能够最少发生冲突的哈希函数。但是,即使是一个好的哈希函数,也不可能完全避免发生冲突。

9.4.3 解决哈希冲突

正如前面所讲过的,在实际问题中,无论如何构造哈希函数,冲突是不可避免的,这里介绍两种常用的解决哈希冲突的方法。

1. 开放定址法

用开放定址法解决冲突的做法是:当冲突发生时,按照某种方法探测表中的其他存储单元,直到找到空位置为止。开放地址法很多,这里介绍几种。

1) 线性探测法

将散列表 $T[0..m-1]$ 看成是一个循环向量,若初始探查的地址为 d(即 $h(\text{key})=d$),则最长的探查序列为:

$$d,d+1,d+2,\cdots,m-1,0,1,\cdots,d-1$$

即,探查时从地址 d 开始,首先探查 $T[d]$,然后依次探查 $T[d+1]$,…,$T[m-1]$,此后又循环到 $T[0]$,$T[1]$…,直到探查到 $T[d-1]$ 为止。

探查过程终止于三种情况:

① 若当前探查的单元为空,则表示查找失败(若是插入则将key写入其中)。

② 若当前探查的单元中含有key,则查找成功,但对于插入意味着失败。

③ 若探查到 $T[d-1]$ 时仍未发现空单元也未找到key,则无论是查找还是插入均意味着失败(此时表满)。

例如,已知一组关键字为(26,36,41,38,44,15,68,12,06,51),用除余法构造哈希函数,用线性探查法解决冲突构造这组关键字的哈希表。

为了减少冲突,通常令装填因子 $\alpha<1$。这里关键字个数 $n=10$,不妨取 $m=13$,此时 $\alpha\approx 0.77$,散列表为 $T[0..12]$,散列函数为 $h(\text{key})=\text{key}\%13$。

由除余法的散列函数计算出的上述关键字序列的散列地址为(0,10,2,12,5,2,3,12,6,12)。

前 5 个关键字插入时,其相应的地址均为开放地址,故将它们直接插入 $T[0]$,$T[10]$,$T[2]$,$T[12]$和 $T[5]$中。

当插入第 6 个关键字 15 时,其散列地址 2(即 $h(15)=15\%13=2$)已被关键字 41(15 和 41 互为同义词)占用。故探查 $h1=(2+1)\%13=3$,此地址开放,所以将 15 放入 $T[3]$中。

当插入第 7 个关键字 68 时,其散列地址 3 已被非同义词 15 先占用,故将其插入到 $T[4]$中。

当插入第 8 个关键字 12 时,散列地址 12 已被同义词 38 占用,故探查 $h1=(12+1)\%13=0$,而 $T[0]$亦被 26 占用,再探查 $h2=(12+2)\%13=1$,此地址开放,可将 12 插入其中。

类似地,第 9 个关键字 06 直接插入 $T[6]$中;而最后一个关键字 51 插人时,因探查的地址 12,0,1,…,6 均非空,故 51 插入 $T[7]$中。

映射过程如图 9.14 所示。

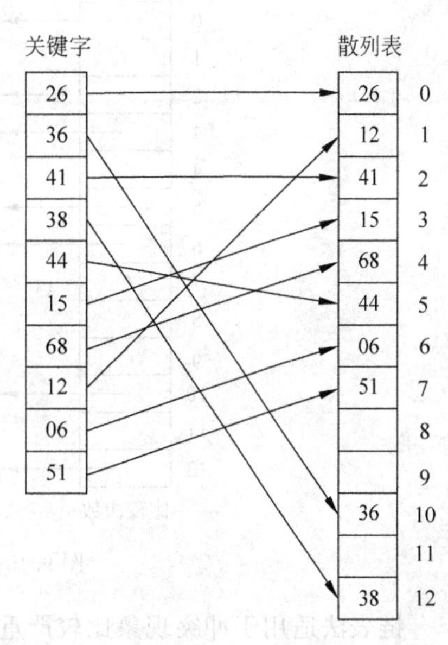

图 9.14 线性探测法解决冲突的哈希表

用线性探查法解决冲突时,当表中,$i+1,\cdots,i+k$ 的位置上已有结点时,一个散列地址为 $i,i+1,\cdots,i+k+1$ 的结点都将插入在位置 $i+k+1$ 上。把这种散列地址不同的结点争夺同一个后继散列地址的现象称为聚集或堆积(Clustering)。这将造成不是同义词的结点也处在同一个探查序列之中,从而增加了探查序列的长度,即增加了查找时间。若散列函数不好或装填因子过大,都会使堆积现象加剧。

上例中,$h(15)=2$,$h(68)=3$,即 15 和 68 不是同义词。但由于处理 15 和同义词 41 的冲突时,15 抢先占用了 $T[3]$,这就使得插入 68 时,这两个本来不应该发生冲突的非同义词之间也会发生冲突。

为了减少堆积的发生,不能像线性探查法那样探查一个顺序的地址序列(相当于顺序查找),而应使探查序列跳跃式地散列在整个哈希表中。

2) 二次探查法(Quadratic Probing)

二次探查法的探查序列是:

$$h_i=(h(\text{key})+i*i)\%m \quad 0\leqslant i\leqslant m-1$$

即探查序列为 $d=h(\text{key}), d+1^2, d+2^2, \cdots$。

该方法的缺陷是不易探查到整个散列空间。

3) 双重哈希法(Double Hashing)

该方法是开放定址法中最好的方法之一。在该方法中,一旦发生冲突,应会应用第二个哈希函数以获取备用位置。第一次试探有冲突的键很可能在第二个哈希函数结果中有不同的值。

2. 链表法

链表法解决冲突的做法是:将所有关键字为同义词的结点链接在同一个单链表中。若选定的哈希表长度为 m,则可将哈希表定义为一个由 m 个头指针组成的指针数组 $T[0..m-1]$。凡是散列地址为 i 的结点,均插入到以 $T[i]$ 为头指针的单链表中。T 中各分量的初值均应为空指针。在链表法中,装填因子 α 可以大于 1,但一般均取 $\alpha \leqslant 1$。

例如,已知一组关键字为(26,36,41,38,44,15,68,12,06,51),用除余法构造哈希表函数,用链表法解决冲突构造这组关键字的哈希表。

取表长为 13,故哈希函数为 $h(\text{key})=\text{key}\%13$,哈希表为 $T[0..12]$。

当把 $h(\text{key})=i$ 的关键字插入第 i 个单链表时,既可插入在链表的头上,也可以插在链表的尾上。这是因为必须确定 key 不在第 i 个链表时,才能将它插入表中,所以也就知道链尾结点的地址。若采用将新关键字插入链尾的方式,依次把给定的这组关键字插入表中,则所得到的哈希表如图 9.15 所示。

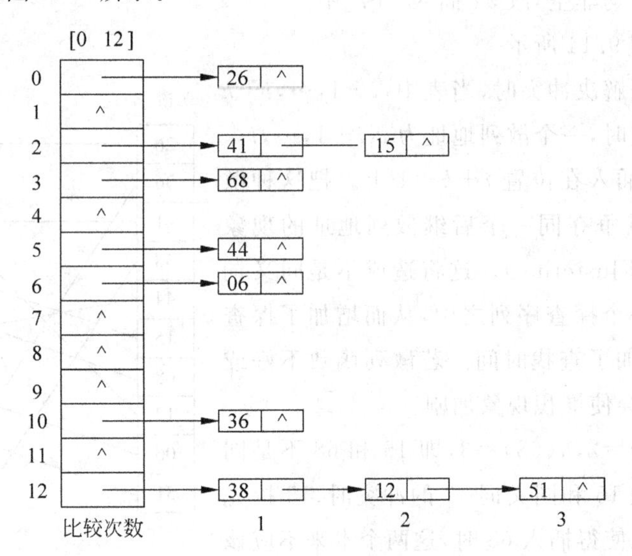

图 9.15 链表法解决冲突的哈希表

链表法适用于冲突现象比较严重的情况。

9.4.4 哈希表查找的算法实现

通过实例来说明哈希算法的实现。设数字序列{70,30,40,10,80,20,90,100,75,60,45}采用哈希表存放。用除余法构建哈希函数,用链表法解决哈希冲突,实现代码如下。

```java
public class HashTableSearch {
    /* 哈希结点 */
    private static class Node {
        int key;                // 链表中的键
        Node next;              // 下一个同义词
    }
    /* 在哈希表中查找关键字 key */
    public boolean HashSearch(int[] data, int key) {
        int p = 1;
        // 寻找小于或等于最接近表长的素数
        for (int i = data.length; i > 1; i--) {
            if (isPrimes(i)) {
                p = i;
                break;
            }
        }
        // 构建哈希表
        Node[] hashtable = createHashTable(data, p);
        // 查找 key 是否在哈希表中
        int k = key % p;
        Node cur = hashtable[k];
        while (cur != null && cur.key != key) {
            cur = cur.next;
        }
        if (cur == null)
            return false;
        else
            return true;
    }
    /*用求余、链表法构建哈希表 */
    public Node[] createHashTable(int[] data, int p) {
        Node[] hashtable = new Node[p];
        int k;                  // 哈希函数计算的单元地址
        for (int i = 0; i < data.length; i++) {
            Node node = new Node();
            node.key = data[i];
            node.next = null;
            k = data[i] % p;
            if (hashtable[k] == null) {
                hashtable[k] = node;
            } else {
                Node cur = hashtable[k];
                while (cur.next != null) {
                    cur = cur.next;
                }
                cur.next = node;
            }
        }
        return hashtable;
    }
```

```
    /* 判断一个数是否是质数 */
    public boolean isPrimes(int n) {
        for (int i = 2; i <= Math.sqrt(n); i++) {
            if (n % i == 0) {
                return false;
            }
        }
        return true;
    }
}
```

在类 TestHashTableSearch 中测试哈希表搜索算法,代码如下:

```
public class TestHashTableSearch {
    public static void main(String[] args) {
        int[] data = {70,30,40,10,80,20,90,100,75,60,45};
        HashTableSearch search = new HashTableSearch();
        if(search.HashSearch(data, 80))
            System.out.println("在数字列表中存在关键字 80");
        else
            System.out.println("在数字列表中不存在关键字 80");
        if(search.HashSearch(data, 65))
            System.out.println("在数字列表中存在关键字 65");
        else
            System.out.println("在数字列表中不存在关键字 65");
    }
}
```

运行上述代码,得到下面的运行结果:

```
在数字列表中存在关键字 80
在数字列表中不存在关键字 65
```

9.4.5 分析哈希表的性能

虽然散列表在关键字和存储位置之间建立了对应关系,理想情况无须比较关键字就可找到待查关键字,查找的期望时间为 $O(1)$。但是,由于冲突的存在,哈希表的查找过程仍是一个和关键字比较的过程,不过哈希表的平均查找长度比顺序查找、二分查找等完全依赖于关键字比较的查找要小得多。

由于冲突,哈希表的效率会降低,在这种情况下,哈希表的效率取决于哈希函数的质量。一个哈希函数如果使记录在哈希表中能够均匀地分布,就认为该哈希函数是一个好的函数。而一个不好的函数会导致很多冲突,如果一个哈希函数总是为所有的键返回同一个值,则显然相关的哈希表只是作为一个链接表,这种情况下搜索效率将是 $O(n)$。

哈希表最大的优点,就是把数据的存储和查找消耗的时间大大降低,几乎可以看成是常数时间;而代价仅仅是消耗比较多的内存。在当前可利用内存越来越多的情况下,用空间换时间的做法是值得的。另外,编码比较容易也是它的特点之一。

9.5 查找的应用

9.5.1 编程实现查找和管理某公司员工信息

1. 设计思路

在维护员工信息时,对员工信息查询后,还要插入查找表中不存在数据元素或修改、删除已经存在的某个数据元素,使用二叉排序树时可以较快地完成对员工信息的插入、删除操作。在使用二叉排序时,树结点除了存放关键字员工编号的信息外,还需要存放该员工编号所对应员工信息的地址。

2. 编码实现

1) 编写职员类 Employee

```
public class Employee {
    private int empno;
    public Employee(int empno, String name, String title) {
        super();
        this.empno = empno;
        this.name = name;
        this.title = title;
    }
    private String name;
    private String title;
    public int getEmpno() {
        return empno;
    }

    public void setEmpno(int empno) {
        this.empno = empno;
    }
    public String getName() {
        return name;
    }
    public void setName(String name) {
        this.name = name;
    }
    public String getTitle() {
        return title;
    }
    public void setTitle(String title) {
        this.title = title;
    }
}
```

2) 编写二叉排序树类 BinarySearchEmpTree

```
public class BinarySearchEmpTree {
// 树结点
```

```
private static class TreeNode {
    int key;
    Employee emp;
    TreeNode left;              // 左子树
    TreeNode right;             // 右子树
    TreeNode(int key, Employee emp, TreeNode left, TreeNode right) {
        this.key = key;
        this.emp = emp;
        this.left = left;
        this.right = right;
    }
}
private TreeNode root;          // 根
public TreeNode getRoot() {
    return root;
}
public BinarySearchEmpTree() {
    root = null;
}
// 树置空
public void makeEmpty() {
    root = null;
}
// 判断树是否为空
public boolean isEmpty() {
    return root == null;
}

// 是否包含某个元素
public Employee search(int key) {
    return search(key, root);
}

private Employee search(int key, TreeNode t) {
    if (t == null) {
        return null;
    }
    if (key < t.key) {
        return search(key, t.left);
    } else if (key > t.key) {
        return search(key, t.right);
    }
    return t.emp;
}
// 给树添加一个新结点
public void insert(int key, Employee emp) {
    root = insert(key, emp, root);
}
private TreeNode insert(int key, Employee emp, TreeNode t) {
    if (t == null) {
        return new TreeNode(key, emp, null, null);
```

```java
        }
        if (key < t.key) {
            t.left = insert(key, emp, t.left);
        } else if (key > t.key) {
            t.right = insert(key, emp, t.right);
        }
        return t;
    }
    // 移除一个结点
    public void remove(int key) {
        root = remove(key, root);
    }
    private TreeNode remove(int key, TreeNode t) {
        if (t == null) {
            return null;
        }
        if (key < t.key) {
            t.left = remove(key, t.left);
        } else if (key > t.key) {
            t.right = remove(key, t.right);
        } else if (t.left != null && t.right != null) {
            t.key = findMin(t.right).key;
            t.right = remove(t.key, t.right);
        } else {
            t = (t.left != null) ? t.left : t.right;
        }
        return t;
    }
    // 查找树中最小值
    public int findMin() {
        if (isEmpty()) {
            return Integer.MIN_VALUE;
        }
        return findMin(root).key;
    }
    private TreeNode findMin(TreeNode t) {
        if (t == null) {
            return null;
        }
        if (t.left == null) {
            return t;
        }
        return findMin(t.left);
    }
    // 输出树中元素
    public void printTree() {
        if (isEmpty()) {
            System.out.println("Empty tree");
        } else {
            printTree(root);
        }
```

```
    System.out.println();
}

private void printTree(TreeNode t) {
    if (t != null) {
        printTree(t.left);
        System.out.println(t.key + "\t" + t.emp.getName() + "\t" + t.emp.getTitle());
        printTree(t.right);
    }
}
}
```


3）编写测试主类 BinarySearchEmpTreeApp

```
public class BinarySearchEmpTreeApp {
    public static void main(String[] args) {
        BinarySearchEmpTree bst = new BinarySearchEmpTree();
        bst.insert(29,new Employee(29,"张瑾","程序员"));
        bst.insert(05,new Employee(05,"李四","分析师"));
        bst.insert(02,new Employee(02,"王红","维修员"));
        bst.insert(38,new Employee(38,"刘琪","程序员"));
        bst.insert(31,new Employee(31,"张玉","测试员"));
        bst.insert(43,new Employee(43,"张三","实施员"));
        bst.insert(17,new Employee(17,"王二","程序员"));
        bst.insert(48,new Employee(48,"刘好","设计师"));
        System.out.println("搜索 38 号员工的信息:");
        Employee emp = bst.search(38);
        System.out.println(String.format("38 号员工的姓名为: %s,岗位为: %s",emp.getName(),
emp.getTitle()));
        System.out.println("修改 38 号员工的信息后:");
        emp.setTitle("设计师");
        System.out.println(String.format("38 号员工的姓名为: %s,岗位为: %s",emp.getName(),
emp.getTitle()));
        System.out.println("遍历二叉排序树:");
        bst.printTree();
        emp = new Employee(13,"谢小斌","测试员");
        bst.insert(13, emp);
        System.out.println("插入 13 号员工后遍历二叉排序树:");
        bst.printTree();
        bst.remove(43);
        System.out.println("删除 43 号员工后遍历二叉排序树:");
        bst.printTree();
    }
}
```

运行上面的程序,得到下面的运行结果。

```
搜索 38 号员工的信息:
38 号员工的姓名为: 刘琪,岗位为: 程序员
修改 38 号员工的信息后:
38 号员工的姓名为: 刘琪,岗位为: 设计师
遍历二叉排序树:
```

```
2       王红      维修员
5       李四      分析师
17      王二      程序员
29      张瑾      程序员
31      张玉      测试员
38      刘琪      设计师
43      张三      实施员
48      刘好      设计师
```

```
插入 13 号员工后遍历二叉排序树:
2       王红      维修员
5       李四      分析师
13      谢小斌    测试员
17      王二      程序员
29      张瑾      程序员
31      张玉      测试员
38      刘琪      设计师
43      张三      实施员
48      刘好      设计师
```

```
删除 43 号员工后遍历二叉排序树:
2       王红      维修员
5       李四      分析师
13      谢小斌    测试员
17      王二      程序员
29      张瑾      程序员
31      张玉      测试员
38      刘琪      设计师
48      刘好      设计师
```

9.5.2 独立实践

1. 问题描述

表 9.1 所示是某一班学生通讯录，通讯录包括学号、姓名和电话号码等信息，要求对通讯录的所有记录，建立多种方式查询。

表 9.1 学生通信录

学　号	姓　名	电话号码
071133106	吴宾	15874150891
071133104	张立	13450299596
071133105	徐海	13874854239
071133101	李勇	13574191324
071133102	刘震	13875882932
071133103	王敏	15874150998
⋮	⋮	⋮

2. 基本要求

(1) 按学号查询某一学生的联系方式。

(2) 按姓名查询某一学生的联系方式。

(3) 按电话号码查询学生的姓名。

本章小结

(1) 线性搜索的最佳效率是 $O(1)$,最差效率 $O(n)$。

(2) 要应用二叉搜索算法,应该确保要搜索的列表是排过序的。

(3) 二叉搜索的最佳效率是 $O(1)$,最差效率是 $O(\log n)$。

(4) 散列的基本原理是将给定的键值转换成偏移地址以检索记录。

(5) 在散列中,键转换为地址是通过一个关系(公式)也就是散列函数来完成的。

(6) 散列函数为两个或多个键产生相同的散列值,这种情况称作冲突。使用一个好的散列函数可以使冲突发生的可能性降至最小。

(7) 选择散列函数的两个原则标准是简单且计算快和在地址空间中应达到均匀的键分布。

(8) 可以使用各种技术来设计散列函数,本章介绍了平方取中法、除余法、折叠移位法。

(9) 处理冲突有开放定址法和链表法两种常用方法。

综合练习

1. 选择题

(1) 顺序查找法适合于存储结构为(　　)的线性表。

A. 散列存储　　B. 顺序存储或链式存储

C. 压缩存储　　D. 索引存储

(2) 对线性表进行二分查找时,要求线性表必须(　　)。

A. 以顺序方式存储

B. 以链接方式存储

C. 以顺序方式存储,且结点按关键字有序排序

D. 以链接方式存储,且结点按关键字有序排序

(3) 对于18个元素的有序表采用二分(折半)查找,则查找A[3]的比较序列的下标(假设下标从1开始)为(　　)。

A. 1、2、3　　B. 9、5、2、3　　C. 9、5、3　　D. 9、4、2、3

(4) 设哈希表长 $m=14$,哈希函数为 $H(k)=k \text{ MOD } 11$。表中已有4个记录(如图9.16所示),如果用二次探测再散列处理冲突,关键字为49的记录的存储地址是(　　)。

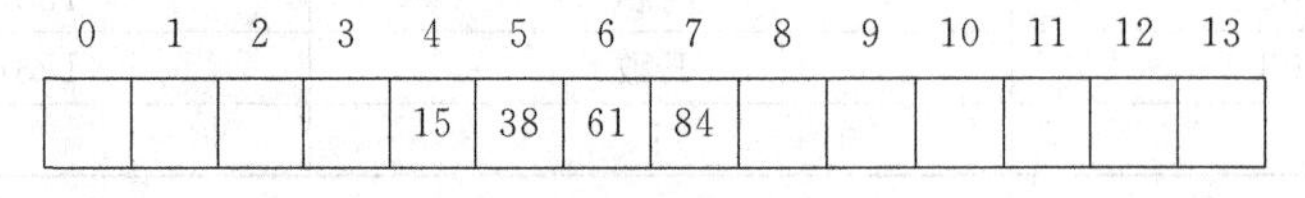

0	1	2	3	4	5	6	7	8	9	10	11	12	13
				15	38	61	84						

图9.16　哈希表

A. 8　　B. 3　　C. 5　　D. 9

(5) 设有一个用线性探测法解决冲突得到的散列表如图 9.17 所示，散列函数为 $H(k)=k\%11$，若要查找元素 14，探测的次数是(　　)。

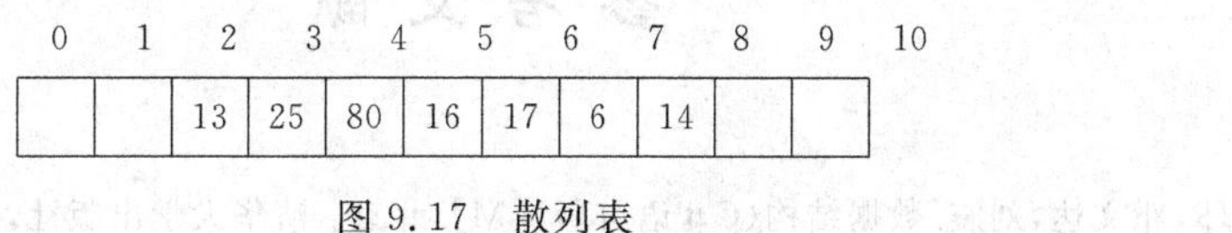

0	1	2	3	4	5	6	7	8	9	10
		13	25	80	16	17	6	14		

图 9.17　散列表

A. 8　　B. 9　　C. 3　　D. 6

(6) 在采用线性探测法处理冲突所构成的散列表上进行查找，可能要探测多个位置，在查找成功的情况下，所探测的这些位置上的键值(　　)。

A. 一定都是同义词　　B. 一定都不是同义词

C. 都相同　　D. 不一定都是同义词

2. 问答题

(1) 在哈希表存储中，发生哈希冲突的可能性与哪些因素有关？为什么？

(2) 对有序的单链表能否进行折半查找？为什么？

3. 编程题

(1) 记录按关键码排列的有序表(6,13,20,25,34,56,64,78,92)，采用折半查找，画出判定树，并给出查找关键码为 13 和 55 的记录的过程。

(2) 已知关键字序列为(PAL,LAP,PAM,MAP,PAT,PET,SET,SAT,TAT,BAT)，试为它们设计一个散列函数，将其映射到区间[0.. $n-1$]上，要求碰撞尽可能的少。这里 $n=11,13,17,19$。

参考文献

[1] 雷军环,邓文达,刘震.数据结构(C#语言版)[M].北京：清华大学出版社,2009.

[2] 刘畅.实用数据结构[M].北京：电子工业出版社,2011.

[3] 程杰.大话数据结构[M].北京：清华大学出版社,2011.

[4] 朱站立,刘天时.数据结构(使用C语言)[M].西安：西安交通大学出版社,2003.

[5] 严蔚敏,吴伟民.数据结构(C语言版)[M].北京：清华大学出版社,1997

[6] Robert Lafore. Java数据结构和算法[M]. 北京：中国电力出版社,2004.

[7] Sartaj Sahni. 数据结构算法与应用(C++描述)[M]. 北京：机械工业出版社,2004.

[8] 周大庆.实用数据结构教程Java语言描述[M]. 北京：人民邮电出版社,2007.

图书资源支持

感谢您一直以来对清华版图书的支持和爱护。为了配合本书的使用，本书提供配套的资源，有需求的读者请扫描下方的“书圈”微信公众号二维码，在图书专区下载，也可以拨打电话或发送电子邮件咨询。

如果您在使用本书的过程中遇到了什么问题，或者有相关图书出版计划，也请您发邮件告诉我们，以便我们更好地为您服务。

我们的联系方式：

地　　址：北京市海淀区双清路学研大厦 A 座 714

邮　　编：100084

电　　话：010-83470236　010-83470237

客服邮箱：2301891038@qq.com

QQ：2301891038（请写明您的单位和姓名）

资源下载：关注公众号“书圈”下载配套资源。

书圈

获取最新书目

观看课程直播